国家社科基金项目"突发性灾害治理中的社会脆弱性研究"（11CSH020）最终成果
重庆市重点人文社会科学基地"公民道德与社会建设研究中心"资助出版
重庆市重点学科"马克思主义理论"资助出版
重庆师范大学"多元救助模式及其困境形成机制研究"（17XWB013）资助出版

灾害治理
社会脆弱性研究

Research on Social Vulnerability of
Disaster Governance

侯　玲◎著

科学出版社

北　京

内 容 简 介

灾害治理是人类社会一个古老而永恒的话题,灾害治理社会脆弱性问题在全球风险治理中成为一个事关人类生存与发展的共通性话题。

本书重视本土理论资源的挖掘,从多视野、多主体的整合性分析框架入手,深入研究我国灾害治理本土实践,探讨适宜本土的突发性灾害治理体系,具有"新、深、实"三大特色,有利于在理论和实践领域为认识和探索灾害治理的中国方案提供借鉴。

本书对灾害社会学、公共安全与风险治理、社会治理等领域的学者、专业技术人员及相关专业大专院校师生,以及关注社会安全、社会风险的社会大众有一定参考价值。

图书在版编目(CIP)数据

灾害治理社会脆弱性研究/侯玲著. —北京:科学出版社,2020.5
ISBN 978-7-03-063225-8

Ⅰ. ①灾… Ⅱ. ①侯… Ⅲ. ①灾害管理–研究–中国 Ⅳ. ①X4

中国版本图书馆 CIP 数据核字(2019)第 249104 号

责任编辑:朱丽娜 冯雅萌 / 责任校对:王晓茜
责任印制:李 彤 / 封面设计:润一文化

科 学 出 版 社 出版
北京东黄城根北街 16 号
邮政编码:100717
http://www.sciencep.com

北京建宏印刷有限公司 印刷
科学出版社发行 各地新华书店经销
*
2020 年 5 月第 一 版 开本:720×1000 1/16
2020 年 5 月第一次印刷 印张:16 1/2
字数:277 000
定价:99.00 元
(如有印装质量问题,我社负责调换)

序　言

　　自有人类以来，灾害便与人类生产、生活紧密相随，不断威胁着人类的生存与发展。到了现代社会，灾害和风险更是无处不在，其来源及影响也变得更加扑朔迷离，其影响也日益呈现出几何级数的非线性特征。换句话说，不确定性的风险来源及其后果已成为历史和社会的重要组成部分，安全与不安全的界限更是被完全打破，灾害与风险日益普遍化，渗入人们的日常生活中。甚至很多灾害和风险已经或者正在被制度化，人类日益生活在"文明的火山口上"，各种全球性风险对人的生存和发展构成了严重威胁。

　　凡事过往，皆成序章。如何让社会安全以公共产品和服务的方式真正"抵达"我们？这是久久萦绕于人们心中的问题。澳大利亚学者罗伯特·E.古丁（2008）曾经说过，"我们的社会责任比我们想象的更广大"。灾害治理本身所彰显的价值及其能够提供给人们的社会安全质量和水平代表了人类共同体承担责任的水平，也最终考量着人的尊严和价值。

　　如果说工业时代前人类还可以将灾害成因归为自然因素，那么现代社会的灾害与风险及其所造成的危害则与人类自身的决策相关。一方面，决策者固然负有极大责任。它要求决策者深入反思当前灾害治理实践中存在的多重歧路，真正基于理论的反思和实践的推进，实现当前的社会结构、制度和行动向一种包含更多复杂性、偶然性和断裂性的形态转型，助力灾害治理现代化图景转化为现实。另一方面，每个个体都对今天严峻的灾害治理现实负有责任。不幸的是，诸多个体很容易使自己脱离出来，认为灾害治理、风险治理仅是国家、政府的责任，忘记了在今天这个全球化与社会个体化共进的时代，个体本身亦是灾害治理的主体。灾害治理观念与行动的转型所急需的，也正是个体风险意识觉醒基础上的整个社会风险文化的转型、全球合作治理体系的形成和人类命运共同体的建构。它需要全球各国的各个组织从各个不同层面共同努力来实现这样一个全球治理的目标。人们也只有基于人类命运共同体形成全球灾害治理体系，方能真正直面今天灾害治理的严峻现实。

构建人类命运共同体，灾害治理文化（风险文化）是一个避不开的话题。乌尔里希·贝克和伊丽莎白·贝克-格恩斯海姆（2011）在《个体化》一书的序言中讲，"世界秩序崩溃之前，即是理当反思之时"。遗憾的是，尽管今天灾害治理实践已经暴露出极为严峻的社会脆弱性问题，但其并没有得到人们的重视。无论是个人还是组织，针对现有灾害治理范式和相关风险文化的反思明显不足，社会灾害治理的主流逻辑仍在技术理性中徘徊，个体行为和组织决策都表现出对当今社会风险来源和影响不确定性日益增加这一事实的罔顾，传统以被动的方式来应对风险不确定性的逻辑制造出新一轮的风险。由此导致的单纯理性化的治理进路不仅难以抵挡不断增长的不确定性风险，也最终导致了理性的暴力，各种不同的新型灾害冲击着人们对灾害、风险的传统认知理路。2015 年 12 月 20 日发生的深圳 "12·20" 特别重大滑坡事故，就是灾害治理本身 "人为的不确定因素" 导致的新型灾害之典型。它所产生的后果及其背后的思维暴露出灾害治理中严重的治理理念问题，由此引发的风险的迅速增加使人们很难将灾害造成的巨大损失归为外在原因。基于此，人们必须要改变过去传统安全时代的风险认知理路，针对风险社会的不确定性以及由此造成的风险治理困境进行深入研究和应对，加强对常规之外 "例外" 的关注，将紧急状态和与此相关的集合行为作为社会治理的常规状态纳入研究体系，争取确立多元的、动态的关系型治理模式，从内部反思灾害治理理念和社会风险文化，并在此基础上再造新型风险文化，形成新型灾害治理制度与行动，这是超越技术理性、提升灾害治理水平的关键。

其中，灾害及其治理的地方性特征的确需要引起人们更广泛的重视和进行更深入的实践。对我国来说，大量深植于传统文化和民间文化中的灾害治理智慧事实上也正在不少地方实践中展示出其独特的魅力和效用。在吸收西方工业社会长期积累的灾害治理经验和理论的同时，不断加强本土实践并深入本土实践中不断探索，真正基于本土实践将中国传统文化中灾害治理的地方性知识及其内蕴的智慧发扬光大，直面社会的围困，再现人、自然与社会的内在价值与关联，使人类历史悠久文明中流淌出的 "人救人" 的、优秀的灾害治理传统在新的时代焕发出新的光彩，这是我们要始终持之以恒、不断深入的事业。

　　提笔写序言之日，正值情牵中外的 2008 年四川"5·12"地震十周年纪念日，过多的遗忘使人们淡漠了那场灾难曾给我们带来的巨大的伤害与伤痛，也忽视了其作为我国灾害治理体制转型的重大标志性事件应有的影响和作用。社会即教养，如何在社会中加强灾害记忆的空间、文化建设？如何在灾难中反思并前行？越来越多的人正为此身心俱付。仅以此纪念十余年来我们一起走过的日子。那些人、事，湿了记忆、雾了眼眸，热血青春、汶川十年，君记否？新时代，灾害治理中的社会脆弱性研究，有你有我。

侯 玲

2018 年 5 月 12 日

前　　言

　　当前，灾害治理的严峻现实不断推动我们去思考其背后的原因和可能的改善对策。反思现有灾害治理实践，我们发现，灾害治理的社会后果及其影响在很大程度上是由多种不同的治理主体所秉持的治理理念及其策略未能形成良性互动引发的。那么，在既定风险条件下，决定特定灾害损失程度的关键因素是"有组织的不负责任"，还是风险文化导致的灾害治理水平不足？在既定的文化下，灾害治理制度安排怎样影响灾害治理的成效以及个人行为？什么样的灾害治理能够更有效地降低灾害社会脆弱性，提高灾害治理的水平？为了系统地回答这些问题，本书做了五方面的工作。

　　第一，廓清了灾害与灾害治理社会脆弱性概念，明确了两者的研究界限。基于系统的文献分析，本书在系统梳理灾害、灾害治理、社会脆弱性等相关概念的基础上，对"灾害治理社会脆弱性"这一核心概念进行了综合的理论反思，并在此基础上对相关概念进行了廓清与深化，明确了其研究界限。此外，本书将灾害治理社会脆弱性概念操作化为相应的测量指标，在系统地廓清核心概念内涵的基础上，从价值与事实整合的角度，在系统地梳理现有治理指标的基础上，基于实际创新性地提出灾害治理社会脆弱性的操作性指标，形成了新的基于问题导向的概念体系。

　　第二，对现有灾害治理的主要研究范式与时代特征进行了审视，为后续研究提供了广阔的讨论空间和新的学理基础。本书在综合审视时代特征的同时，系统梳理并集中审视了传统的以技术理性为主导的灾害治理研究范式，并对灾害治理研究中呈现的社会性和文化性转向研究范式的几种代表性理论进行了深入探讨，同时对治理研究中的"从统治到治理"的理论脉络进行了梳理，将多种不同的灾害治理的理论视角呈现了出来，并在此基础上提出了新的研究分析框架，为灾害治理社会脆弱性研究提供了广阔的讨论空间，同时也为后续研究奠定了新的学理基础。

第三，综合呈现了灾害治理社会脆弱性的集中表现。基于整合性的分析视野以及多主体分析框架，本书结合典型区域的细致深入的分析资料，综合呈现了灾害治理社会脆弱性的集中表现，依据灾害治理的价值与事实指标，将这些灾害治理中的社会脆弱性表现分别从灾害治理理念、策略的偏离以及灾害治理结果的有效性偏离上展现出来，并集中表现为灾害社会脆弱性的地区、人群分布。

第四，深入探讨了灾害治理社会脆弱性发生的社会根源。本书试图跳出风险文化和风险制度的二元对立视角，从风险文化理论和风险制度理论的整合性分析视角，结合问卷调查资料和典型区域的个案研究资料，深入分析了灾害治理社会脆弱性产生的社会根源。

第五，对降低灾害治理社会脆弱性和提升灾害治理水平的路径进行了探索。本书针对灾害治理中的社会脆弱性问题及发生的社会根源，注重吸收中西方灾害治理的现代性成果，并基于本土实践，在对现代和传统理念、实践综合反思的基础上，提出降低灾害治理社会脆弱性、提高灾害治理水平的可能性对策，以期对新时代探索灾害治理、风险治理的本土方案有所帮助。

本书试图解决的重点问题涉及以下几点：一是如何在扎实的文献梳理和实证调研基础上廓清灾害治理社会脆弱性内涵及其操作指标问题，以对构建我国本土灾害治理理论、指标体系做出尝试；二是如何基于丰富的实证资料呈现灾害治理社会脆弱性的集中表现，包括灾害治理理念、策略的价值偏离以及以灾害空间和社会分布形式呈现出来的灾害治理结果的有效性偏离问题；三是如何基于时代背景和既有的学理基础，形成多学科、多视野、多主体的本土分析框架；四是如何在新的学理基础上，基于本土实际探索灾害治理社会脆弱性的表现及其生成的社会根源；五是如何针对灾害治理社会脆弱性的社会根源，形成恰切的适宜本土的灾害治理理论与实践体系。

本书面对及试图解决的难点问题在于，由于相关数据不易获得，某些实地调查和访谈存在可预期的困难，对灾害社会脆弱性的空间和社会分布状况的量化研究不容易做到精确；同时，造成灾害治理社会脆弱性的原因是复杂的，运用主成分分析和地理信息系统（Geographic Information System，GIS）技术对灾害治理的效果进行分析，有利于根据选定城市具体的灾害社会脆弱性进行空间和社会分布描述，但相关的基础指标和灾害之间的直接关系仍然较难确定；另外，在对灾害社会脆弱性区域进行分级分类时，阈值的确定具有一定的主观性。另一个难点在于，如何基于本土的社会文化秩序，在吸收人类优秀文明成果的基础上，基于本土地方实践的深入探索，对现有灾害治理形成恰切的对策，形成新时代本土灾害治理体系，这是一个值得一再审视、历久弥新的永恒话题。

目　　录

第一章

引　言

　　灾害是人类社会一个古老而永恒的话题，自有人类社会以来，它始终与人类生产、生活紧密相随。进入现代社会以来，伴随着灾害的频繁发生及其影响的不断扩大、深化，"不安全""风险"已逐渐被越来越多的人视为当今社会的显著特征，安全问题也愈发显得无法回避（王俊秀，2008），甚至业已成为当今世界重要且棘手的问题之一。学界因此不断用"不安全""危险""风险"等诸如此类的概念为这个时代做出一种常态性的注释，还有学者以"不安全时代"（insecure times）（Vail，1999）、"风险社会"（risk society）（Beck，1992；乌尔里希·贝克，2004a，2004b）、"风险文化社会"（risk and sociocultural society）（斯科特·拉什，2002）来为当代社会命名。这里的风险是指一种现代性风险，它表征出现代性的高风险特征，是对这个时代长期累积性问题的集中表述。而这种"不安全""风险"等话语的流行，表明整个社会乃至其中的个体已经卷入其中，风险已成为这个时代一种客观的存在方式，成为整个社会及身处其中的个体发展的风标。在这一社会中，自然或人为风险都不免经由"人祸"演变为灾难性事件。巴顿因此认为，灾害是自然对人类的惩罚和人类应当为自己的行为支付的罚款。我们自诩是拥有璀璨文明的现代社会，却处处制造了使我们自己身处危难的"人造风险""人造天灾"。今天我们想要规避的这些人造风险和灾害，一如我们曾在遥远的古时想要逃避的自然灾害（转引自 Haque，Etkin，2007），威胁到了我们生存与发展的目标价值和现实处境。

为最大程度地避免灾害所带来的"人祸"，以调节"人祸"为目标的灾害治理已经成为世界共通的话题。但反观我国现有灾害治理，虽然近年来其水平随着灾害的频发得到了极大提升，但相较于一些发达国家和地区，在遭遇同等类型和条件的灾害时，我国一些地区在很大程度上表现出了更为严重的人员伤亡和财产损失，暴露出更加明显的灾害社会脆弱性问题。所谓灾害社会脆弱性，是指社会群体、组织或国家暴露在灾害中潜在的受灾因素、受伤害程度及应对能力的大小。灾害社会脆弱性大小与灾害治理水平直接相关，并最终影响着灾害发生的频次和损伤程度。重视灾害治理的社会脆弱性问题，反思由此导致的严重的灾害社会脆弱性问题，以此提升灾害治理水平，是社会治理及社会发展的题中之意。

当然，需要注意的问题是，"灾害社会脆弱性"虽然目前在灾害社会学中已经成为一个极具张力的词，并且逐渐在灾害治理重塑中展示出其独特价值和作用，但当反思这个时代的灾害治理问题时，我们发现灾害社会脆弱性范式下的灾害治理仍然未能跳脱出传统的技术理性范式的痼疾，因此表现出难以适应新时期灾害治理格局的症候。尤其是在 2003 年"非典"事件之后，我国从应急管理体系着眼，已经开始注意到了灾害治理中存在的社会性问题，并由此做出了一系列重大历史改革，确立了以"一案三制"为主轴的应急管理制度（陶鹏，2013），但面对我国转型期形成的高风险的累积性特征，加上全球化带来的快速增长的风险的高复杂性和不确定性，2003 年后逐步得到完善的灾害治理体系仍然暴露出较大的社会适应性问题。这一问题在 2008 年初我国南方多省（自治区、直辖市）的雨雪冻灾害发生后进一步暴露出来。显然，现有的灾害治理体系仍然遵循着一种线性的技术理性思维，对风险的不确定性认识不足，因此在较少发生雨雪灾害的我国南方地区，在面对"突如其来"的灾害时，几乎毫无准备，很快陷入了交通、能源等基础公共服务功能的跨区域中断状态。加上这一灾害发生之时适逢"春运"，灾害的衍生危机也呈现出更强的跨界性与社会性影响。当然，这一灾害呈现出的各种问题也暴露出现有灾害治理体系在府际关系协调上的诸多不足（Xue，Zhong，2010），灾害治理中的社会脆弱性问题及其研究的重要性不断得以彰显。情牵中外的 2008 年四川"5·12"地震更是成为影响我国灾害治理体制转型的重大标志性事件。与这种问题的严峻性形成鲜明对照的是目前国内灾害治理研究的相对滞后。

基于现实的严峻性与相关研究的相对滞后，在我们充分享受人类丰裕的物质文明，并更为重视人的精神生活意义的当今时代，许多人因为灾害治理的困境而面临生存的困境，甚至付出生命的代价，由此引发的社会震荡也越发显得触目惊心。深入认识当前灾害治理的社会处境，才能真正深入本土灾害治理的地方实践中去，对其进行深入细致的田野研究，对现有灾害治理理论与实践进行深入的探索与反思，以此真正地窥见本土灾害治理理论及实践的可能走向，推进本土灾害治理水平的切实提升。

第一节　社会变迁过程中灾害社会脆弱性不断增强

虽然灾害始终与人类社会的生产生活相伴随，但只有到了现代社会，灾害的来源及其影响才变得更加扑朔迷离。尤其是随着整个社会向工业社会迈进，当今时代很少有真正意义上的"自然灾害"，风险和危害是灾害社会脆弱性的集中体现。当现代社会日益展现出个体性与流动性的特征时，灾害的个体化效应也日益明显。可以这样说，灾害的影响日益呈现出几何级数的非线性特征。在当代工业社会的发展过程中，风险的扩张已经不单纯是一个量的扩张过程，更是一个质的改变历程。不仅风险的数量、类型增加，风险的规模在全球范围内更是迅速扩张，并对人的生存和发展构成了严重威胁。也正是在这样的现代社会变迁过程中，灾害社会脆弱性得到不断增长。

一、工业时代灾害社会脆弱性相较于传统社会有明显提高

在传统农业社会，人类生产、生活水平相对低下，人类生产、生活的实践范围和规模相对狭小，人对自然的影响程度也相对较弱，其危害程度和规模也被限制在一定的地域范围内，由此导致的风险也并未成为人类面对的主要风险类型。换句话说，在传统农业社会，对人类产生主要威胁的灾害多为典型的自然灾害，包括地震、火山爆发、飓风等。这一时期，灾害治理的社会脆弱性也主要表现为人类认识水平和实践水平的相对低下，人类对风险成因的认知和把握相对简单，风险的应对方式也相对单一。进入现代工业社会以来，人类借助科学技术的强大势能，使以机械为主的生产方式代替了以自然力为主的生产方式，人类改造自然的能力大大提高，范围大大增加，人类改造自然的程度也前所未有的持续深化，科学技术以此为前提深度地改善并提高了人类生活境遇水平。但由于对科学技术及其运用的认识发展相对滞后，这一时期，人类基于科学技术的迅猛发展也对科学技术逐渐产生了严重的依赖和盲目崇拜心理，一种无所不能的自信使人失去对自然最起码的敬畏，甚至连人本身都被异化，人与自然"天人合一"的传统和谐格局被打破，灾害频发且危害深远作为这一时期灾害社会脆弱性不断增强的表现，显得极为突出和明显。

（一）人为致灾因素日益成为主要致灾因素

人为致灾因素是指由人"制造出的风险"。吉登斯区分了两种类型的风险：外部风险和被制造出来的风险。"外部风险就是来自外部的、因为传统或者自然的不变性带来的风险"，"被制造出来的风险，指的是由我们不断发展的知识对这个世界的影响产生的风险，是指在我们没有多少历史经验的情况下所产生的风险"（安东尼·吉登斯，2001）。与传统社会不同，现今由人为因素制造出来的风险已经成为致灾的主要因素，整个社会真正迈入风险社

会。虽然在工业社会中单纯的自然因素导致的风险仍然存在，但这类风险在社会中所占的比例越来越小；同时，由于人类认知与实践能力的提高，这类风险对人产生的威胁也越来越小。显然，人为因素已经成为当前工业社会致灾的主要因素。

1. 人为致灾因素迭加了传统灾害的危害，并制造出各种新型灾害

在现代工业社会，人为致灾因素已经成为主要的致灾因素，它不断迭加并丰富了现代社会的灾害类型。除了传统自然灾害仍继续存在以外，人为致灾因素还持续迭加了传统自然灾害的深度和广度，并不断建构出一种全新的、完全人为的新型灾害。

首先，人为致灾因素使多种传统灾害的危害迭加。如果说传统社会困扰人类的主要是瘟疫和自然火灾之类的纯自然灾害，那么现代社会的灾害种类或类型则表现为前所未有的多样化和丰富化，地震、火山爆发、洪水、干旱、台风、流行病（瘟疫）等传统灾害与人为要素交织在一起产生出多种灾害类型，其危害也不断迭加。

其次，人为致灾因素还建构出多种完全人为的新型灾害。技术理性盛行之下，人们对灾害治理实践缺乏必要的反思，不断建构出新型灾害，并使之成为时代痼疾。2015 年 12 月发生的深圳 "12·20" 特别重大滑坡事故以及同年发生的天津港 "8·12" 特别重大火灾爆炸事故影响较大，它们不同于以往任何一种传统灾害，是一种无法用传统认知方式来看待并采取应对之策的、主要由人为致灾因素制造出来的灾害类型。

人为致灾因素在成为现代社会主导因素的同时，与之对应的却是现代社会人们对灾害类型及其成因认知的滞后。大众对灾害的认知大多还停留在传统认知范式之下，对这些人造新型灾害的敏感力和应对力都极为不足，这也限制了灾害治理朝向很好的方向发展，例如，虽然海啸这一灾害类型在我国沿海城市事实上已经成为一种常规性灾害，但我国目前对海啸等灾害还没有形成政策性和理论性的关注。

2. 灾害治理行动本身成为风险来源

进入现代工业社会后，以自然科学与工程技术为主的研究范式在灾害治理研究中长期占据主导地位，这导致现有灾害治理呈现出强烈的技术理性倾向。这种灾害治理模式基于"知识-权力"的逻辑之上，试图以有限知识和理性秩序来应对无限的、不确定性的风险，导致在灾害治理过程中单纯的理性化进路长驱直入。它不仅难以抵挡迅猛增长的不确定性风险，反而最终几乎导致了理性的暴力。意外后果的不断涌现和对意外后果的应对乏力，正体现了灾害治理中这种"无知"力量和单纯理性化进路的强大（侯玲，2016b）。

（1）有限理性应对无限风险的"无知"导致了大量意外后果

首先，"无知"导致风险被隐藏。虽然人类认知能力的有限导致风险不会完全被认知，但技术理性主导下的灾害治理理念和实践导致了一些人为的"无知"使大量本可以被认知的风险被遮蔽。工业革命以后，人类对科学技术的信仰和崇拜成为一种强大的意识形态，在世界范围内演变为一种势不可当的话语权力，并造就了依托专家系统的科层制管理体系。人们高度地信任并依赖专家群体，甚至认为一个社会的文明程度是以专家群体的规模和水平来衡量的。对专家、专业知识的盲目依赖甚至信仰使社会和管理系统被日益分化为相互区隔的专业系统，人们在日益分化的专业知识和相互割裂的专业系统面前失去了认识世界的整体性能力，其对风险的感知能力也不可避免地降低了。正是由于这种整体认知能力的降低使人们反过来又更为依赖甚至迷信专家系统，一些人把专家视为风险预知和风险应对的安全阀，只要专家声称可以规避、解决的风险，他们就放弃对这类风险的认知努力；相反，那些专家宣称尚未找出问题症结的事件，人们则将它们认定为具有潜在风险的事件（张乐，2012）。这种对专家及其能力的盲目信赖甚至信仰导致了大量风险难以被真正认知，因为很多风险正以超出专家认知能力的方式存在：一是当今时代的自然已经不同于传统社会的"天然自然"，成为带有鲜明人性化特征的"人工自然"；二是专家本身也难以跳脱出"技术至上"的潜在价值导向，容易有意或无意地忽视自然本身的规律，甚至盲目地依靠技术来治理风险，忽视了技术本身就会带来风险，从而导致了大量"无知"的风险；三是很多专家受"知识-权力"机制的驱动和限制，也会曲解或忽视本应掌握的情况，也会犯"无知"的错误。凡此种种使大量风险因"无知"而被隐藏，因此，大量意外的结果长期与人类社会如影随形。

其次，"无知"导致风险和灾害的危害不断扩大。技术理性主导下的灾害治理模式导致灾害治理体系的设计可能基于"无知"迭加甚至建构新的灾害类型。技术理性主导下的灾害治理体系设计更多地基于有限理性的预设，强调秩序而忽视了风险的不确定性，往往导致大量荒谬的治理行为，例如，在治理崩塌性的泥石流灾害时，一些人把作为结果的崩塌当作源头治理，反而把真正导致灾害的人为开发原因排除在外，因此，灾害治理难以真正切中要害、直击根源，各种偏离灾害治理预期目标的治理行为不断涌现，许多始料不及的以"天灾"形式表现出的"人祸"及其危害更是因此得以不断扩张。对专业知识的信仰和对治理对象的"无知"导致风险和灾害的危害不断扩大。

（2）单纯理性化进路的治理路向深化了灾害治理的社会脆弱性

现有灾害治理模式更多地试图依托理性的秩序来应对不确定性的风险，这导致绝对的理性在灾害治理过程中占据主导地位，单纯理性化进路几乎毫无障碍地导致了理性的暴力。这种单纯理性化进路同时也使人们失去对既有灾害治理问题的内在反思力，完全人为的新型灾害因此被不断建构出来，灾害治理的社会脆弱性问题日益以多样化的方式呈现出来。

第一，"有组织的不负责任"现象较为盛行，它试图以理性秩序来应对不确定性的风险，导致了大量危机。基于单纯理性化进路的灾害治理模式强调风险责任分担，但风险的不确定性导致人们很难确定责任到底归属于谁，这在事实上导致了一系列问题：一是部分机构和媒体的风险意识和问题意识不足，按常规思路看待和处理问题，一些本应被重视的风险被有意或无意地忽视了；二是技术理性主导下的科层制日益暴露出其弊病，因此，管理主体忽视技术及管理行为本身存在风险的事实，不断构建出完全人为制造的新型灾害。2015 年由人工堆土垮塌所导致的深圳"12·20"特别重大滑坡事故以及同年发生的天津港"8·12"特别重大火灾爆炸事故，都是灾害治理本身的人为不确定因素导致的新型灾害的典型，其所导致的后果及其背后的思维暴露出灾害治理中严重的治理理念问题（侯玲，2016b）。严峻的事实和惨痛深刻的教训使人们逐渐意识到，现有灾害及由此导致的巨大损失已经很难被归因为人为因素以外的外在因素。显然，从灾害治理内部审视灾害治理既有理念与策略可能存在的问题是我们超越现有技术理性主导的灾害治理范式，提升我国灾害治理水平的关键。

第二，科学研究及其政策实践试图以科学技术的供给来应对风险的不确定性，这显然并不尽如人意，常常事与愿违。现代灾害治理的单纯理性化进路还表现为人们一厢情愿地盲目依赖科学技术以不断加强灾害治理力，有意无意地将任何可能的其他力量拒之门外。可惜的是，这种单纯理性化进路忽视了理性、科学技术本身也存在着难以估量的风险，尽管大量涌现的科技灾难其实已经将这一事实一再地呈现在人类眼前，但很多时候人们却熟视无睹。这种单纯理性化进路显然使人类难以真正应对不确定性极强且无处不在的风险，反而在不断强化的技术理性路径上将科学技术及其成果——城市以及人工自然——制造成外在于人的某种对抗性力量。

显然，单纯理性化的灾害治理进路不仅未能解决问题，反而进一步深化了灾害治理的社会脆弱性。

（二）风险及灾害影响的范围和程度不断扩张并深化

现代社会作为一个复杂的大系统，其内部各子系统之间、系统本身与外部系统之间的关联性和复杂性日益增强。社会各子系统、各要素之间的交互影响不断迭加了风险的非线性作用，由此导致各种无法预知的社会后果。现代社会日益复杂的社会分工及组织化也使社会日渐呈现出复杂性和非线性相关的作用特征，灾害影响的非线性特征也日益明显，往往是一处灾发、多处灾起。起始于初端的微小灾害最终却因诸多不确定性因素引发大型灾害的现象屡见不鲜，灾害的多米诺骨牌效应非常明显，次生灾害、衍生灾害、灾中有灾的现象也因此层出不穷，风险及灾害影响的范围和程度不断扩张并深化。

1. 风险及灾害的影响范围不断扩展

第一，在全球化背景下，风险本身已经全球化。在当今社会全球化不断向纵深推进的背景下，风险也已经突破地域限制，成为全球化现象。换句话说，今天发生在任何一个国家和地区的风险与灾害不再只是对局部区域及身处其中的个体产生影响，人类社会作为一个统一的风险共同体，不可避免地面临着威胁其共同生存和发展的风险和危机。正是基于此，当代风险社会被贝克称为"世界风险社会"。在这种"世界风险社会"中，各种全球性风险和危机从根本上威胁着人类的生存与发展。

第二，风险已经深入人类日常生活之中，无处不在。当代社会，风险与灾害已经难寻来影去踪。它无所不在，没有固定场所；甚至也没有固定来源，它无孔不入、防不胜防。无论我们身处闹市，还是"宅"在家里，无论我们如何处心积虑地想要规避它，某些灾难都可能不期然地降临于我们的身边。这种风险来源、作用机制及其影响的不确定性使一些人处在一种高度的不安和焦虑之中，这种不安甚或焦虑在新的层面上，即在社会心理层面上进一步深化了风险及其后果的不确定性。

2. 风险与灾害造成的危害呈上扬趋势

风险是一种潜在危险，在风险演变为灾害事实之前，由于风险本身的潜在性、复杂性和不确定性，它往往是难以被认知和把握的。正是由于风险的不确定性以及人自身认知的有限性，在风险社会中，人们对风险的主观认识与风险发展的客观状况始终存在较大落差，人们对当今社会风险状况的了解、认识和把握在很大程度上受制于人的现代化程度和与之相关的意识形态。当前与物质现代化迅猛挺进相对应的是人的现代化程度相对滞后，由此导致人的风险意识在很大程度上容易被误导或异化，许多风险因此很难基于反思被不断揭示，因此，人们很容易身处风险中而不自知。当今社会表现为"高风险社会"，这种高风险社会通常表现为不仅经济社会发展出现停滞、倒退现象，甚至社会结构性紧张乃至断裂也较为常见，最直接的体现就是较为多见的全球性生态灾难。贝克（2004a）指出，"在现代化进程中，生产力的指数式增长，使危险和潜在威胁的释放达到前所未有的程度"。显然，在现代社会，风险及灾害造成的危害较之于传统社会呈现出明显的上扬趋势。

（1）从全世界范围看，风险与灾害的危害不断深化

第一，风险及其导致的灾害发生频次不断增加。工业社会中风险的来源变得越来越复杂和不确定，人们甚至难以确定风险来自何处。加上社会系统的非线性作用随着现代社会的发展愈发增强，人为的哪怕不经意的微小行为也会迭加旧的风险或制造出新的风险，从而增加了灾害发生的概率和频次，由此带来的危害远远超出了传统社会。

第二，灾害损失增大。从全球范围看，1970—2005年，灾害发生的频次及

其造成的人口死亡率、平均经济损失都整体呈现上升趋势，随着时间的推进，增长幅度也明显攀升（图 1-1）。

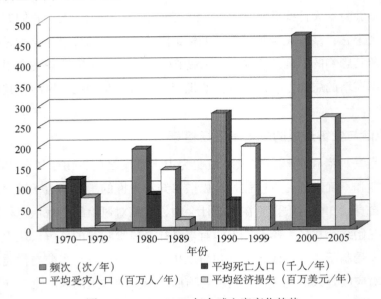

图 1-1　1970—2005 年全球灾害变化趋势

资料来源：EM-DAT. 2008. The OFDA/CRED International Disaster Database.www.em-dat.net-Université Catholique de Louvain-Brussels-Belgium.https://max.book118. com/html/2018/0509/165593198. shtm

（2）我国灾害类型不断增多，灾害损失局部呈现明显的上升趋势

我国灾害损失虽然总体有所减少，但局部仍呈上升趋势，相对于世界发达国家，我国灾害造成的物质性损失和精神性损伤都较为严重，由灾害治理水平不足导致的整体灾害社会脆弱性问题较为突出。

第一，灾害类型增多，发生率高，且物质性损失严重。在我国，包括地震等在内的火灾、水灾、旱灾、泥石流等自然灾害发生率都很高，损失也较为严重。单以地震为例，2008 年 5 月 12 日的汶川里氏 8.0 级地震是中华人民共和国成立以来发生在我国的破坏性最强、波及范围最广、损失最严重的一次地震灾害，我国各地甚至南亚、东南亚等地均有震感。四川、甘肃、陕西、重庆、云南等地417 个县（市、区），居民住房大量损毁，北川县城、汶川映秀镇等部分城镇以及大量村庄几乎被夷为平地；交通、电力、通信、供水、供气等基础设施大面积瘫痪；学校、医院等公共服务设施大量毁损，大量自然、文化遗产被严重破坏。①此外，汶川地震还带来滑坡、崩塌、泥石流、堰塞湖等严重的次生灾害（赵曼，薛新东，2012）；2011—2015 年，我国各类灾害年均造成全国 3.1 亿人次受灾，1500 余人死亡失踪，900 多万人次被紧急转移安置，近 70 万间房屋倒塌，直接经济损失达 3800 多亿元（民政部，2016）。2017 年，全国整个灾情主要呈现出以下特点：一是暴雨洪涝集中发生且灾情严重；二是地质灾害造成人员伤亡情况严重；三是全国风雹灾害点多面广。截至 2017 年 7 月 24 日，我国各种类型的自然灾害共造成 8330 万人次受灾，402 人死亡，129 人失踪，358 万人次被紧急转移安置，120 万人次面临严重的生计困难；倒塌房屋 11 万间，严重损坏的房屋达 20 余万间，一般性损坏房屋大约为 80 万间；1233 万公顷农作物受灾，其中 100 余万公顷绝收；直接经济损失达 1704.6 亿元（民政部，2017）。2008—2017 年，大型的新型灾害及其造成的巨大损失更是不断刷新着人们对人为风险的认知，并引起社会关注。2008—2017 年，不同类型的大型灾害（表 1-1）也不断涌现。

表 1-1　2008—2017 年我国大型灾害概述表

序号	事故名称	事故损失	事故原因	发生时间
1	2008 年 1 月南方冰雪灾害②	南方遭受有史以来的特大冰雪灾害，电力交通运输设施遭受极大破坏，灾害波及 21 个省（自治区、直辖市）。死亡 129 人，滞留旅客 400 多万人次；农作物受灾 1.77 亿亩③，倒塌房屋 48.5 万间，直接经济损失达 1516.5 亿元；其中，安徽、江西、湖北、湖南、广西、四川和贵州 7 个省（自治区、直辖市）受灾最为严重	2008 年 1 月 10 日到 2 月中旬在中国发生的大范围低温、雨雪、冰冻等袭击；南方对风雪天气的承受力低	2008 年 1 月 10 日

---

① 中华人民共和国中央人民政府. 国务院关于印发汶川地震灾后恢复重建总体规划的通知（2018-09-19）. http://www.gov.cn/zwgk/2008-09/23/content_1103686.htm.

② 激湍. 2011-01-07.2008 年低温雨雪冰冻灾害影响程度. http://www.weather.com.cn/zt/kpzt/1238913.shtml；张焕平. 2018-01-10.2008 年中国南方雪灾. http://special.caixin.com/event_0110/；360 个人图书馆. 2011-09-30. 新中国建国以来的重大自然灾害. http://www.360doc.com/content/11/0930/18/3260944_152463177.shtml；菊西. 2018-01-10. 历史上的今天——2008 年 1 月 10 日：雨雪冰冻灾害袭击南方. https://www.sohu.com/a/215900610_683446.

③ 1 亩≈666.67 平方米。

序号	事故名称	事故损失	事故原因	发生时间
2	"5·12"汶川地震①	中华人民共和国成立以来破坏力最大、唐山大地震后伤亡最严重的地震。截至 2008 年 8 月 25 日，遇难 69 226 人，受伤 374 643 人，失踪 17 923 人，四川、甘肃、陕西三省直接经济损失达 8451 亿元。单四川一省损失就占总损失的 91.3%，甘肃占 5.8%，陕西占 2.9%。民房和城市居民住房损失占总损失的 27.4%；道路、桥梁和其他城市基础设施损失占总损失的 21.9%	地质板块运动造成逆冲、右旋、挤压型断层地震	2008 年 5 月 12 日
3	玉树地震②	最高震级为里氏 7.1 级的特大浅表地震。截至 2010 年 5 月 30 日下午 18 时，2698 人死亡，伤 1 万多人，失踪 270 人；当地 90%房屋倒塌	发生地震地区位于喜马拉雅地震带，历史上为地震多发区，且震级都不低；地震发生在凌晨，未引起重视，损失加剧	2010 年 4 月 14 日
4	舟曲特大山洪泥石流灾害③	截至 2010 年 8 月 22 日，遇难 1435 人，失踪 330 人	一是当地地质构造岩性松软，风化程度严重；二是当地受 2008 年汶川地震影响，周边山体松动，岩层破碎，3～5 年的恢复期未到；三是灾害发生前持续半年的干旱使周边岩石解体，部分山体、岩石裂缝暴露在外；四是事件当晚特大暴雨持续 40 多分钟，降雨量达 90 多毫米	2010 年 8 月 7 日
5	上海静安区高层住宅大火④	58 人死亡，71 人受伤，建筑物过火面积达 12 000 平方米，直接经济损失达 1.58 亿元	由无证电焊工违章操作引起；施工作业现场有明显抢工行为，并违规使用大量易燃材料；监管部门安全监管不力等	2010 年 11 月 15 日

① 谷妍，王丽. 2015-05-11.2008 年 5 月 12 日汶川大地震 新中国以来破坏力最大的地震. http://sn. people.com.cn/n/2015/0511/c346862-24817717.html；丁勇. 2017-05-12. 汶川大地震九年祭 不能忘却的伤痛和感动（组图）. https://news.china.com/zh_cn/socialgd/10000169/20170512/30516878.html；百度贴吧. 2017-02-09. 盘点中国历史上的大地震. http://tieba.baidu.com/p/4973528641.

② 腾讯新闻. 2011-04-14. 青海玉树地震一周年祭. https://news.qq.com/zt2011/yushuzn/；王晓易. 2014-10-14. 盘点近年全球重大地震灾害. http://news.163.com/14/1014/13/A8H75D0J00014JB6.html；搜狐网. 2017-04-13. 人类史上 20 次惊天灾难 一震伤亡 83 万人. https://www.sohu.com/a/133741831_114731.

③ 任珈琳. 2010-08-23.8 月 22 日通报：舟曲特大山洪泥石流灾害遇难 1435 人 失踪 330 人. http:// gansu.gansudaily.com.cn/system/2010/08/23/011663143.shtml；栀子花. 2010-08-22. 舟曲灾区遇难人数上升至 1435 人. http://news.china.com.cn/txt/2010-08/22/content_20765416.htm；宋方灿. 2010-08-22. 舟曲泥石流致 1435 人遇难 基础设施抢修进展顺利. http://www.chinanews.com/gn/2010/08-22/2482541.shtml.

④ 安全管理网. 2018-07-23. 上海静安区高层住宅火灾事故. http://www.safehoo.com/Case/Case/Blaze/ 201807/1529793.shtml；小佳. 2011-06-23. 上海高楼火灾事故存在虚假招标 54 名责任人受处罚. http://new s.china.com.cn/txt/2011-06/23/content_22840699.htm；搜狐网. 2018-06-22.58 人死亡、71 人受伤，违规施工+可燃保温材料导致的惨剧！这个教训不能忘. http://www.sohu.com/a/237371959_469207.

续表

序号	事故名称	事故损失	事故原因	发生时间
6	四川道孚草原火灾①	22 名扑救人员遇难，其中包括 15 名战士、5 名群众、2 名林业职工	6 岁孩童玩火柴、点枯草，扑救人员处理余火时突起大风	2010 年 12 月 5 日
7	河北克尔化工有限责任公司"2·28"重大爆炸事故②	25 人死亡，4 人失踪，46 人受伤	一是装置本身安全水平低、工厂布局不合理，一车间与二车间间距短，且中间有硫酸储罐；二是公司在未进行安全风险评估的情况下，擅自改变生产原料，改造导热油系统；三是包括车间主任在内的绝大部分员工为初中文化水平，处理异常情况的能力低；四是企业边生产边施工建设，厂区作业单位多，人员多；五是安全隐患排查治理不认真，生产工艺固有的安全隐患被忽视	2012 年 2 月 28 日
8	雅安芦山 7.0 级地震③	震源深度为 13 000 米，共造成 196 人死亡	地震属龙门山地震带前山断裂带，该地震带也与 2008 年的"5·12"地震有一定关联性	2013 年 4 月 20 日
9	"6·3"吉林德惠禽业公司火灾事故④	121 人死亡，76 人受伤，17 234 平方米厂房内生产设备损毁；直接经济损失达 1.82 亿元	直接原因：主厂房部分电气线路短路，引燃周围可燃物，引爆氨设备和氨管道。管理原因：安全生产主体责任未落实，地方消防部门的安全监督、建设部门对工程项目建设的监管、安全监管部门的综合监管、地方政府的安全生产监管职责落实不力	2013 年 6 月 3 日

① 王晓易. 2010-12-06. 四川草原火灾 22 名扑救人员遇难（图）. http://news.163.com/10/1206/02/6N6IR6KQ00014AED.html；东楚网. 2010-12-06. 草原大火吞噬 22 名扑救人员 事发四川道孚县，遇难者中有 15 名战士. http://www.hsdcw.com/html/2010-12-6/313228.htm；人民网. 四川道孚县草原火灾. http://society.people.com.cn/GB/8217/209389/index.html.

② 黄骏. 2012-03-13. 安监总局：河北赵县化工厂爆炸共致 25 死 46 伤. http://news.eastday.com/c/20120313/u1a6423991.html；搜狐网. 2015-08-17. 中国城市近几年十大爆炸事故盘点. http://m.sohu.com/a/27830201_168553/；王晓易. 2012-03-13. 安监总局通报河北赵县化工厂爆炸事故. http://news.163.com/12/0313/16/7SG5VHFJ00014JB6.html；张乐. 2012-03-14. 河北赵县爆炸共致 25 死 4 失踪 详情仍在调查. http://news.youth.cn/gn/201203/t20120314_2009756.htm.

③ 中国天气网. 2013-04-24. 四川雅安芦山地震已经导致 196 人死亡. http://news.weather.com.cn/1860749.shtml；网易新闻. 四川雅安 7.0 级地震. http://news.163.com/special/sichuanyaandizhen/刘长利. 2015-11-02.2013 年 4 月 20 日 雅安地震事件 196 人死亡 21 人失踪. https://www.bbaqw.com/js/986.htm；非常日报. 2019-04-20. 四川省雅安市芦山县发生 7.0 级地震. http://www.verydaily.com/history/eitem-1713.html.

④ 搜狐网. 2017-06-02. 吉林宝源丰大火 4 周年，121 人死亡，76 人受伤，直接经济损失 1.82 亿元. http://m.sohu.com/a/145436296_796783；搜狐新闻. 2014-12-28. 吉林致 121 人死火灾案宣判 涉事董事长获刑 9 年. http://www.sohu.com/20141228/n407339301.shtml；搜狐网. 2018-07-30. 上半年全国共发生火灾 13.5 万起!近五年特别重大火灾全部发生在夏季. http://www.sohu.com/a/244166985_822128；王晓易. 2013-07-11. 吉林宝源丰大火调查报告：直接经济损失 1.8 亿元. http://news.163.com/13/0711/22/93HMFHLF00014JB6.html；王晓易. 2013-10-17. 吉林致 121 人死亡火灾事故 11 名公职人员被起诉. http://news.163.com/13/1017/20/9BDQNRR300014JB6.html.

续表

序号	事故名称	事故损失	事故原因	发生时间
10	"12·31"佛山工厂爆炸事故①	截至2014年12月31日下午1时20分，17人死亡，33人受伤，其中3人有生命危险，16人重伤，14人中轻度伤	直接原因是工人操作不当，即工人大量使用稀释剂清洗车轴总装线设备和地面时，流入车轴总装线地沟内的稀释剂挥发的可燃气体与空气混合形成爆炸性混合物，遇现场违规电焊作业火花引发爆炸	2014年12月31日
11	上海新年踩踏事件②	36人死亡，49人受伤；黄浦区相关官员被撤职和处分	新年午夜的"外滩灯光秀"使外滩广场聚集几十万人，当时的警力不足以维持秩序	2015年1月1日
12	哈尔滨北方南勋陶瓷大市场仓库大火③	火势持续24小时，11层高的整座大楼坍塌，坍塌楼面积为3000平方米左右；5名消防战士牺牲，14人受伤；过火面积为1.1万平方米，549户2000多人及部分临街商户受灾	没有严格的防火分隔，消防设施不健全，人员消防安全意识薄弱	2015年1月2日
13	河南鲁山康乐园老年公寓特大火灾④	38人遇难，6人受伤	直接原因：公寓电器线路接触不良，高温引燃周围电线绝缘层及公寓内等易燃物。间接原因：公寓违规建设运营，管理不规范；地方民政部门违规审批许可；地方公安消防部门以及地方国土、规划、建设部门执法监督工作不力；地方政府安全生产属地责任落实不到位	2015年5月25日

---

① 人民网. 2014-12-31. 佛山工厂爆炸事故致17人死亡33人受伤 其中3人有生命危险. http://politics.people.com.cn/n/2014/1231/c70731-26308651.html；邬嘉宏. 2015-01-01. 顺德勒流工厂气体燃爆致17死33伤 房顶部瞬间被掀起. http://news.sina.com.cn/o/2015-01-01/082231351058.shtml；搜狐网. 2015-01-01. 广东佛山一工厂爆炸. http://roll.sohu.com/20150101/n407462633.shtml.

② 刘长利. 2015-01-01. 上海外滩踩踏事故36人死亡 49人受伤. https://www.bbaqw.com/js/976.htm；程金玉. 2015-01-22. 上海公布调查结果及责任人处理情况外滩踩踏致36死49伤 黄浦书记区长被撤职. http://sh.izheng.xilu.com/20150122/1000150003802849.html；新浪新闻中心. 2014-12-31. 上海外滩踩踏事故. http://news.sina.com.cn/z/shwtctsg/；凤凰资讯. 2015-01-25. 上海踩踏事件11官员被处分：黄浦区书记、区长被撤职. http://news.ifeng.com/a/20150121/42983138_0.shtml.

③ 人民网. 2015-01-04. 哈尔滨"1·02"火灾造成5名消防员牺牲、14人受伤（图）. http://expo.people.com.cn/n/2015/0104/c112662-26316237.html；搜狐网. 2015-01-04. 火灾居民楼大面积坍塌 现场惨不忍睹. http://roll.sohu.com/20150104/n407506612.shtml；救援装备网. 2017-11-23. 消防部队作战安全事故案例汇编. http://www.chinajyzb.com.cn/jiuyuankepu/4115.html.

④ 人民网. 2015-05-26. 河南鲁山老年公寓火灾致38死 着火房屋为铁皮板房. http://politics.people.com.cn/n/2015/0526/c70731-27056722.html；吉翔. 2017-12-07. 河南鲁山老年公寓特大火灾事故案 三法院判处21人. http://www.chinanews.com/gn/2017/12-07/8395252.shtml；朱广耀，张沙. 2015-05-28. 河南：平顶山鲁山县康乐园老年公寓发生火灾事故. http://www.china.com.cn/legal/2015-05/28/content_35684680.htm；左燕燕，王薇. 2016-04-22. 河南鲁山养老院大火案开庭 6名被告人当庭认罪. https://new.qq.com/cmsn/20160422/20160422004204.html；王萌萌. 2015-05-26. 民政部工作组赶赴河南鲁山协助处理康乐园老年公寓火灾事件. http://www.xinhuanet.com/politics/2015-05/26/c_1115410498.htm；白宇，张雨. 2015-05-27. 最高检介入鲁山县康乐园老年公寓火灾事故调查. http://legal.people.com.cn/n/2015/0527/c42510-27065932.html.

续表

序号	事故名称	事故损失	事故原因	发生时间
14	广东义乌小商品城失火事件①	17人死亡，4名消防员受伤，其中1人重伤	9岁男孩在商场玩打火机引发火灾	2015年2月5日
15	云南文山工地坍塌事故②	截至2015年2月10日7时36分，被困人员15人，其中7人遇难，8人受伤	2015年2月9日下午2时左右，云南省文山州职教园区学生活动中心在建大楼在进行混凝土浇灌时，脚手架发生垮塌	2015年2月9日
16	陕西山阳山体滑坡事故③	厂区15间职工宿舍，3间民房被埋，约60人失踪	2015年8月12日零时30分左右，陕西省商洛市山阳县中村镇烟家沟村陕西五洲矿业股份有限公司生活区附近突发山体滑坡	2015年8月12日
17	天津港"8·12"特别重大火灾爆炸事故④	截止到2015年9月11日下午3点，遇难165人，其中，公安消防人员24人，天津港消防人员75人，民警11人，其他人员55人，仍有8人失联	2015年8月12日深夜22时50分，天津滨海新区港务集团瑞海物流危化品堆垛发生火灾，23时30分左右，现场发生爆炸	2015年8月12日

① 刘长利. 2015-10-28.2015年2月5日 广东义乌小商品城失火事件 17人死亡. https://www.bbaqw.com/js/972.htm；搜狐网. 2015-06-09. 广东义乌小商品批发城致17死火灾原因查明系儿童放火. http://www.sohu.com/a/18236852_123753；人民网. 2015-02-05. 广东惠东义乌小商品批发城火灾 仍有10余人被困并失联. http://politics.people.com.cn/n/2015/0205/c70731-26516460.html；360个人图书馆. 2018-05-03. 安全人判刑案例——广东"2·5"火灾重大责任事故案一审宣判，5名公司（含消防、安全）负责人被判. http://www.360doc.com/content/18/0503/08/52667824_750673603.shtml；任芳. 2015-02-06. 广东惠州一小商品批发城发生大火 致17死9伤. http://news.cnr.cn/native/city/20150206/t20150206_517672446.shtml.

② 蒋俊. 2015-02-09. 云南一在建大楼脚手架坍塌13人被埋 8人被救出. http://news.voc.com.cn/article/201502/201502091948184909.html；宋岩. 2015-02-10. 云南文山工地坍塌事故已致5人遇难8人受伤. http://www.gov.cn/xinwen/2015-02/10/content_2816942.htm；搜狐网. 2018-01-30. 突发、1月29日云南文山州一在建工地塔吊超载发生折断倒塌事故! http://www.sohu.com/a/219767350_655327；张皓俞. 2015-02-10. 云南文山工地坍塌事故已致5人遇难8人受伤. http://news.youth.cn/gn/201502/t20150210_6467316.htm；新浪新闻中心. 2015-02-11. 云南一在建大楼脚手架坍塌13人被埋 5死8伤. http://news.sina.com.cn/c/2015-02-11/130131508524.shtml.

③ 人民网. 2015-08-12. 山阳山体滑坡致15间宿舍3间民房被埋 约60人被困. http://society.people.com.cn/n/2015/0812/c136657-27449394.html；新浪新闻中心. 2015-08-13. 天没下雨 陕西山阳五洲矿业滑坡60人失踪. http://news.sina.com.cn/o/2015-08-13/doc-ifxfxraw8741273.shtml；新浪微博. 2015-08-15. 陕西山阳矿山垮塌与中村钒矿问题. http://blog.sina.com.cn/s/blog_4931d5820102vpr0.html；大众网. 2015-08-16. 陕西山阳"8·12"山体滑坡搜出1名遇难者遗体. http://www.dzwww.com/xinwen/guoneixinwen/201508/t20150816_12914645.htm.

④ 谷玥. 2015-09-12. 天津港爆炸事故第31天：24名公安消防员全部确认遇难 核心区现场处置全部完成. http://www.xinhuanet.com/politics/2015-09/12/c_128221540.htm；张晶晶. 2015-09-11. 事故已造成165人遇难失联8人 累计出院574人. http://news.enorth.com.cn/system/2015/09/11/030507273.shtml；中国交通新闻网. 2015-12-28. 天津港"8·12"特别重大火灾爆炸事故. http://www.zgjtb.com/zhuanti/2015-12/28/content_66655.htm；新浪四川. 2015-08-13. 天津滨海新区发生大爆炸 何炅黄晓明等祈福. http://sc.sina.com.cn/news/tiyu/2015-08-13/detail-ifxfxray5522982.shtml.

续表

序号	事故名称	事故损失	事故原因	发生时间
18	"11·22"青岛输油管道爆炸事件①	63人遇难，156人受伤，直接经济损失约7.5亿元	输油管道与城市排水管网规划不合理；安全生产责任不落实，对输油管道疏于管理，造成原油泄漏；泄漏后未采取按规定设置警戒区、封闭道路、通知疏散人员等应急措施	2015年11月30日
19	茂县山体垮塌②	垮塌山体为当地新磨村新村组富贵山山体，塌方量约为800万立方米。截至25日14时，62户被埋，93人失联	降雨诱发的高位远程崩滑碎屑流灾害	2017年6月24日
20	常熟民房火灾③	苏州常熟市虞山镇一处民房突发火灾，共造成22人死亡，3人受伤	事发民房是虞山镇漕泾二区74号的二层居民楼，系当地一家饭店老板租赁给其25名员工居住	2017年7月16日
21	榆林"7·26"洪灾④	榆林9个县区43.25万人受灾，其中，子洲、绥德两县共12人死亡（子洲县、绥德县各6人），失踪1人（子洲县）。直接经济损失达69.33亿元，其中，群众家庭财产损失达17.14亿元	"7·26"榆林特大暴雨、特大洪水引发严重灾害	2017年7月26日

① 搜狐网. 2017-12-28.203起 死亡238人，盘点2017年最悲惨的化工事故. https://www.sohu.com/a/213463761_655817；赵逸. 2015-11-30. 青岛致63死输油管爆炸事故14人一审获刑（图）. https://news.china.com/domestic/945/20151130/20845669.html；中国管道保护网. 2018-11-26. 我有一个期盼——写在纪念青岛"11·22"事故发生5周年之际. http://guandaobaohuchina.com/htm/201811/101_1682.htm；凤凰资讯. 2015-08-13. 公安部通报：危化品堆垛发生火灾 消防扑救中爆炸. http://news.ifeng.com/a/20150813/44413646_0.shtml.

② 搜狐网. 2017-06-26. 院士专家谈茂县山体垮塌成因，可采用声发射或微震技术监测. http://www.sohu.com/a/152030049_260616；参考消息网. 2017-06-26. 谈茂县山体垮塌成因：警报能否在灾害到来前拉响？http://www.cankaoxiaoxi.com/society/20170626/2146853.shtml；马雪. 2017-06-24. 四川茂县山体垮塌发生前后新磨村新村组对比 原因初步确认. https://www.guancha.cn/society/2017_06_24_414890_s.shtml；左常睿. 2017-06-24. 四川茂县山体垮塌原因查明，专家详解"高位远程崩滑碎屑流灾害". http://wemedia.ifeng.com/19934362/wemedia.shtml.

③ 王冠. 2017-07-17. 江苏常熟致22死3伤火灾隐患一年前就曾被举报. http://news.youth.cn/sh/201707/t20170717_10306278.htm；王继亮、李筱、汤涛. 2017-07-16. 警方表示常熟致22死3伤民房火灾不排除存在人为原因. https://www.thepaper.cn/newsDetail_forward_1734159；韩涵. 2017-07-17. 常熟火灾悲剧，"预警"为何失灵. http://finance.ifeng.com/a/20170717/15534126_0.shtml；搜狐网. 2017-07-16. 常熟起火民房系一饭店宿舍，老板被警方带走调查. http://www.sohu.com/a/157586052_260616.

④ 中国新闻网. 2017-08-04. 陕西榆林特大洪水造成9县区43.25万人受灾. https://news.china.com/socialgd/10000169/20170804/31038650.html；张小刚. 2017-08-05. 陕西发布"7·26"洪灾情况：损失69亿 12人遇难. http://news.hsw.cn/system/2017/0805/866909.shtml；张雨欣、张维. 2017-08-05. 我省通报"7·26"榆林防汛抗洪抢险救灾情况. http://www.sanqin.com/2017/0805/311846.shtml；环球网. 2017-08-04. 陕西榆林"7.26"洪灾共造成12人死亡1人失踪. https://m.huanqiu.com/r/MV8wXzExMDgxNTgwXzkwZE1MDE4MzQ2NDg=? __from=cambrian.

尤其是自 2015 年以来，一些人为造成的新型灾害所导致的危害和损失更是超出人们的预期，造成极大的社会震荡。其中，最典型、影响最大的是 2015 年 12 月 20 日发生的深圳"12·20"特别重大滑坡事故，垮塌体是由人工堆土形成的，垮塌地点属于淤泥渣土收纳场，主要堆放渣土和建筑垃圾。此次灾害滑坡覆盖面积约为 38 万平方米，33 栋建筑物被掩埋或不同程度受损，截至 2016 年 1 月 12 日晚间，69 人遇难，8 人失联；22 栋厂房被掩埋，涉及公司 15 家。[①]这种完全人为性的灾害及其造成的严重损害给社会带来巨大的冲击，不断挑战着人们对人为风险及其危害的既有认知图式。它将这种完全人为造成的新型灾害以惨烈的方式呈现在人们面前，引发人们的深思。

第二，灾害带来严重的精神性损伤。灾害不仅给灾区人民带来人员、财产、设施等显性的物质损失，更重要的是灾害还对人们的精神状态造成深层伤害。一是受灾者容易缺乏安全感。对于受灾者来说，灾害引发的强烈刺激，包括余震的恐慌、滑坡的威胁、对危房的担忧以及面对重大经济财产损失的忧虑和不能安居乐业的不安，甚至痛失亲人的伤痛和无助，都给他们造成了较大的心理负担和精神创伤。二是对灾情的忧虑和未来生活的极度担忧使很多人内心充斥着社会恐慌的心理情绪和情感。社会恐慌是指人们在面临某种直接威胁时所产生的紧张心态及所做出的不协调的、违反常规的行为（郑杭生，1999）。作为一种典型的集合行为，它是一种自发的、具有较大规模的、受集体无意识支配的行为，具有较强的感染性。人们很容易在极度恐慌的情绪和行为中产生被动接受、模仿等顺从行为，如哭泣、惊恐、愤怒等会代替人的理性行为；同时，不合作、不合逻辑的各种集合行为将在此过程中对群体起到支配作用，大量的社会互害行为甚或反社会行为也由此不断衍生，它们可能造成的危害远远大于灾害本身。

3. 风险潜伏期拉长，变数加大

现代工业社会中风险的潜伏期不断拉长，很多风险在人们还未曾意识到它的存在时就已经悄无声息地存在于人们的生活之中，并深刻地影响着人们的日常生活，表现出极强的风险潜在化特征。这里所谓的风险潜在化，一是指风险存在形式和内容变得更为多样和隐性，人们已经很难依据经验和已有的知识对其进行把握和判断；二是指随着风险影响的非线性作用越来越明显，风险后果愈发难以被

① 我的城市，谁来给我安全感. 2016-01-12. http://news.ifeng.com/mainland/special/scsh/ggaq.shtml.

预知和把握，人们很难确定自身的行为会产生何种后果；三是指风险后果展现的周期越来越长，有些风险的后果甚至几十年、上百年后都不会显示出来，人们很难明确自身的各种行动可能会产生何种风险和危机，由此导致一些人对自然敬畏之心的丧失，使人制造出更多、更大的风险；四是指风险危害的不确定性。当今社会个体化特征日益明显，社会应对风险的整合力不仅未能得到真正提升，反而因社会个体化的不断深化，不断迭加风险及其危害的不确定性。在这种情况下，风险潜伏期拉长，个体生活的不确定性和不安全感增强，从而在新的层面上迭加了灾害的社会脆弱性。

4. 城市作为人类灾害防御体已日益演变为灾害集中地

城市是人在与自然灾害持续不断的抗争中发展起来的人工防御体。乔尔·科特金（2006）认为，城市首先而且必须是安全的，作为防御体系的城市在城市自身的发展过程中发挥了关键的作用。不过，随着城市化和现代化进程的不断推进，城市固然表现为灾害防御体和承载体，但城市自身的聚集性、中心性和系统性等特征也日益使其更为突出地表现为灾害的制造地和集中地。

（1）城市的聚集性导致灾害的密集性

城市的本质是人的聚集（单文慧，1998）。随着城市化的大力推进，城市人口规模不断扩大，城市人口高密度集中的特征也越来越明显。人口的大规模聚集和高密度集中又带来城市建筑、交通、能源、通信和其他技术系统的密集。从灾害预防的角度来说，这种人口和资源的高密集特征使城市变得更容易遭受灾害袭击，而且一旦遭遇袭击，这种城市聚集性特征引发的灾害连带损失效应也更为严重。在同等条件下，即使是同一强度的灾害，发生在今天这样一个聚集性愈发明显的时代，其可能造成的损失和危害也超过历史上的任何一个时代。

（2）城市的中心性导致灾害的密集性

城市的中心性不是指城市的自然地理位置，而是指其在社会、经济、文化上处于领导、引导和支配的地位以及由此产生的对周围地区的辐射力和吸引力。这种中心性也使得即使是同等程度的灾害，当它降临在城市时，其影响力远远大于降临在农村和其他中心性稍弱的城市，即对于中心性特征更强的城市，同等条件的灾害所产生的影响也远远大于其他城市。也正因为如此，城市的中心性使之成为各国减灾、防灾工作的重中之重（段华明，2010）。

（3）城市的系统性导致了灾害的密集性和链发性

城市是"人类对自然环境适应、加工、改造而建立起来的特殊的人工生态系统"（夏伟生，1984），是"一个自然、经济与社会复合的人工生态系统"（戴天兴，2002）。发生于微小系统的问题都可能导致整个系统的崩溃，起始于初端的微小问题也可能会在终端引发难以预计的巨大危机。这种我们称为混沌效应的非线性系统的特征及其作用会使城市这个复杂系统更容易发生因各种细小的风险而引发的大型灾害；同时，基于非线性系统的作用，任何可能的风险和现实的灾害在城市这个复杂的大系统中都往往会产生明显的连锁效应，其影响和危害甚至越出一城、一国的界限，其速度之快令人难以想象。也正是在复杂系统的非线性作用下，灾害的危害也往往会被成倍放大。显然，城市是一个系统，其复杂性使灾害的密集性和链发性特征极为明显，使灾害的影响和损失往往呈几何级数扩张和增长，并使其带有极强的扩散性和扩张性。

二、灾害治理的传统模式面临危机

现有灾害治理显然面临着一种全新的格局，但传统风险管理模式下的灾害治理模式显然没有充分注意到这种实践中存在的新局面，在现实中遭遇严重的危机：一是单一主体的风险管理模式难以适应多主体的灾害治理实践格局；二是现有多元无序的多主体灾害治理实践中，不同主体缺乏事实上的协作，难以形成基于多主体的真正协作以实现事实上的合作治理。

（一）单一主体的风险管理模式难以实现

作为人祸的灾害能否在最大程度上得以避免，在很长一段时间内，几乎完全取决于国家单一主体的灾害治理能力。这种单一主体的风险管理模式显然在新时期面临着诸多危机。因此，托克维尔（1995）说，"一个中央政府，不管它如何精明强干，也不能明察秋毫，不能依靠自己去了解一个大国生活的一切细节"。

第一，政府作为单一风险管理主体面临行政失灵的危机。自20世纪以来，国家及作为其代理机构的政府几乎完全承担了灾害治理的主要责任。但目前不少政府机构无论在资源配置上，还是在应对灾害的综合能力上，都出现各种行政失灵现象。

第二，多主体参与灾害治理渐成事实。随着不少政府机构在灾害治理中表现出越来越多的行政失灵现象，社会组织却以其强大的力量和成效出现在世人面前，成为灾害治理的重要社会力量，有效地弥补了政府单一主体治理模式的不足。事实上，作为灾害治理服务的提供者，社会组织与政府的根本区别不在于其目标，而在于它们在实现共同目标的过程中所使用的方法不同。政府与社会组织在灾害治理方面各有特点与优势，它们的合作往往能优化灾害治理的效果。政府的灾害治理带有极强的制度性甚至强制性特征，而社会组织开展的灾害治理则是一种志愿性的社会服务。具体来讲，社会组织尤其是民间机构介入灾害治理的优势主要表现在以下几个方面：一是在价值理念上，它同国家、市场更注重安全、效率的目标不同，具有更强的利他主义、人道主义和服务倾向，因此它也更容易关注那些被政府所忽略的重大社会问题，更直接地指向维护社会弱势群体乃至社会整体利益的目标；二是在社会功能上，它所具有的民间性使其更容易接近服务对象；三是在组织特性上，它具有相对更平等、自主和灵活的组织运行机制，能够更低成本、更高效率、更灵活、更有针对性地提供服务；四是它有更好的专业优势，更适合处理高风险社会问题。社会组织，尤其是民间机构的成员在某些领域通常具有一些专长，能够凭其专业知识来正确评估风险，为公众提供专业信息，帮助其及时发现社会隐患，提高其危机应对能力，同时向政府和社会公众提供专业咨询。基于社会组织的这些优势，政府与社会组织的合作将提高灾害治理水平，其合作、互助有利于解决政府失灵和志愿者失灵的问题。作为弥补政府治理失灵的重要社会主体，社会组织在灾害治理中作用的发挥和功能的强化使灾害治理的多主体格局成为事实。在这种社会事实面前，传统的单一主体的风险管理模式显然面临着更大的运行障碍。

（二）多元无序的多主体灾害治理实践急需规范

我国目前虽然在事实上已经形成多主体介入灾害治理的格局，但这些不同的主体又未能在行动和目标上真正基于合作达成一致，因此引发了新的治理危机。

1. 灾害治理主体的多元化已成事实，并日益显示出其重要性

第一，灾害治理主体的多元化已成事实。即在实现灾害治理目标时，目前灾害治理主体在事实上已经越出国家及其代理机构——政府的界限，呈现出多元主体介入的治理格局。从国家与社会的视角来看，目前在整个灾害治理格局中，灾害治理主体事实上包括了政府机构和社会组织。从国际视野来讲，显然社会组织又包括了国内和国际社会组织，本书统一将其分别称为民间机构和国际机构。尤其是自 1978 年以来的 40 多年总体上是我国政府自我改革、社会组织不断发展的过程，这使我国传统灾害治理模式基于过去由国家及其代理机构——政府直接面对受助者的灾害治理框架发生了巨大改变，不仅民间机构在其中扮演越来越重要的作用，而且自 1978 年以来，许多国际机构也开始尝试在我国灾害治理领域中发挥不可或缺的作用。这种态势所形成的结果与事实是，我国目前灾害治理已形成一个多主体共存的格局，政府机构、民间机构、国际机构都在其中发挥着重要作用。

第二，灾害治理主体的多元化意义重大。一方面，政府在提供稳定的、基础性的灾害治理服务方面有很高的质量，但日益增多且日趋多元、复杂的灾害社会服务需求对政府灾害治理提出了更高要求，单一的政府灾害治理模式体现出其力不从心的一面；另一方面，社会组织借助自身专业优势和民间优势参与到社会治理中来，传统的自上而下的政府管理模式因此也实难为继（张康之，2006）。民间机构由于身处基层，是社会的感知器，能对社会各类群体的需求产生灵敏反应，并且从社会设置的性质上讲，它是解决社会问题的专业机构，也能基于其基层效应在基层获取更多的信任，在内部成员的努力与社会公众的支持和协助下促进问题的解决（若弘，2010）。国际机构则基于其长期的全球实践形成了相对成熟、专业的灾害救援服务体系，这对我国灾害治理水平的提升具有重要的启示和借鉴意义。

2. 多主体灾害治理实践的多元无序凸显危机

真正的多主体灾害治理应该是政府和民间机构不具有支配关系（俞可平，2003），不同的灾害治理主体是合作互动的关系，即它们独立运作而又相互依存，表现为"伙伴关系"（汪向阳，胡春阳，2000）。但目前，我国在灾害治理多主体介入的过程中，并未真正基于多主体互动形成彼此之间的伙伴式的合作治理格局。

真实的情形是，民间机构虽然显示了具有解决问题的可能性，但在国家灾害治理规划中，它们并未真正被纳入与政府机构平等的灾害治理主体中，甚者一些地方政府对国际机构和民间机构抱有较大的戒备心理，这使国际机构和民间机构的功效减弱。例如，在 2008 年"5·12"汶川地震中，某些地方政府官员对民间机构的筹资筹款作用的认识还有相当大的局限，民间机构在私用善款、组织不善上的一些不足被放大，而其正面效用未被充分认识。因此，目前民间机构的发展受到了一定限制，从治理主体的角度讲，整个灾害治理体系更多地表现为国家与灾害治理对象的直接对接，政府机构之外的其他灾害治理主体的附属作用比较明显，未能呈现出实质性的多中心治理机制。这使社会组织缺乏服务的主动性、创造性和灵活性，自主性严重不足，民间机构自身在参与灾害治理的过程中对公共产品、公共服务、资金运作、物质调配等方面工作的积极性不高，最终的结果是，政府和社会组织在灾害治理中既有的优势和作用未能完全凸显出来。在这种背景下，灾害治理的社会脆弱性进一步凸显。

总体来说，尽管我国当前灾害治理逐渐呈现出多主体参与的格局，但多元主体在事实上并未能基于共同的目标实现行动的一致性和协调性。结合现有灾害研究多从单一主体入手的研究现状，目前我们要降低灾害治理的社会脆弱性，确有必要将研究重点转向多主体视角，由此促进我国灾害治理的理论和实践智慧的形成和发展，推进我国多主体治理格局下合宜的本土灾害治理理论与实践体系的建构。

第二节　社会治理公共性需求不断提升

从规范性的价值维度看，公共性本身即社会治理的本质属性。公共性是用于描述现代政府在公共权力运用上的基本性质和行为归宿。这种公共性在价值指向上强调公共权力要体现人民主权，政府行为应遵循社会的共同利益和人民的意志，按照公平公正的原则执政（侯玲，2016a），同时它也被作为实现公共利益和私人利益均衡的手段（曹鹏飞，2006）。随着社会的发展，社会治理的公共性取向已经成为新时代社会发展的题中之意。

一、公共性是社会治理本质内涵的体现

社会治理的逻辑是通过政府与社会组织之间的互动和合作来解决社会问题（冯钢，2010）。治理理念强调的原则是促成不同主体在协作中基于公共利益达成共识，并促成某项计划得以实施。在这种意义上，社会治理本身内在地包含着公共性的内涵和价值期许，是一个既指向人们共同解决自己的问题，又指向满足社会需要的过程。显然，治理理念标志着政府管理内涵的转变，它意味着一种新的管理过程，或者一种改变了的有序统治状态，或者一种新的管理社会的方式（罗伯特·罗茨，2000）。

在社会发展过程中，对社会公共性的诉求直接指向了社会治理，尤其是政府治理的公共性提升。而风险社会的财富与风险、风险与责任分配逻辑的错位，更多地使社会脆弱群体可能成为风险的实际承担者，因此，风险决策或者说灾害治理也变成了一个价值实践的过程。政府是我们实现这一价值期许的一种工具（戴维·奥斯本，特德·盖布勒，2006）。政府践行其公共性价值理念，利用其权力去降低弱势群体在风险应对中的社会脆弱性，将公共安全这一最重要、最优先的公共产品以制度和社会精神资本的方式更公平公正、广泛有效地供给出来，这已成为政府合法性的一个主要来源。

二、社会政策时代社会政策的公共性需求与关注度持续提高

所谓社会政策时代是指在一国或一地区，以改善弱势群体和广大民众生活状况为目的的社会政策普遍形成，并且作为一种制度被有效实施的社会现象和社会发展阶段（王思斌，2005）。在这样一个时代，社会政策作为立法和行政的手段，是试图排除分配过程中弊害的国家政策。一般来说，社会政策通常可以作为公共政策的组成部分之一。但是，公共政策更注重一般性的公共利益，而社会政策更注重弱势群体的利益保护及其生存状况改善，目的在于使弱势群体更好地共享社会发展和进步的成果，它也更为重视社会公正理念的植入和对社会服务公共

性的深入。

　　当前，改善弱势群体的生活状况已经成为社会共识，尽管目前相关的社会政策理论与实践还有待完善，但关注弱势群体的社会政策正以前所未有的数量和速度出台，这也是不争的事实。从观念和行动的双重视角来看，我国正处在迈向一个关注社会成果共建共享的、强调社会公正的社会政策时代。公民参与决策、公民与政府直接互动、不断改善弱势群体的处境越来越成为这个时代的显性特征，这在很大程度上给弱势群体改善其生存境遇提供了很好的机会，并在社会上形成了一种提升社会公共性的广泛的社会诉求。

三、公共性成为再造政府的基准规范和价值

　　在现行政府行政管理模式下，行政国家的首要损失在于，它逐渐丧失了公共行政中的公共性（乔治·弗雷德里克森，2003）。其具体表现为，政府管理型行政的实践虽然在一定程度上满足了国家治理的效率需要，或者说回应了国家治理合法性的发展要求，但是，基于科层制的影响，社会管理和公共服务在应对不断扩张的社会不确定性方面灵活性不足，其公共性效能受到一定程度的影响。

（一）公共性服务价值的偏离

　　在希腊文中，公共一词有两个词源，一个词源是 pubes 或者 maturity，意思是成熟，它表示个体在身体、情感或智力上已进入成年，能够理解自我与他人之间的关系，从只关心自我和自我利益发展到超越自我；另一个是词源是 koinon，意思是关心、共同，含有相互关心的重要性之意。公共服务所诉求的公共性包含的共同利益的诉求，在以科层制为主导的管理体制下，逐渐被削弱。

　　首先，功利主义理念取代公共性理念。随着科层制的渗透，功利主义理念在一定程度上取代了公共性理念，支配着治理的思想和实践。

　　其次，事本逻辑取代公共性价值取向。政府服务的公共性价值在技术理性主导下的科层制实践中，其运行被项目管理的事本逻辑异化。目前在政府公共服务过程中大力推行的项目制虽然强化了目标责任与量化考核指标，有助于实现专项指标性目标，却由于在指标监管和考核结构设计过程中对事本逻辑的强调，往往忽视了政府所代表的公共权力背后的公共性价值秉持，在一定程度上使政府公共

事务运行的公共性价值被规避，出现寻租行为。

最后，技术化诉求占据上风有时不免导致了实践朝向的弱化，影响了公共性目标的实现预期。科层制主导下的专家化技术型决策机制，有时容易导致对数据和资料技术化结果的高度依赖，在一定程度上会使决策的社会实践和社会问题朝向弱化，影响决策公共性目标的实现预期。

（二）政府在多元治理结构中角色不当

公共性要求政府在多中心治理格局中承担引导者角色。这种引导者角色意味着政府的主要任务是培育社会自治并提供公共物品和服务，因此它需要从日常社会管理事务中解脱出来，专门致力于公共政策的制定及监督（孔繁斌，2008）。现有的实际情况是，一些政府机构未能真正适应这一角色担当，过度的行政干涉导致灾害治理结构单一：一是政府是统治性的唯一权威；二是一些政府机构更多地对社会公共事务实行自上而下的单一向度管理；三是政府统治所涉及的范围只局限于以本国领土为界的民族国家，公众与政府之间的距离较大，社会参与相对乏力。由此凡是属于最多数人的公共事务常常是最少受人照顾的事物，人们关怀自己的利益，而忽视公共事务，对于公共的一切，至多只是留心到其中与他个人多少有些相关的事务（亚里士多德，1983）。而当国家与社会之间的关系弹性紧缩时，两者的距离会进一步扩大，甚至完全分离或对立，这显然不利于社会公共服务目标的达成。

针对这一问题，20世纪80年代，国内学界曾提出两种解决这一问题的路径：新权威主义和民主先导论。但二者都有各自的问题，前者过度关注政治权威，但政治权威在社会整合过程中不断膨胀，人们对此没有起码的戒备意识；后者虽然主张自下而上的民主进程，但忽略了中国特殊的政治环境和时代背景（庞金友，2006），因此，二者都难以真正实现国家与社会的良性互动。显然，我国要实现政府角色的转变，政府治理的公共性转向很重要，其中，在加强政府合法性的同时改变现有政府权限过大的问题是关键。

（三）政府治理偏离有效性

科层制原是指向效率提升的，但在实际运作中，由于管理幅度过大，加上工具性价值的僭越，诸多政府治理行为不仅违逆了公平价值，甚至连提升效率的目标也失效了。现有一些治理行为，前瞻性或预防性的目标计划不足，部分地区衡量政策好坏的标准仍更多地停留在功利性的"成本-收益"之上；同时民众参与政策议程设置的渠道相对较少，在国家政策的制定和实施过程中，过于依赖专家系统，政策的民间取向不够，社会不满情绪时而出现。

第三节　灾害治理研究滞后于实践发展

灾害治理的终极目标是达成善治，其本质是使公共利益最大化。但目前的灾害治理理论难以对现有灾害治理实践起到实质性的指导和修复作用，表现出较为严重的灾害治理的社会脆弱性问题。相对于灾害治理公共性需求的提升，灾害治理研究对实践体系的适应显然还有极大的提升空间。

一、灾害治理实践对灾害治理研究提出了新的要求

随着灾害治理实践的不断深入，新的时代对灾害治理研究提出了新的要求。

首先，跨区域、跨文化的多主体实践对现有研究提出了新要求。当前社会已经进入流动性社会，现有灾害风险及其治理的跨区域、跨文化的特征因此也尤为明显。这就要求灾害治理研究应整合不同治理主体及相关社会资源，并形成跨区域和跨文化的广泛合作，建构跨界协作与联合的灾害治理模式，以此应对日益复杂的风险议题，这是当前进行灾害治理研究必须面对的问题。

其次，公共性价值取向成为灾害治理研究的重要议题。日益强化的灾害风险以及风险分布的财富逻辑要求灾害治理更加注重公共性价值取向，实现公共利益的公平分配。如何加强灾害治理的公共性，实现灾害治理范式的社会性转型，推动政府不断提供各种更具公共性的灾害治理服务，是当前灾害治理研究的重要趋势。

再次，重视新型灾害的认知和治理研究是新时期灾害治理研究的重点。在现有灾害治理实践中，由于技术理性的僭越，与传统灾害类型完全不一样的新

型灾害不断涌现，给现有灾害治理带来前有未有的挑战。与之相关的是，一是目前社会中人们对新型灾害的认知不足；二是在已有的立法、管理系统中，甚至在相关的立法研究中，人们对新型灾害的关注不足。新型灾害作为一种在社会中真实存在的灾害类型，还远远未能真正进入人们的视野，这显然不利于整个社会灾害治理能力的提升。如何在灾害治理中基于新时代理论视野的转型，真正重视新型灾害的认知和治理研究，是新时代灾害治理研究不断深化的重点。

最后，灾害治理范式转型研究的必要性日益凸显。考察灾害治理社会脆弱性存在或者深化的原因，技术理性主导的灾害治理模式践行于当下是造成这一结果的主因。这种技术理性主导的灾害治理模式建立在单一理性进路的基础上，对灾害治理本身缺乏反思，因此不仅造成上述传统灾害风险的迭加，而且还不断建构出人造泥石流等完全人为的新型灾害。深圳"12·20"特别重大滑坡事故就是灾害治理本身人为的不确定因素导致的人为灾害的典型。它所产生的后果及其背后的思维暴露出现行灾害治理中严重的治理理念问题以及由此引发的风险的迅速增加，使人们很难从外部审视灾害所造成的巨大损失的成因。显然，当前阻碍灾害治理水平提升的关键问题是技术理性导致的灾害治理观念问题。要最大程度上避免人祸，灾害治理研究必须重视灾害治理理论与实践的转型，降低灾害治理中的社会脆弱性。

二、现有研究忽视了对灾害治理实践的内在审视

为提高灾害治理水平，学界、政界都孜孜不倦地进行了灾害治理范式的探讨与创新。灾害社会学家更是不断试图走出既往的传统范式，提出了社会脆弱性范式、风险社会等范式，试图推进灾害治理社会性和文化性的全面、深入转型。在众多灾害治理理论范式中，以贝克等为代表的风险责任理论对现有灾害治理实践的影响最深。受其影响，目前灾害治理在很大程度上陷入"有组织的不负责任"的现代困局中，它本来寄希望于建立一种承认责任的灾害治理体系，却在不经意间陷入不同治理主体及其内部互相推卸责任的灾害治理困境中。这种灾害治理体系虽然对加强灾害治理的社会性有所助益，对以技术理性为主导的灾害治理范式有一定的变革意义，但它更多地强调灾害与国家之间的外在关系，忽视了对灾害

治理理念与实践的内在审视。

（一）风险责任理论更为注重灾害治理问题的外部审视

虽非本意，但风险责任理论范式显然更为注重从外部审视灾害治理的问题，重新陷入了技术理性的旧套路中。

第一，风险责任理论过于注重从"过去"的事实统计中获取对各个机构的"责任"追究信息，使此起彼伏的各种灾害或危险成功地占据了众多管理者、执行者全部的注意力，相关事务占用了大量公共资源，灾害治理各主体难以在其中发挥主动作用，只能像"消防员"一样，在各种表现为风险事实的灾害后面疲于奔命。

第二，风险责任理论专注于"责任"的治理倾向，使相关机构的设置和运行都以责任分配为基础，试图通过有组织、有秩序的各种组织负责制来应对风险。但显然，风险的复杂性和不确定性使风险治理问题很难按照人们一厢情愿的期望转变为秩序问题。因此，风险责任理论毫无预期地陷入了技术理性范式的旧窠臼中，在必须得到呈现和理解的大量矛盾事实面前，社会科学的范畴和方法失灵了（乌尔里希·贝克等，2014），它不仅未能降低风险及其转换为灾害的可能性，反而进一步制造出难以估量的风险与危害。

（二）风险文化理论注重灾害治理的内部审视，但未能成为研究主流

风险文化理论对这一危机进行了积极的回应，它注重并倡导对灾害治理进行内在性反思。斯科特·拉什和道格拉斯是风险文化理论的主要代表，他们从风险文化的角度对风险社会的内涵进行了解读，反对以贝克为首的风险责任理论。遗憾的是，风险文化理论在现有灾害治理研究中并未成为主流。

首先，风险文化理论的提出最早可追溯到道格拉斯。她最先解释了公众不断增强的风险意识和关注科技风险的新现象（Douglas，Wildavsky，1982）。她认为当风险用于责任分配时，风险政治化问题就出现了。在这里，风险是某些群体设定的以自己的行为模式和价值标准来解读的风险，具有明显的建构主义特征。显然，道格拉斯主张以文化和符号视野来审视风险，认为风险是被集体建构的结果，主要围绕着群体、组织以及社会在自我与他者之间如何保持界限，处理社会

越轨和获得社会秩序的重要性进行阐释，即"为什么有的危险被称为风险，而有的却不是这样"（Lupton，1999）。后期，为了避免让人觉得她的理论过于极端，道格拉斯开始用社会认知来代替社会建构视角，提出"风险是真实的，但对风险程度的认知是社会建构的"（Douglas，1997），"尽管在自然界中有物质基础，它仍不可避免地要受过程的控制"（Douglas，Wildavsky，1982）。显然，道格拉斯认为风险是社会建构的理解式认知对"真实"危险的反应，人们对风险的认知和感知是通过文化过程予以调节的。在这里，"风险不是一个实体，它是一种思考的方式，一种有很强的人为色彩的创造物"（Douglas，1996）。

其次，斯科特·拉什明确提出"在风险社会之后，我们将要迎来的是风险文化时代"。他认为风险文化社会的治理更多地依赖带有象征意义的理念和信仰，而不是程序性的规则和规范。这一理论的重要意义在于它从人与社会的内部审视灾害治理的危机，认为当前不断迭加和被不断建构的风险和灾害是现代文化导致的个体与现代社会制度"对其自身的影响和威胁视而不见，充耳不闻"的结果（转引自乌尔里希·贝克，2001）。这一理论的主观建构性却在一定程度上影响了其解释力。

最后，随着风险的不确定性因素被日益关注与重视，风险责任理论本身也开始注重从内部反思现代风险文化的问题。即便是像贝克这样最坚定的风险责任论者也承认风险社会正是被现代性制度建构出来的后果，这导致了风险共同体（risk community）的发展。风险共同体的成员来自政府、产业界（大卫·丹尼，2009），还包括工会、公众及其代表（McQuaid，2000；贝克，2004a），从某种意义上说，风险共同体覆盖了所有人群。现在，对风险的评估是一个多维度的、从不可接受的到可接受的连续体（大卫·丹尼，2009）。

这些具有代表性的学者及其研究注重从风险文化内部来审视灾害治理问题，将风险意识视为风险认知、风险应对手段和方式的风险文化理论倡导通过建构风险文化社会，以价值和信念来提升社会整体的风险意识和风险认知力的灾害治理取向，迎合了我们从内部着眼应对由单纯理性导致的理性暴力和价值荒芜的时代需求。可惜的是，这一理论由于受现有灾害治理范式的强大惯性约束，并未成为时下灾害治理的主流理论，更不用说寄希望于它能催生相应的灾害治理范式的形成。

三、灾害治理地方实践显示出独特的实践智慧

与理论发展陷入困境形成对照的是，灾害治理的地方实践却显示出其既有的实践智慧。尤其是在一些传统地区，文化、价值、信念因素已经在地方灾害治理实践中彰显出其超越传统灾害治理局限，规避治理的单纯理性暴力的独特优势和作用。

发生在 2004 年印度洋海啸中的安达曼群岛就是其中一例。在 2004 年印度洋海啸中，安达曼群岛成为受海啸冲击最严重的地区，外界在毫不知情的情况下认定该岛肯定已经被毁，但几天后，当印度空军派遣直升机到达岛上时，才发现岛上的居民几乎没有受到任何伤害，他们以极为自然和传统的方式应对灾害，使那些拥有先进技术的军队和现代化居民相形见绌。这种在实践层面中表现出来的智慧以及由此呈现出的惊人事实，使灾害治理背后的风险文化的重要作用进一步凸显。

与此同时，在全球范围内，各种解决灾害治理社会脆弱性的地方实践不断深入，为现有研究提供了诸多借鉴。

深入地方实践，加强包括价值、信念及制度在内的风险文化的研究，将之运用于灾害治理中，重新审视现有灾害治理理念与实践，并在此基础上形成与之配套的灾害治理新型模式，已成为新时代背景下灾害治理社会脆弱性研究的题中之意。

第四节　灾害治理社会脆弱性研究的
时代意义

灾害治理理论与实践作为社会治理、灾害社会学和公共安全管理理论与实践研究的一部分，是一种包含以解决人类现实困境为目的的实用价值和以追求平等、正义的社会为目的的人文理想价值在内的崇高事业，因此，灾害治理本身其实是一个价值与事实融合的价值实践过程。它需要在理论与实践中寻找一种必要的张力来保证理论对现实的批判性引导作用。

现有灾害治理更多地基于西方理论和价值展开研究，因此相关研究存在几个问题：首先，现有灾害治理的相关研究主要集中于社会资本、社会网络、集体行

动、风险社会、社会组织、社会动员和社会心理等视角，总体上仍属于经典灾害社会学范式，难以真正适应变化了的时代中所暴露出的一系列灾害治理行动中的社会脆弱性问题。其次，灾害治理已经日益呈现出多主体格局，但现有研究多从单一主体视角展开研究，多主体视角明显不足。如何在多主体格局下回应灾害治理的问题，是目前灾害治理研究需要一再审视和思考的问题。再次，现有研究陷入各种理想化的范式之中，多种不同范式之间基于二元论的争端未能实现有效的对话和融合，对传统和现代理论的整体性反思不够，令太多怀疑与争论嵌入这个事关人的生存与发展底线的研究领域中，难以真正生成合宜的、具有内在关联性的、彼此相辅相成的理论体系。最后，现有灾害治理研究更多地陷入西方灾害治理范式中，西方理论体系在当前灾害治理研究中居于主导地位，即使是中国学者，其中也有很多人将西方理论和模式视为圭臬，西方思维定式与西方话语在一定程度上解构着中国实践（郑功成，2014）。基于中国智慧和中国实践的不足，深入本土社会文化秩序，以本土具体地方实践为载体的、细致的实地研究尚付阙如。这些问题使我们很难真正对我国灾害治理困境的产生及其应对有一个切实有效的认识，灾害治理理论也很难实现本土理论自觉和文化自觉。

吸收现有灾害治理研究中的风险文化理论和风险制度理论，并将现代社会治理理论和中国古代传统救灾思想中"和而不同"、多元一体的优秀传统思想整合进入灾害治理的社会脆弱性研究中来，从多视野、多主体的角度研究灾害治理及其社会脆弱性的生成，有利于跳出现有灾害治理理想化的乌托邦式的研究体例，真正助益新时代合宜本土的灾害治理理论与实践体系的形成。

一、有利于对本土灾害治理理论体系的深入探索

本书在反思现有灾害治理相关研究的基础上，试图从多视野、多主体的整合性分析框架入手，深入研究我国灾害治理具体实践，探讨适宜本土的灾害治理体系，具有较强的理论意义。

（一）有利于灾害治理范式的人文性和社会性转型，形成整合性分析框架

为提高灾害治理水平，学界不断深入灾害治理范式的研究与创新，提出了试

图超出技术理性范式的多种社会性和文化性灾害治理范式。但以风险责任为核心的风险社会理论及其范式仍然是当下对灾害治理影响最为深远的范式。它更多地强调了灾害与国家之间的外在关系，对灾害治理理念及实践的内在审视严重不足，因此影响了灾害治理理论的解释效力。风险文化理论回应了这一危机，倡导对灾害治理进行内在性反思，但风险文化理论本身属于建构论的风险观。与此相关的风险制度理论则注意到了现代性作为一种文化对灾害治理产生了深入的影响，并在吉登斯那里试图实现风险实在论和建构论的整合，但这种努力并没有转变为社会事实，也未能真正成为社会主流。本书试图综合风险实在论与建构论视野，弥合二者的鸿沟，实现风险文化理论、风险制度理论的整合，并将其体现到本书的分析框架中来。同时，本书基于多学科的视野，将治理理论纳入进来，实现灾害治理的研究范式真正转向人文性和社会性研究范式。

（二）有利于灾害治理多主体实践分析框架的形成

目前可以说，在世界范围内，灾害治理已经不是一个单一主体实践的问题。任何一种行动主体的行动逻辑都不能从国家政策文本中直接推演而出，因此需要将不同的治理主体作为相对独立并具有独立行动能力的行动者展开专门研究，这显然不同于传统的单一主体视角的研究。本书选择某一典型区域，在对其总体的灾害治理社会脆弱性进行呈现的同时，对其中的政府机构、民间机构和国际机构的灾害治理理念及策略进行深入的田野研究，有利于丰富现有灾害治理实践的单一主体的研究范式，并打破现有研究以西方思维和价值为主导的僵局，为形成对本土灾害治理有解释力的、面向实践的分析框架奠定基础。

（三）有利于反思性灾害治理理论范式的形成，促成本土灾害治理理论自觉

灾害治理是人类社会一个古老而永恒的话题。我国古代社会曾基于和而不同的思路形成了以儒家思想为主导的多元一体的灾害治理思想，它契合了当时中国社会的总体性特征，形成了良好的官民互动的灾害治理实践传统。但目前，在我国具体实践中，灾害治理主体多元化参与格局越来越明显，不同治理主体遵循的灾害治理思路却在西方主导的理论视野下陷入二元论冲突中，不同主体的治理理念和策略大异其趣甚或相互冲突，这使它们在灾害治理实践中难以真正基于共同

的目标形成合力，灾害治理的目标困境也呈几何级数增长。与这种实践困境相对应的是，我国现有灾害治理研究也更多地受到西方主导理论和范式的影响，难以跳脱出西方灾害治理技术理性范式的窠臼，它在很大程度上不仅难以解释我国具体的灾害治理问题，反而在一定程度上解构了中国实践。

就目前来讲，本书将研究重点转向风险文化-风险制度视野，并吸收治理理论的成果和中国传统灾害治理思想的多元一体理路，对中国灾害治理实践进行多主体的田野研究，这有利于促进我国灾害治理理论研究对现有灾害治理范式的反思，并在此基础上形成灾害治理理论研究的本土理论自觉甚至文化自觉，形成多主体格局下本土化的灾害治理理论体系。

（四）有利于扩展并深化公共安全管理和灾害社会学的发展

本书的研究有利于扩展并深化我国公共安全管理研究领域，凸显公共安全管理过程中的人文维度和社会维度，进而推动灾害社会学的学科发展。

灾害治理是公共安全管理中极为重要的内容，也是灾害社会学中极为关键的部分。在现有灾害治理研究中，制度的、技术理性的视野相对浓郁，人文性和社会性的视野相对不足，因此，深入本土实际中开展细致的田野研究，并从一个新的整合性分析角度研究灾害治理的社会脆弱性是对现有公共安全研究领域中相对严重的技术理性范式的反思与回应。它极大地丰富了公共安全管理研究的人文和社会维度，有利于推动本土灾害社会学这一学科的长足发展。

二、有利于本土灾害治理实践体系的形成

在风险全球化的当今时代，我国灾害治理的能力有明显的提升，但总体而言，我国社会的灾害脆弱性仍然相对较高，灾害治理实践体系有待重塑，灾害社会脆弱性问题的突出进一步暴露出我国灾害治理的社会脆弱性问题。本书从整合性分析视角对我国灾害治理的具体实践进行细致的在地分析，有利于我国灾害治理实践的转型和发展，并最终有助于实现本土灾害治理实践体系的形成。

（一）有利于在实践领域为认识中国经验提供经验审视和借鉴

本书选择了一个典型的灾害治理区域，并基于灾害治理的多个不同主体的地

方实践开展深入的田野研究，有利于真正从我国具体的本土实践着眼，认识中国经验的某些特征和沉重代价，并为缩小这种代价，进而为和谐社会建设、生态文明建设提供某些借鉴。

（二）有利于促进本土灾害治理实践思路的转型

长期以来，受西方技术理性范式的影响，我国灾害治理呈现出较为明显的技术理性倾向，它在很大程度上迭加了现代灾害治理的风险。

本书从风险文化-风险制度的整合性视角入手，对本土多主体灾害治理实践进行深入的个案研究，并结合我国古代灾害治理传统和现代性的优秀成果对其进行全面反思，有利于真正发现现有灾害治理的内在根源，促进整个社会灾害治理思路的全面转型。

（三）实现本土灾害治理真正从"管理"向"治理"转型

长期以来，国家及作为其代理机构的政府在灾害治理方面的力量是其他组织和力量无法企及的，尤其是在我们这样一个对社会具有很强整合力的国家中，国家更是毫无争议地成为灾害治理的当然主体，但国家和政府并非天然就有这种能力。事实上，最有准备的国家和政府才是灾害治理中最有力量的主体。

同时，在灾害治理中，社会组织等社会力量在几个世纪以来也一直致力于灾害治理的实践中，并且以其孜孜不倦的努力显示了解决各种灾害救援难题的可能性，甚至是强大的实力。尽管如此，在国家灾害治理规划中，社会组织等社会力量介入灾害治理的限制仍然是较多的。目前有关社会组织介入灾害治理的研究虽然不少，但相关研究并未成为研究的主体。

本书基于多主体的灾害治理实践进行深入的本土地方实践研究，有利于真正了解本土多主体治理过程中良性互动关系的形成，以期促进本土灾害治理真正从"管理"走向"治理"。

第二章

灾害治理研究的时代特征与反思

为最大程度地避免人祸，以调节人祸为目标的灾害治理理论及其实践备受关注，关于这个领域的研究也日渐兴起和发展。就目前来讲，在"危机产生的原因、根源是什么""灾害如何治理"问题上，学界做出了不同的回答；以此为基础形成了基于技术理性主导的传统治理范式和对此进行反思的新型治理范式。这些研究从不同角度对灾害的形成进行了归因，并在不同程度上提出了应对灾害治理的对策路径，但这些研究多从国家单一主体的研究角度切入，多主体视角不足，忽视了现代社会各国不同的灾害治理模式是国家意志及多元主体综合作用的结果；同时，现有研究大多以西方现代灾害治理理论为主要分析框架进行解释，遮蔽了在它之前形成的灾害治理思想传统中的诸多人类优秀文明成果。从纵向的时间维度回溯中西方灾害治理思想传统并进行对照，对我们真正形成基于中国实践的灾害治理理论与实践体系显然大有裨益。

第一节 时代特征与灾害形成的诱因、对策研究

现有研究首先对我们所处的时代进行了审视，从不同角度对这个时代的风险、灾害特征做出了界定。基于此，不同的研究也从不同的视角对灾害及风险产生的诱因、根源进行了探讨，并基于不同的分析视角提出了不同的对策。

一、时代特征被表征为风险与不安全

这是一个非传统安全时代，风险社会全球化（余潇枫，2007；Perrow，2007；Beck，1999）成为时代的特征；公共安全是首要的公共产品（余潇枫，2007；朱武雄，2010）；风险和危害是社会脆弱性的集中体现（Adger，et al.，2004；O'Keefe，et al.，1976；Perrow，2007；童小溪，战洋，2008）。学者格累和奥利弗将现时代视为"灾难社会"（Gray，Oliver，2001）。也有学者将现时代界定为不安全时代（Vail，1999）、风险社会（乌尔里希·贝克，2004a，2004b）和个体化社会（齐格蒙特·鲍曼，2002）。斯科特·拉什（2002）则提出现时代是一个风险文化时代，这一时代的特征在于它是无序的，呈现出一种横向的水平分布的无结构状态，并且是以关注社会公共事物为基础的。无论哪种表述，它们都共同指向在这一时代，我们身处的社会是一个以风险与不安全为表征的风险社会。

在所有关于风险社会的相关研究中，贝克是最有代表性的学者。在他的《风险社会》一书中，风险社会这一概念被首次使用，用以诠释当前风险丛生的社会。他认为风险社会标志着外部风险所占的主导地位转变成了被制造出来的风险占主导地位的时代来临（Beck，1998），并且这一社会中充斥着大量的"有组织的不负责任"的现象。他对风险社会做了八点总结（乌尔里希·贝克，2004a）：一是"真实的虚拟"；二是有威胁的未来是影响当前行为的重要参数；三是事实与价值在"数字化道德"中重新结合；四是控制或缺乏控制都是人为不稳定性的表现；五是认识与反思冲突中表现出来的知识与无知；六是全球化风险使全球和

本土同时重组；七是知识、潜在冲突和危机有差别；八是在人为因素占主导的社会中，自然与文化的二元对立关系不复存在。简单来说，在贝克这里，风险社会指的是世界风险社会（乌尔里希·贝克，2004b），是当今科学技术迅猛发展条件下的全球化风险社会。在此背景下，某些看似局部或是突发性的事件往往容易引发整体性的社会灾难（高芙蓉，2014）。同时，贝克也认为，在风险社会里，单一的民族国家已无力应对威胁整个人类的现代风险，深层的社会结构变化和深入的政府角色转变成为时代的现实需求，这打破了政府是危机治理天然主体的观念（转引自侯保龙，2013）。

斯科特·拉什在玛丽·道格拉斯的《风险与文化》一书的基础上，提出在风险社会之后，我们将要迎来的是风险文化的时代，并认为这种风险文化很少体现为一种制度与规范或教条的作用和功能，而在更多方面表现为各种社团群落正在发挥着积极的作用（斯科特·拉什，2002）。贝克在后期也指出，风险虽然无法通过感官来察觉，却无处不在，自我反思和反身性现代化是风险社会的核心特征（Beck，1999）。同时，贝克也认为风险社会的到来带来了风险政治，传统政治因此终结，需要再造政治才能应对由此而生的危机。吉登斯也在反思现代性的基础上试图弥合风险实在论和建构论之间的鸿沟，并提出生活政治的概念，倡导通过"第三条道路"实现政治再造。比贝克和吉登斯更激进的是墨菲，他宣称"政治已经终结"，并呼吁"政治的回归"，他认为政治回归的关键在于"在这些条件下如何可能创立或维持一种多元民主秩序"（尚塔尔·墨菲，2001）。

即便是政治经济学也不再单纯地把社会视为一个整体系统，而是将其看作松散耦合的、异质的要素和网络（Bates，Peacock，1993；Bates，Plenda，1994）。这种耦合的网络显然具有极强的不确定性特征。

还有学者从社会结构本身着手，认为当代社会不是多元社会，而是断裂社会，即那种主张存在唯一正确、唯一政党的社会方式、价值观念和文化的断裂社会（孙立平，2005），它使不同群体之间由物质割裂导致了精神文化的割裂，又在新的层面导致了价值观和社会思潮的混乱（王君玲，2013）。这种断裂社会与多元社会是截然不同的，多元社会是允许多样性的社会方式、价值观和文化的存在，并保持这些多元要素连贯性的社会。

二、灾害形成诱因及其对策研究

首先，对灾害形成的诱因，研究者有不少直接或间接的描述，基于此，一些可能的应对之策也被提出来。

从客观归因角度讲，不少研究者把灾害社会脆弱性作为资源与权利作用的结果。其中一些典型的观点包括：利润放在生命之上的社会制度短视、脆弱和失效（Perrow，2007；童小溪，战洋，2008；张玉林，2010）；经济转轨、社会转型中脆弱的国家治理能力；社会结构、政治制度、基础设施的公共性缺失等宏观因素（张康之，2006，2000；郑杭生，杨敏，2010；袁祖社，2006；哈贝马斯，1999；哈特，2015）；风险集中、脆弱性、有备程度和组织失效（Perrow，2007）；不完善的公民社会（朱武雄，2010）；政府信任危机、信息不对称、公共安全事件频发和社会公众心理安全感的流失（唐斌，2010；张维平，2006）；社会规范失灵和公共安全教育乏力（闫钟，2009）等。这些观点在很大程度上被总结为政治经济观念。它从政治经济和世界体系视角出发，认为灾害及受害者是政治精英和世界资本体系共同作用的结果（Buttel，1976）；从全球来看，不发达国家更容易遭到风险袭击的原因则在于它们在国际分工体系中的附属性甚至边缘性角色（Susman，et al.，1983）。

从一国内部来看，波恩认为灾害根植于社会结构与社会变迁之中（Boin，2005）。贝克更是将全球风险社会的形成原因归结为工业化或者现代化进程，认为以单一理性为基础的线性现代化在不断制造人类自作自受的不安全性（Beck，1992），因此在当代社会，单一理性进路的灾害治理已经备受质疑。吉登斯则将风险社会的形成归因为现代性，当然也有学者将之归因为资本主义，亦有学者将之归因为全球化。马克思则更为关注资本主义生产方式是如何制造出各种不稳定性和悲剧的。随着人口的城市化以及带有危险性的机器化生产的出现，工业革命为人类带来了新的风险。涂尔干认为，因过分强调经济发展导致的道德规范崩溃，社会面临解体的危险。韦伯关注的则是那些由科层组织成长导致的风险（转引自大卫·丹尼，2009）。沃特·阿赫特贝格（2003）着力探讨的则是风险社会与生态民主问题，提出协商民主政治而非自由民主政治才是应对风险社会的合宜模式。

兴起于20世纪六七十年代的脆弱性理论认为灾害受到受体自然、物质因素的影响（Burton，et al.，1978）。20世纪70年代，这一研究出现了社会性归因取向，即灾害社会脆弱性理论流派，它将灾害形成的原因归结为社会脆弱性。其中，卡特等依据1990年前后美国各州42种社会与人口变量，以因子分析法将之浓缩为11个因子，并将因子分数加总最后形成各州社会脆弱性指标（Cutter，et al.，2003），正确预言了卡特里娜飓风受害者的地理分布。几年以后，基于灾害社会脆弱性的社会分布分析，沃恩认为贫困人群更少参与或执行减灾行动，不利于灾害治理目标的实现（Vaughan，1995）。莫多则指出有效的灾害管理需要掌握弱势群体在社区中的分布情况及其为何处于弱势的社会根源（Morrow，1999）。脆弱性理论流派认为如果减灾规划缺乏对弱势群体的特别设计，在进一步深化弱势群体的脆弱性的同时，还会导致灾害治理陷入"减灾—重建—爆发—减灾"的恶性循环中。

与灾害社会脆弱性研究相关的社会易损性的研究也随着人们对灾害社会致因的关注而不断得到重视和深入。这一类研究虽然也承认洪水、地震是自然过程，但更注重灾害形成的社会过程研究，即人类的易损性研究（Varley，1994）。在20世纪80年代初期，很多地理学家继续进行社会易损性研究（Jeffery，1982；Hewitt，1983），他们试图突破传统认知范式，强调要用社会秩序来解释灾害的形成。自此以后的20年来，许多灾害研究者和管理者继续发展着灾害社会易损性分析方法（Maskrey，1989）。在我国，一部分学者对灾害易损性的研究也日益转向社会性因素分析。姜彤和许朋柱（1996）将易损性评价因素主要归纳为职业危险、人口年龄分组、心理和生理疾病或残疾、女性、少数民族、人们的健康和营养状况等。郭跃（2010）的灾害易损性由自然性向社会性研究更进了一步，认为灾害易损性的核心内容是自然过程和社会过程的相互作用，其测量主要包括以下三方面：人口，即弱势人群和人的职业构成；社会结构，即群体或社会中各要素相互关联的方式；社会文化，即不同文化背景对灾害易损性的影响不同。

也有不少研究者从主观或者建构视角分析灾害治理社会脆弱性的形成。集中的观点被表述为灾害的发生、结果都是社会建构的产物（Tierney，1999）。这种风险社会建构观从四个不同角度展开：一是从灾害发生原因的角度展开，认为灾害治理是各种观念彼此冲突、碰撞的结果，灾害治理过程在实质上则表现为对灾害发生原因的不断建构。二是灾害结果的建构，即作为社会建构的结果，灾害受到政治制度、利益团体、媒体等的重要影响。三是灾害风险管理使灾害存在、程度以及干预方式受到主观建构的影响（陶鹏，2013）。四是贝克、吉登斯、卢曼、斯科特·拉什等提出风险认知在很大程度上建构并制造了风险本身，即现代化过程是试图控制风险，却导致内部风险出现的过程（Beck，1998）。卢曼也明确指出，风险是潜在损失，它是决策的结果，同时，现代人却没有能力去辨别什么样的决策和谁的决策会带来负面结果（Luhmann，1993）。当然，这些因素都只是原因的一些方面，其对现代文化的矛盾和冲突是全球风险社会的根源这一点的揭示显然不足。

其次，与灾害诱因研究相对应的是，灾害治理对策研究呈现出从降低脆弱性到降低灾害社会脆弱性、从反应到应对、从单一机构到多主体参与、从科学驱动到学科驱动、从反应管理到风险管理、从为社区计划到与社区计划、从向社区沟通到与社区沟通（Pearce，2003），再到全社会治理系统不断发展的过程。其中，社区自治应急模式（余潇枫，张东和，2002；赵成根，2006；李宏伟等，2009）、永续社区减灾模式（周利敏，2015）、公共危机治理理论（侯保龙，2013）以及注重社会关系建设（王卓等，2014）的对策，甚至全社会型危机治理系统的策略，这些都为人所称道。尤其是社区永续发展及恢复力的提升，更是被视为有效进行灾害应对的两大举措（Quarantelli，1997）。托宾将减灾模型、复原模型和结构认知模型结合，提出永续社区发展的理论架构（Tobin，1999）。沃夫（Waugh，1996）进一步提出永续减灾模型，主张通过推行减灾方案来减少灾害暴露的机会，以此降低风险。他所强调的减灾方案一般具备六个先决条件：减灾目标具备学理支持；执行机构资源与能力充分；领导人的管理能力和政治手腕高；政策目标鲜明；民众的坚定支持；政策连续性强。米尔蒂提出的永续减轻灾害（sustainable hazard mitigation）则非常重视社区恢复力（Mileti，1999）。当然，从"以自然为奴"向"以自然为师"转变，注重生态保育理念，将社区看成一个生命共同体（Rolston，1986）的研究，也是加强社区恢复力、实现永续减灾的重要策略。

莫里·科恩将风险社会理论与约瑟夫·休伯的生态现代化理论结合起来，试图找出风险社会发展的新模式。莱恩·威尔金森在《风险社会中的忧虑》一书中，从心理学视角探讨了风险与忧虑问题。马克·海恩斯·丹尼尔则为了下一代提出了风险规避的新全球战略。当然，还有埃莉诺·奥斯特罗姆与文森特·奥斯特罗姆夫妇共同创立的多中心治理理论等，这些也都在不同程度上为降低灾害治理社会脆弱性提供了可资借鉴的对策。

显然，灾害治理研究日益呈现出其社会性和文化性反思的一面，也日益强调治理主体多元化和治理途径的社会化格局，显示出多学科融合的研究趋势。

第二节　现代主要灾害治理研究范式：不同的理论视角

对当今时代特征的审视，甚或对灾害诱因与对策的分析，事实上都或多或少地折射出不同的灾害研究的理论范式。从灾害治理角度看，现有研究存在着以下几种主要的灾害治理范式。总体上，它们呈现出从技术性向社会性和文化性转型、从科学到学科驱动的特征。

一、传统以技术理性为主导的灾害治理研究范式

长期以来，灾害治理研究领域的主导话语权归属自然科学与工程技术研究。后来，虽然该领域以灾害学为基础形成了脆弱性评估和风险管理两大思路，但仍不免陷入技术理性的旧套路中。

（一）脆弱性评估

脆弱性也称易损性。脆弱性评估研究的哲学思想和应用起源于20世纪六七十年代的自然灾害研究（Burton，et al.，1978）。早期脆弱性被定义为影响社会在自然灾害中以应对力和恢复力方式表现出来的限制因素，后来脆弱性又被当作一种测量工作，用来测量社会及社会群体暴露于风险中的程度。

由大卫·麦克恩塔尔主编的《学科、灾害与应急管理》一书则将来自不同学科的学者聚在一起，共同聚焦脆弱性概念与灾害问题。该书开拓了人类对于灾害脆弱性研究的视野，人们也开始初步意识到以脆弱性为基础来构建整合式灾害研究的可能性。我国学者对灾害脆弱性的研究起步相对较晚，且一开始比较局限于工程物理

学、系统理论等范畴来分析。脆弱性的完整概念出现在 1996 年的《灾害学》杂志中。中国科学院南京地理与湖泊研究所的姜彤和许朋柱（1996）认为，脆弱性是指易于受到灾害的伤害或损伤，它可以被看作自然系统和受该系统影响的人类系统的函数。与此相关的灾害易损性在此类研究中也是一个非常重要的类型。研究者从不同角度对灾害脆弱性进行了界定和分类。这些易损性包含了对物与人的伤害、有形和无形的伤害、经济基础和上层建筑的损害等（梁茂春，2012）。

当然，脆弱性除了被表达为一种分析性的概念外，它还被作为一种测量指标出现在脆弱性研究中。作为测量指标的社会脆弱性，经历了从脆弱性分析模型到社会脆弱性模型形成的过程。

首先是 RH（the risk-hazard）模型（图 2-1）。这一模型的特点在于它把损失定义为承载体的暴露度和敏感性的函数，强调承灾体的暴露度和敏感性这两个要素如何导致了灾难后果。其缺陷在于对承灾体如何扩大或削弱了灾害破坏性的具体途径、承灾体各子系统的哪些特性将会导致灾难后果、人类社会结构和制度能够对灾害损失产生何种影响的研究明显不足。

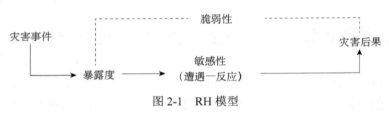

图 2-1　RH 模型

其次是脆弱性分析 PAR（pressare-and-release）模型（图 2-2）。这一模型的特点在于它将脆弱性的根本原因归为人群对财产、权力、资源等获取的有限性以及政治体制和经济系统意识形态的缺陷的共同组合和作用产生的社会动态压力，并将这一根本原因转换成脆弱性通道。这一模型的缺陷是它将自然系统遗漏在致灾因子之外，而且对致灾因子的分析出现与社会过程相分离的现象；与此同时，它对致灾因子的分析在因果关系分析、承灾体的反馈作用分析上都明显不足。

最后是脆弱性定性分析的 HOP（hazards-of-place）模型（图 2-3）。这一模型认为，灾害脆弱性体现在三个方面：一是各种承灾体的灾害脆弱性，通常表述为"地理环境"及与地理、位置相关的"自然脆弱性"和"位置脆弱性"，并最终表现为承灾体的灾害损失率；二是社会脆弱性调查，注重从社会这一更深层次挖掘承灾个体和社会群体的脆弱性根源；三是脆弱性在灾害中的作用，人口结构、政府决策等是与脆弱性有重要关联的因素（毛德华等，2011）。事实上，这一模型已经体现了灾害社会脆弱性分析范式的特征。

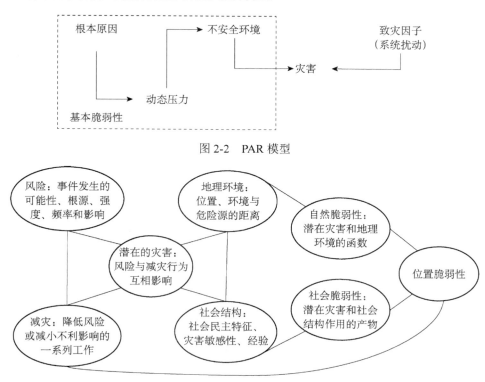

图 2-2　PAR 模型

图 2-3　HOP 模型

总体来说，在世界范围内，脆弱性研究从当初对自然灾害的物质承载体的关注逐渐转向对社会结构和社会过程，甚至是社会根源的关注，从自然、工程学科再到跨学科的研究框架，将集体行为、灾害政治、灾害文化、灾害政策等理论视野逐渐融合其中，最终形成了以脆弱性视角整合灾害社会科学研究的新尝试（陶鹏，2013）。

（二）"威尔逊-韦伯范式"风险管理范式

现代风险管理思路尽管出现了多种分支，但主要遵循的是技术主义主导的传统的"威尔逊—韦伯范式"（文森特·奥斯特罗姆，1999）。这一范式在长期的科层制演绎下成为某种纯粹的执行过程，"除了行政结构中的高层官员外，对各个领导层来说，不存在什么权力问题。行使职能时所需要的权力是随着上面的命令一级级往下传递的"（斯蒂尔曼，1988），它容易因片面强调内部的组织运行效率而忽略外部公众的需求或者公共性原则，走向工具理性的极端，政府失灵的危机因此也十分明显。20世纪80年代以后，饱受科层制行政范式之苦的所有国家在英美等国家公共管理改革浪潮的影响下纷纷开始对传统灾害治理范式发起攻击，以韦伯的理想科层制为基本框架的公共行政理论范式的危机达到历史巅峰（杨冠琼，蔡芸，2011）。传统灾害治理范式理论认为，遍布于公共管理中的欺诈、浪费和滥用公共资源这种"三位一体"的邪恶行为和现象使公共管理演化到了让人无法忍受的状态，进而引发了财政危机、权威危机、合理性危机和信任危机（Dilulio，1994）。一种建立在"知识-权力"关系上的知识依赖型的灾害治理模式使技术理性正作为一种主导性的观念甚至意识形态作用于人与社会，整个社会因此受到商业逻辑、官僚逻辑和实用主义逻辑的支配，理性在用同质性、标准化度量世界之际，使世界丧失了异质性与多样性；理性在用秩序与规则来保障社会的确定性之际，却抵挡不住不断增长的不确定性风险，也丧失了其反思性的初衷，无知风险成为风险的最大来源（Beck，1999）。意外后果的不断涌现和对意外后果的应对乏力，正体现了这种灾害治理基于无知形成的社会脆弱性。

值得注意的是，灾害治理研究范式虽然从脆弱性评估范式转向"威尔逊—韦伯范式"，这一转型为灾害治理研究提供了更新的视角，但二者都假定灾害治理的技术化和管理化，都认为以僵硬的、科层式的以及"命令-控制"路径为特征的管理机制能带来更有效的灾害应对（Neal，Phillips，1995），因此也都忽视了将灾害治理真正纳入自然与社会的互动进程之中，没有给人类社会应对灾害的复杂社会结构和治理结构留下合理的空间。以此为指导的灾害治理在实践层面上呈现出强烈的技术理性倾向。

二、灾害治理范式的社会性和文化性转向研究

社会学者一直以来更注重对社会、制度、文化的反思和重构。灾害社会学的发展，尤其是其从经典范式、社会脆弱性范式到风险社会理论范式的发展，使灾害治理的社会性和文化性转向趋势日益凸显。其中，风险责任理论、风险文化理

论以及风险制度理论都极具代表性，但以此为依据的灾害治理理论都或多或少面临着理论与实践的困境。如何超越现有灾害治理范式的局限，推进灾害治理理论与实践深入发展，显然是当前灾害治理水平提升的重要议题。

（一）经典灾害社会学范式

夸兰泰利、戴恩斯及哈斯等是经典灾害社会学的主要代表人物，他们所主张的经典灾害社会学范式主要有两个重大贡献。

第一个重大贡献在于它破除了所谓的灾害迷思（mythology of disaster）。灾害迷思包括灾民恐慌迷思和国家全能迷思。经典灾害社会学的研究打破了这两大迷思：一是打破了灾民恐慌迷思，它发现灾害发生后，灾民并非如人们预期那样必然陷入恐慌、失序中，反而能镇定有序地进行自救；二是打破了国家全能迷思，它发现在灾害治理中，政府总是被赋予过高的期待，人们认为政府始终控制了大局，事实上政府失灵现象在灾害治理中十分常见。

第二个重大贡献在于它注重分析灾害过程中的灾害管理循环。它认为灾害防范与灾后重建是一个按照一定顺序展开的政治经济过程，通常分为灾前预防与灾后应变两部分，前者又可以再细分为抢救、安置与重建等3~5个阶段，具体的区分方式根据研究者强调重点的不同而有所差异。

尽管如此，经典灾害社会学研究中依然隐含着国家家长制的预设，基于这一预设展开的灾害治理使政府危机管理常常陷入行政崩溃中，表现出领导混乱、信息残缺、互相推卸责任、资源分配不均等一系列问题，灾害治理效果十分有限。

（二）灾害社会脆弱性理论

灾害社会脆弱性理论流派致力于探讨灾害脆弱性发生的社会性因素，包括社会行动、政策、社会结构、社会过程等。同时，灾害社会脆弱性学派强调，某些群体会因为一些社会特质的制约，更容易受到灾害的袭击。这些特质既包括阶级、职业、族群、性别等，也包括贫穷、不公平、健康、取得资源的途径等社会因素，因此，灾害社会脆弱性理论提出降低灾害社会脆弱性的关键因子，以持续改善社会的灾害应对能力和恢复力（Warner，2007）。

20世纪70年代，国外一些社会学家逐渐发现了灾害脆弱性的社会属性，打破了仅在自然科学领域研究该问题的传统，将灾害脆弱性研究延伸至社会科学领域。在近期的各种灾害研究文献和政府灾害管理的文件中，带有社会属性的脆弱性出现的频率越来越高，逐渐成为灾害研究领域的焦点（Gilbert，et al.，2001），尤其是以灾害风险研究为取向的脆弱性研究逐渐取代了以功能主义分析为取向的经典灾害社会学研究，更是使灾害社会脆弱性研究向前迈进了一大步。1976 年，怀特和哈斯等共同成立了自然风险研究与应用中心，该中心以发明各种脆弱性概念并进行相关的风险分析闻名于世。它倡导要将脆弱性评估从自然领域扩展到经济、政治与社会等领域。1995 年的国际减轻自然灾害日上，联合国的"最脆弱的人群，即妇女和儿童，是预防的关键"这一提法更是使社会脆弱性在灾害研究中的重要性得以凸显（许厚德，1999）。

大致而言，灾害社会脆弱性这一学派的理论注重灾害研究从灾害治理机制的科学性、本地性、形态性、多元性要求来构建以社会脆弱性评估为基础的灾害风险管理（童星，2011）。仅从灾害外部来源的审视来看，灾害的社会脆弱性这一理论视角显然具有很大优势。它提出了两个基本研究命题、三个重要的讨论面向以及四种评估模型，对灾害治理的社会性转型意义重大。

首先，两个基本研究命题，即灾害风险不平等命题与社会分化命题。前者强调由于阶级、族群与性别等灾前社会不平等因素，同一地区的个人与群体的受灾风险也会表现出不平等现象（Bolin，2007）；后者指灾前的社会不平等现象如果在灾后重建中得不到改善，很容易导致灾后重建中持续的社会冲突与政治斗争（Tiemey，2007）。

其次，三个重要的讨论面向。一是脆弱性是一种灾前既存的条件。佩林就指出，社会脆弱性是灾前区域内既存的、从人类社会系统内部衍生出来的状况（Pelling，2003）。二是脆弱性是灾害应对能力。卡特认为人类社会在面对灾害时会经由修正或改变自身的特质和行为来提高灾害应对能力，它主要包括抗灾能力与灾后社会恢复力（Cutter，1996）；阿杰等发现，社会固有的内部特质，包括社会制度、社会资本和文化习俗等在提升灾害应对能力上起着决定作用（Adger，et al.，2004）；米勒蒂认为社会群体或个体策略、资本的多样化会提高社会抗灾力（Mileti，1999）。三是脆弱性是特定地点的灾害程度。特纳和罗杰认为社会脆弱性不仅在不同社会、区域和群体间呈现差异性分布，即使是同一区域的社会群体，在面对同样的灾害时也会表现出完全不同的敏感性和应对力差异（Turner，Roger，2003）。

最后，四种评估模型。这四种评估模型是指空间整合评估模型、灾害周期评估模型、微观与宏观评估模型，还有函数关系评估模型。四种评估模型的提出，目的在于能真正确认社会中最脆弱的群体并体现出其可能特质，真正了解灾害中不同群体应对灾害风险能力的差异，真正为防灾与减灾规划提供有针对性的建议（周利敏，2012）。

显然，灾害社会脆弱性研究一直试图克服经典灾害社会学的功能主义局限，也试图避免自然脆弱性忽视社会因素的缺陷，通过灾害社会脆弱性的分布研究预测灾害发生的条件和特质，以此避免传统的技术理性范式的灾害治理困境。因此，阿杰等指出社会脆弱性是评估人们灾害适应力或加强灾害应对力的非常有用的分析工具（Adger，et al.，2004），纳尔逊等也认为社会脆弱性分析能在锁定灾害社会脆弱性群体的基础上为灾害决策提供有针对性的建议（Nelson，et al.，2007）。但社会脆弱性学派显然有其自身的缺陷，其地理学与工程学谱系研究的特点依然十分明显，表现出较为典型的技术决定论或结构式的减灾思维（Wisnerbp，et al.，2004）。同时，社会脆弱性在量化研究上对脆弱性因子的选择也存在众多分歧与争议（Cutter，et al.，2003；Adger，et al.，2004）。

（三）风险社会理论范式

风险社会理论是贝克在1986年首次提出来的。发展至今，它已经在很多方面取得了进展。大致而言，风险社会理论可以分为风险责任理论、风险文化理论和风险制度理论。它们并未形成一个完整的理论体系，只是共同描述、指涉了风险社会时代的某些特征，因此，它们相互之间始终存在着争论与分歧。

1. 风险责任理论

风险社会理论中影响最大的是其主要创始人贝克的风险责任理论。贝克在其1986年的著作《风险社会》一书中首次提出风险社会的概念。他试图在承认责任的基础上建立灾害治理范式。受贝克影响，持风险责任治理观的学者不在少数。如关注环境新社会运动的学者Melucci（1985，1996）和Cohen（1992）都引进了责任的现代概念并将其推进了一步。他们所强调的风险责任共同体具有以下特点：其参与主体广泛，包括不同的社会群体；其目标是具体的公共政策和相关的大众价值观念；其参与方式是日常化的、个体化的；其涉及范围是全球化的。但总体来说，在风险责任理论中，贡献最大的仍是贝克。

贝克在 1980 年就初步形成了《风险社会》的主题思想，之后又出版了《解毒剂：有组织的不负责任》（Gegengifte：Organised Irresponsibility）一书。贝克（Beck，1999）认为，风险社会的主要特征在于，人类生活在一个"有组织的不负责任"的社会中，人们面对自身制造的、威胁其生存的各种风险，风险与责任是内在联系在一起的。根据"有组织的不负责任"的假设，贝克又试图以理性反思来超越这一困境。他的理论（Beck，1992，1995，1998，1999，2000）表明了他是如何理解这种规范性维度的。他说，"在第一次现代化所提出的用以明确责任和分摊费用的一些方法和手段，如今在风险全球化情况下将导致完全相反的结果……在这种过程中是根本无法查明该谁负责的"（乌尔里希·贝克，约翰内斯·威尔姆斯，2001）。"有组织的不负责任"的概念因此有助于解释现代社会制度是怎样导致没有人或组织对风险及其结果负责的（乌尔里希·贝克，2004a）。贝克也希望能有一种建立在承认责任而不是推卸责任基础之上的合法化原则来取而代之（乌尔里希·贝克等，2014）。

其后，有学者从风险意识与责任入手，提出了风险社会的生态政治学理论，对"有组织的不负责任"的概念及其相关理论形成了有效补充（薛晓源，周战超，2005），并认为，风险只要一出现，就必然会产生责任问题。

还有学者则通过建构责任伦理学积极回应了风险社会的道德诉求（尤努斯，2006，2008；阿西夫·道拉，迪帕尔·巴鲁阿，2007）。他们认为，在某种意义上，责任原则是解决当代社会危机的重要措施。

显然，正是贝克在社会学意义上将风险与责任首次联系了起来，虽然这一提法有其缺陷，但它广泛地吸引了更多学者来关注这一问题。继他之后，的确有很多学者开始更系统地研究它（Sroydom，1999，2000，2002；Lenk，2007）。很快，在责任的系统研究背后聚集了更多的美国人，尤其是 Jonas 和 Apel，二人各自都有欧洲知识分子的背景。在 20 世纪 60 年代晚期和 70 年代早期，Apel（1987，1988，1990，1991）和 Jonas（1973，1976，1979，1982）已经注意到了风险和责任这一主题。与 Jonas 的形而上学的学问相对，Apel（1988）从社会学的角度，借助于交往和会话理论对责任的概念进行了重新定义，解释了为什么强调共同责任而不只是强调集体责任。多年以来，正如研究者认为的那样，Apel 更喜欢将之称作集体责任或共同责任，这完全改变了关于风险责任的旧争论，并为社会学家提供了以一种全新的方法理解和研究风险责任的机会（Strydom，1999，2000，2002）。

因此，我们就可以理解 Lupton（1999）和 Dean（1999）为什么认为责任具有积极的意义，同时，Douglas（1992）认为它可能是贝克观点的核心。但是，两人都指出了贝克的不足，那就是他在这一领域对公正研究做得不够充分。莫里·科恩（Cohen，2005）也认为贝克的风险社会概念有不可估量的潜力，但这一概念及其与之相关的风险责任理论对经济增长的责任、科技应用的普遍性和抽象性的研究仍不充分。同时，受风险责任理论的影响，在目前的灾害治理范式中，人们寄希望于建立一种责任制的灾害治理模式，以此规避风险，并使这样的政策和制度话语流行——"责任就更需要成为普遍性的伦理原则……在'责任原则'下，没人能够逃避彼此休戚与共的责任要求"（薛晓源，刘国良，2005）。这种灾害治理范式及其实践毫无疑问对优化灾害治理曾起到了积极的作用，但它更多地强调了灾害与国家之间的外在关系，即国家对灾害救援所应承担的责任，忽视了对灾害治理困境的内在根源审视，例如，它极少真正向专家系统、专业知识的局限及其背后的社会文化基础提出质疑。同时，贝克的风险责任理论也存在一个严重的盲区，即第三世界的发展中国家。这一盲区在于，一方面，它对发展中国家的关注不足，这显然使其理论的适用性受到影响；另一方面，它过于注重外部责任关系审视的研究范式，使灾害治理主体因此难以真正意识到治理本身可能带来的难以估量的风险与危害。它所导致的理性的困境，正如贝克和吉登斯等提到的那样，使技术理性、专家系统和抽象体系深深植根于社会结构中，并日益成为人们日常社会生活的核心。它使人们盲目相信，技术及其与之相关的知识越是发达和完善，社会就越是如同预期的那般安全。

事实上，知识与技术的增长与风险控制的可能性之间并没有人们想象中的那种必然的对应关系，即一种建立在"知识-权力"关系上的知识依赖性的治理模式，它依托理性用秩序与规则来保障社会的确定性，却抵挡不住不断增长的不确定性风险。灾害治理过程中人为的不确定因素的迅速增长使人们已经很难将灾害造成的巨大损失归为外在原因。灾害治理观念转型和水平提升的根本性问题的解决，需要加强灾害治理中强调内部反思的风险文化研究。

2. 风险文化理论

面对风险社会或灾害社会的重大挑战，人类需要不断反思并调整现有的灾害治理理念、策略。风险文化理论回应了这种需求，它在很大程度上被视作整合功能主义与脆弱性分析的一种社会建构主义取向（Stallingsr，1994）。总的来说，风险文化理论认为一切灾害及其相关的现象都是人类自身建构的适应性结果。一方面，它认为灾害概念是历史情境、社会灾害认知与灾害后果结合的产物，它与近来人们对社会文化期望的失望息息相关，也是社会成员对现有社会控制风险能力丧失信心的结果（Horlick-Jones，et al.，1995）；另一方面，它也认为灾害产生的原因、灾害结果、灾害应对手段也是"被社会定义的"结果（Alexander，1993）。蒂尔尼在分析灾害风险时也明确指出，灾害及其发生的可能性、灾害的特征及其影响、灾害发生的原因及灾害损失等都是被社会建构出来的产物（Tierney，2007）。

显然，风险文化理论作为一种社会建构主义观念，基于灾害产生的社会内在性进行反思，拓宽了人们对灾害危险源的认识。持此种观点的学者甚至认为灾害是社会组织"观点制造"的结果，是利益集团建构的产物。Stallings 和Quarantelliel（1985）在研究地震与科技组织之间的关系时就发现，地震强度以及与此相关的灾害认知、灾害治理策略等，其实都是由专家、政府和私人部门共同构成的利益集团确定的。从这个意义上讲，灾害并非普通大众的认知结果，而是利益团体建构的结果。而且，任何一种灾害风险要最终转变为公共领域的社会问题，只能是社会互动的结果。简言之，风险文化理论从内部审视灾害治理，将灾害和风险都视作社会建构的产物，认为它是一个在一定文化嵌入下从隐藏、选择到共识建构的过程。道格拉斯和斯科特·拉什等正是在认识到风险、灾害产生的社会内在机制的基础上对现代性进行了深入的反思，并在反对贝克等的风险责任理论的基础上提出了风险文化理论。

道格拉斯认为，当风险被用于责任分配的时候，政治问题就出现了。在风险社会里，任何一例死亡和意外的发生都是某个个体疏忽的结果，每一起灾祸都有可能引发潜在的诉讼（Douglas，1992），风险因而成为承担责任和寻找责备线索的中心内容，成为一种使个人承担责任的机制。但由于风险责任分配引起的风险政治化问题，要识别到底谁在风险管理和风险预测中负责变得艰难异常；而且随着人为风险的日益普遍化，政治上的无能和不作为现象日趋严重和广泛，风险不受政治干预的可能性也因此上升。专业人员承担的责任增加了，可是他们对政策制定过程的影响力却减弱了。组织管理的分级体制同样也有效地使专业人员远离组织权力。专业知识或准专业知识的传播所导致的可能结果之一就是，服务对象也可能由于专业性储备的不足，只能局部地、有限地理解特定风险的复杂性。在某些情况下，主管人员同样也只能部分地理解专业问题，而这有可能会导致灾难性后果。在其他一些情况下，风险是由沟通不畅和一些导致危险操作的技术设计失误共同造成的（大卫·丹尼，2009）。道格拉斯虽然反思了风险责任理论的不足，但他未能把新风险的本质看作技术的负效应和人为指导的不确定性的一个实例（大卫·丹尼，2009）。

斯科特·拉什在道格拉斯的基础上，进一步从风险文化角度解读了风险社会的概念，提出了迥异于贝克的风险社会概念解释。他认为，风险社会表面上看起来是现代性转型的标志，实际上是简单现代性在社会结构中动摇甚至断裂的结果。因此，他提出风险社会之后是风险文化社会的观点，并认为风险文化依存于非制度性的和反制度性的社会状态，其传播更多地依靠于实质意义上的价值，其治理更多地依赖于象征意义上的理念和信仰，而不是程序化的规则或制度。与此同时，风险文化社会较少地体现出一种制度与规范或教条的作用和功能，在更多的方面表现为各种各样社团群落正在发挥着积极的作用（斯科特·拉什，2002）。

Tierney（1999）甚至干脆认为风险的社会建构学说主要关注社会、文化因素是如何影响风险客体与风险分析中的社会建构问题的，认为影响风险认识的客体都是社会建构的，都是政治、媒体、专家、社会团体等利益相关人共同建构的产物。

吉登斯则从反思现代性的视角提出了独到见解。他认为，风险社会建构了一种激进的现代性文化，现代性本质上是一种风险文化（安东尼·吉登斯，1998）。从反思性视角而言，他认为现代性缺乏对自身的制约与规制，沉醉于技术理性和物化世界的狂欢之中，未能预见到自身的风险性后果。

事实上，即便是像贝克这样坚定的风险责任论者，随着社会的发展，其在后期也认为风险社会是现代性缺乏约束的结果。他认为，风险虽然无法用感官来察觉，却无所不在，自我反思和反身性现代化是风险社会的核心特征（Beck，1999）。也正是基于这种反思，贝克在后期与吉登斯、斯科特·拉什等提出了反身性现代化理论，试图在对现代性批判反思的基础上重建新的现代性。这种反思与变革的目的并非要构建一个完全反对理性的异质性的世界，而是倡导一种"理性的理性化"（潘斌，2011），由此预见到理性自身的风险性后果。因此他们认为必须在对传统现代性的积极扬弃中形成关于风险意识、风险心理、风险认同和风险治理新的文化思潮。

大卫·丹尼（2009）基于社会转型的讨论描绘了西方社会中发生的，从前现代性、古典现代性到反身现代性的一个长达400年的过程。正是在现代性发展的过程中，技术理性、专家系统和抽象体系植根于我们的社会文化与结构之中，甚至成为我们社会生活的核心，人们因此在不知不觉中失去对技术、专业知识、理性最起码的反思意识和理性认知能力，盲目地将技术、专业知识、专家系统的发展与风险治理能力对应起来，导致了现代社会中灾害社会脆弱性的增强。因此，可以说，"工业现代性的病根不是理性过多而是理性的缺乏、非理性的盛行……只有通过理性的激进化以吸收被抑制的不确定性才能治好这种疾患"（乌尔里希·贝克，2001）。

显然，风险文化理论的关键意义在于，它不再将现代社会风险的来源归结为外部因素，而是从人与社会的内部审视灾害治理的危机。它认为，当前严峻的风险和灾害及其引发的深刻危机是现代文化中人们对其自身的影响和威胁视而不见、充耳不闻的结果。因此，它倡导通过建构风险文化社会，以价值和信念来增强社会整体风险意识，并将风险意识作为认识和对抗风险的手段与方式。这种从人的认知力和社会文化转向入手的灾害治理范式，显然应合了我们从内部反思单纯理性导致理性暴力的根源，直面时代价值荒芜的迫切需求。

当然，需要注意的是，风险文化理论也有其自身的问题。它从建构主义出发，对风险的客观性关注不足。因此，风险文化理论虽然于灾害治理范式发展来说意味着内在性和文化性的转型，但它与风险实在论各处两端，影响了其理论张力，因此在其发展过程中，它也并未跳出技术理性的旧窠臼而成为时代研究的主流。

3. 风险制度理论

与风险文化理论不同，吉登斯与后期的贝克则属于风险制度主义者。他们都将风险界定在一个由制度性的社会结构建构出来的风险社会中。

贝克认为，风险社会正是被现代性制度建构出来的后果。他指出，西方的经济制度、法律制度和政治制度都不仅卷入了风险的制造，而且参与了对风险真相的掩盖。在依靠"知识-权力"逻辑运作的科层制管理体制下，以精英和专家为主的单纯理性的治理路径再也不能适应日益增长的人为不确定性因素，在这里，更多、更好的知识通常意味着更多的不确定性（Beck，1999）。在此背景下，灾害治理显然不能继续因循旧路，必须对政府和整个治理体系进行重大变革。如前所说，西方学者把国家的这种重大变革称为"政治再造"。

吉登斯的风险理论因为强调这种"政治再造"，被称为结构-制度风险社会理论。吉登斯偶尔也提到责任，他也注重对风险文化的反思，但总体来说，他的理论带有鲜明的制度主义色彩。他在《自反性现代化》一书中提到的信任概念与贝克的责任有许多共同之处。在吉登斯的前期著作中，现代的信任主要倾注在专家系统中。在该书中，他想阐述的是一种主动信任的概念。当制度带有自反性时，当专家主张公开接受批评和争论时，主动信任便会出现。贝克所理解的责任对吉登斯而言则成了有中介信任或主动信任。与责任和义务密切相关联的、倾注到制度中的信任必定是一个合法性问题（乌尔里希·贝克等，2014）。同时，吉登斯也强调了现代性问题的模糊不清，认为现代性是一种双重现象。一方面，现代性有其消极性，这种消极性集中表现为被制造出来的风险居于主导地位的风险社会的出现；另一方面，现代性有其积极性，这种积极性表现为现代性是强调风险意识的，反思性是其核心。因此，通过个人及社会整体的风险意识提高，人类可以在反思性的基础上，基于自身的主体性，变革现有灾害治理体系。

因此，对两位理论家而言，制度的自反性必然要求制度对话性地承担起责任，或者说它必然要求有主动的、有中介的信任（乌尔里希·贝克等，2014）。但正如阿赫特贝格（2003）指出的那样，贝克风险制度理论的规范性制度内涵虽然注意到了它与社会正义和民主政治的相互关系，但相关内容的展开论述显然不足。因此，如何实现生态民主并保持社会正义等主题都还是人类依然面对的社会难题（Beck，1999；转引自侯保龙，2013）。

可以这样说，风险社会理论在其不断发展的过程中，虽然呈现出风险实在论与风险建构论这两种不同的研究范式在认识论上的冲突，也不断发展出试图弥合二者看似无法跨越的鸿沟。尤其是在贝克和吉登斯看来，现实主义和建构主义、风险文化理论和风险制度理论仅仅是解决问题的两种手段，并非对立的、非此即彼的信仰问题。吉登斯更是始终致力于寻求结构与行动的两重性，在弥合风险实在论与建构论的鸿沟上进行了孜孜不倦的努力，虽然它始终都未能成为研究的主流。

三、治理理论异军突起：从统治到治理

20 世纪 90 年代兴起的治理是现代文化的重要组成部分，是一种现代化的价值理念和管理方式，是一种对生命进行控制的权力技术体系，同时也是一种安全、风险管理的机制。其发展历史可以追溯到 16 世纪甚至更早。当它被作为一种新的分析框架时，它表现为治理理论，其目标就是通过善政实现最终的善治，以期从根本上确保公共利益最大化（侯保龙，2013）。目前，它在公共管理理论研究的重要地位日益凸显，甚至成为一套解释现代国家与社会结构转型与变革的理论分析框架。

（一）治理理论范式

治理理论源于日益严重的官僚主义或所谓的"科层化恶魔"对社会经济发展的禁锢效应（让-彼埃尔·戈丹，陈思，1999），是对传统威尔逊-韦伯官僚科层制的一种回应，或者可以说市场失灵与政府失效是治理理论兴起的主要原因。基于治理问题的理论与实践需求，治理理论在 20 世纪 90 年代以来处于不断发展中，其中公共政策理论在发展的过程中取得了重要进展。尤其是针对威尔逊-韦伯官僚科层制存在的弊端，各种不同的新公共管理范式轮番上阵，不同程度地指向政府的合法性和公共性问题。譬如管理主义、以市场为本的公共行政、新公共管理、后官僚制范式以及"企业家范式的政府"等理论的不断兴起，事实上都是在谋求治理的合法性和公共性。胡德（Hood，1983）在将这些理论进行对比研究后，又将其进行了综合，并将综合后的理论称为新公共管理范式。但这种新公共管理范式本身也面临着较多问题，针对它的批评主要从 8 个方面展开：管理主义的经济学基础、私营部门管理的基础、新泰勒主义、政治化、推卸责任、外包困难、伦理道德问题、执行与士气问题。欧文·E. 休斯（2007）认为，缺乏理论基础是新公共管理面临的最大挑战。正是在这种背景下，治理的公共性理论得到发展，它试图通过合作机制达成治理的公共性社会机制。这些探讨在不同程度上为灾害治理社会脆弱性的降低提供了可资借鉴的对策。

真正的多中心治理理论是由埃莉诺·奥斯特罗姆与文森特·奥斯特罗姆夫妇

共同创立的。而多中心一词最早是迈克尔·博兰尼（2002）在《自由的逻辑》一书中首先使用的。他在该书中同时区分了两种社会治理秩序：一是指挥的秩序，即单中心秩序，是政府作为单一治理主体的治理秩序；二是多中心秩序，它指的是与以政府为主的单中心秩序相对的，多元单位既相互独立，又能在追求自身利益的基础上在社会的一般规则体系中实现相互关系的整合的秩序。迈克尔·博兰尼认为多中心治理有利于克服单纯理性的治理进路，是一种优越于单中心治理秩序的替代型选择。事实上，多中心治理理论中的行为者具有有限理性这一人性特点（朱国云，2007），其核心在于多中心合作治理。其生成的合法性基础取决于民主政治的现代性流变；其正当性则奠定于是否能在现代社会治理实践中发育和构造合法、合理、合情的"共和"行动空间（威尔·吉姆利卡，威尼·诺曼，2004）。显然，这种多中心治理范式契合了治理公共性的理念。

需要注意的是，多种不同的治理研究范式也形成了三种不同的研究取向：实证主义、后实证主义和建构主义。实证主义的研究在公共政策或治理理论研究中占据主导地位，使政策科学的关注重点从解释不同的政策阶段转到探究在多种政策背景下的机构、制度和多元主体之间的互动发展。后实证主义认为政策研究的目的不在于提出决定性的政策理论，而是"在特定和有限的背景下理解政策现象"（Sinclair，2006），他们重视语言、话语、认知等在治理研究中的重要作用，发展出各种解释性框架。公共政策的后实证主义转型拓宽了语言尤其是隐喻在治理研究中的应用。最近几年，建构主义方法论被大量应用到政策研究中，推动了相关理论的发展（朱亚鹏，2013）。有研究者提出解释主义的方法论，认为政策含义是由作者、文本和读者共同建立和分享的（Yanow，1996；Fisher，Forester，1993；Stone，2001）。这些研究都基于后实证主义的研究路径取得了重要成果。20世纪80年代中期开始，学者开始尝试整合这些不同的研究范式。福克斯（Fox，1990）认为，从方法论的角度来看，研究应跨越实证论的方法而进入批判性后实证的方法论。莱斯特等指出建立新的研究途径必须克服现有研究的三大局限：第一，理论的多元主义不断陷入争端；第二，大多基于案例研究得出的理论应用范围有限；第三，理论知识缺乏积累性，相互之间难以对话（Lester，et al.，1987）。

无论哪种范式，无论其优劣如何，总体来说，就目前而言，治理理论都表达出以下诉求和特点。

第一，重视自下而上的社会参与。巴伯指出，要解决政府在行政机构瘫痪、公共事务私有化、民众对政府的疏离和冷淡三方面的危机，宜将"强民主"建立在公民参与和公民义务上（Barber，2003）。Ham 和 Hill（1984）指出，应当尽量加强公民与行政管理人员之间的双向沟通与互动，这样行政人员可以更好地了解民意，并在此基础上更好地引导公民参与决策和监督。彼得斯提出政府治理的四种模式——市场模式、参与模式、弹性化模式和解制模式（解除政府内部管制），并认为其中的参与模式比其他模式更符合治理的价值要求，更有能力去解决社会问题（盖伊·彼得斯，2001）。

第二，公民社会是治理的基础。"治理是政府与社会力量通过合作方式组成的网络状管理系统"（Kenis，Provan，2006），其实质是国家权力向社会回归、还政于民的过程（高芙蓉，2014），其基础在于公民的积极参与和合作。

第三，社会治理是一种合作治理。治理的首要和关键是合作，是建立包括政府在内的社会网络体系的信任关系和合作方式（夏建中，2010）。治理模式与传统政府统治模式最本质的区别在于：一是治理主体是多元化的；二是多元主体间的关系是开放、平等的互动、合作关系（侯保龙，2013）。按照迈克尔·麦金尼斯（2000）的观点，多中心秩序也是许多因素相互独立，又能以一般的规则体系归置其相互关系的一种秩序。从霍布斯的"利维坦"，到托克维尔"结社的科学与艺术"，再到奥斯特罗姆夫妇的多中心理论，本质上他们都试图探讨人类秩序的合作机制（杨涛，2014）。科曼则干脆说，很多集体行为通过个人乃至国家调节或间接的政治民主程序也不易解决，反而是合作性的共同体能超越集体行动悖论（Kooiman，1993）。从治理理论内部的结构层次来说，治理理论的发展主要在三个范围和层次依次缩小的层面上展开：一是全球治理问题；二是社会治理问题；三是社会内部具体组织的治理问题（罗伯特·罗茨，2000）。很明显，它们分别可对应全球（国家间）、社会（国家）与组织（企业）的治理。因此，这一理论能通过操作性定义"善治指标"，为不同国家的治理改革提供具体的制度改革措施（Kaufmann，et al.，2005）。

第四，社会资本是治理的手段和目的。如果说统治运行依靠的是行政权力的垂直控制或命令的话，治理则依靠内在于公民社会中的社会资本力量来运行。这种社会资本一般来说指的是社会成员之间的社会关系、规范和相互信任。因此，社会资本也是社会治理的主要培育目的（夏建中，2010）。

第五，治理理论在分析方法上，试图打破传统的计划与市场、公共部门与私人部门、国家与公民社会、民族国家与国际社会的两分法的传统分析范式，又克服了这些方法自身的缺陷（段华明，2010）。它将着眼于政府与公民的合作网络研究（王春福，2012），在强调国家与社会合作的过程中，国家职能的专属性和排他性被国家与社会的对话、合作、协商、伙伴关系所代替。

（二）治理的评价指标

治理作为一种新的公共管理理念，并非一个单纯而抽象的哲学概念，它始终要落实为一个实践过程。为了能提高治理的理论和实践水平，治理概念的操作化是必需的。在这种意义上，治理包含了理念和实践的双重分析框架。我们考察现有治理概念的测量指标，试图对构建我国本土的地方性治理指标体系做出尝试，总结现有的治理概念的操作化研究现状以及影响较广的治理指标设计，从国家和地方层次来说，其可以分为以下几种。

1. 两种具有代表性的国家治理指标

国家是社会治理中最重要的主体之一，在我国，它甚至是最重要的治理主体，没有之一。如何测量一个国家的治理水平成为学者高度关注的问题。

一是世界银行考夫曼治理指标。目前，最著名、覆盖范围又最广的国家层次的治理测量指标是由世界银行学者考夫曼等（Kaufmann，et al.，2006）开发的。该指标体系从 1996—2006 年共发布了 8 次，即 1996—2002 年，每 2 年发布一次，共发布 4 次；从 2003—2006 年，每年发布一次，也发布了 4 次。该指标体系将治理操作化为 6 个指标：话语权和问责制、政局稳定和暴力避免、政府的有效性、管制质量、法治、防治腐败。需要指出的是，考夫曼的治理指标虽然来自世界各地的 30 个组织或个人建立的 33 个独立数据库，但这些基础数据并非基于各国国内生产总值（gross domestic product，GDP）、国家宪法等客观性指标进行统计，而是以专家、企业和民众的主观评价为基础，因此它们不是"硬指标"，而是"软指标"，带有较强的主观性，在完全客观地反映现实这一标准上有所欠缺。不过，整体来讲，到目前为止，在全球范围内还没有其他国家层面的治理指标在全面性和可靠性上能够与它相媲美。

二是联合国考特等的治理指标。除了世界银行学者考夫曼等的治理指标外，由联合国组织的专家考特等于 1999 年发起并承担，2000 年底到 2001 年初实施调查的世界治理调查（World Governance Survey，WGS）项目，也对治理指标进行了操作性定义的研究。该指标首先将治理指标操作化为治理绩效指标和治理过程指标。前者依据规范性指标用来评价治理质量；后者则按照效果来衡量治理质量。基于治理的规范性和有效性指标，他们设计了 6 个指标来测量国家治理：公民参与程度、社会各利益方的意见整合方式、作为一个整体的政府保护系统、政策执行、国家与市场的关系和争议处理（Kaufmann, et al., 2006）。尽管这项指标的数据调查仍然以主观评价的调查方式获得，但它将调查对象锁定在高级公务员、长期任职的国会议员、商人、资深法官和律师、德高望重的学者、咨询者和政策顾问、地方非政府组织（Non-Governmental Organization, NGO）领导或资深人士、媒体编辑或资深记者等消息灵通的群体上。这些被调查者对其所在国家了解更深入，同时，这些被调查者工作领域的多样性也在很大程度上有效降低了政界人士对其自身评价过高的倾向，因此数据效度较高。当然，更重要的是，这些被调查者均只对自己所在国家做出评价，这就避免了世界银行数据库中被调查对象对其他国家评价的资料，尤其在政治性指标上，难免存在的偏见。当然，这一测量指标所涉及的范围相比于世界银行的治理指标，还有很大的差距。

2. 地方治理的几种测量指标

地方治理指的是处于国家层次以下的地方层次的治理。博瓦德和罗夫勒认为地方治理是指"地方行为主体彼此互动以影响公共政策的方式"（Bovaird，Loeffler，2003）。它显然与国家治理在层次、内容等很多方面都存在较大差异，因此不能以国家治理的测量指标来替代地方层次治理的测量指标，独立的地方治理测量指标的操作性定义研究因此也显得尤其重要。

较早对地方治理进行研究的是亨利·泰纽，他在 20 世纪 90 年代初就对东欧、苏联等 10 多个国家开展了"民族地方治理研究项目"的研究。此后，地方治理的相关研究逐渐增多，它们都对地方治理的指标进行了量化操作，包括英国地方政府绩效研究、托克维尔研究中心的中东欧地方政府民主和治理研究，以及美国、澳大利亚等国众多的政府绩效测量研究（Kaufmann, et al., 2006）。尤其是联合国人类住区规划署在 1999 年着手开发的城市治理指标在其中最负盛名，该指标的覆盖范围最广，普遍性和代表性也最强。它确定了城市治理的 5 个核心原则，即有效性、平等性、参与性、责任性和安全性（Kurtz，Schrank，2007）。当然，其中有些指标或原则在我国是否适用，还有较大的商榷空间。

国内学者俞可平（2000）将治理处理为 6 个指标，即合法性、透明性、责任性、法治、回应和有效。它大致上可以反映治理的本质特征，但具体的操作研究过于零散，地方治理水平的测量指标体系的整体性和适用性也有待加强。陈昌盛和蔡跃洲（2007）提出的对我国（省级）政府公共服务的测量指标也有类似的问题。

总体看来，对治理指标的研究与设定已经逐渐打破了以往"政治-行政"二分法的研究取向，表现出对治理理念、基本价值及运行策略的重视。但显然目前众多研究都强调治理过程中的合作治理逻辑，却忽视了合作治理本身在形式、内容上也是多样化的。如何基于本土实际情况操作相应的治理指标显然极为重要。

3. 治理公共性研究

政府治理理念的研究经历了从合法性到公共性的变化，并最终表现为二者的融合共生，也由此形成了治理的公共性理念和实践体系。

国外最早关于公共性问题的研究与政府起源、属性、体制运行等问题相关。从古希腊时期的柏拉图、亚里士多德，到古罗马的西塞罗，再到霍布斯、洛克、卢梭等都涉及这一点。当然，他们关注更多的是国家是否和在多大程度上是属于民众的，民众能否和在多大范围内参与管理国家（王同新，2014）。他们从不同角度提出了对公共性的不同解读，并就公共性的相关问题展开了个性化解答。今天，虽然国外学者更为关注的仍然是政府合法性问题，但也有部分学者在此基础上将公共性作为政府合法性的重要现代标准。这些关于公共性的描述虽然也各有差异，但这种公共性内涵在共性上指向一种政治公共性，民主、自由、平等是其中主要的原则与路径。

康德（2005）认为，国家政治权力的运行必须遵循公共权力的先验而肯定的原则，也就是先验的公意，政治权力才是合法的，国家政治权力才有广泛的民意基础（杨仁忠，2013）。这种先验的公意则表现为公共权力的两个先验原则，即否定性原则和肯定性原则。其实也就是从否定和肯定的角度来界定公共性。第一，否定性原则。即"凡是关系到别人权利的行为而其准则与公共性不能一致的，都是不正义的"。这一原则"不仅是伦理的，而且也是法理的，涉及人类权利的"。第二，肯定性原则。即"凡是需要有公开性准则的，都是与权利和政治结合一致的"。"因为如果它们只能通过公开性而达到自己的目的，那么它们就必须符合公众的普遍目的（即幸福），而政治本来的任务就是要使之一致的（使公众满意自己的状态）。然而如果这一目的只有通过公开性……才能达到，那么它那准则也就必须与公众的权利相一致；因为惟有在这一点上联合一切人的目的才是可能的。"也就是说，"只有在充分公开的、得到公众支持的条件下得以实现的行动，才是合法的行动"（詹姆斯·施密特，2005）。在康德的基础上，以阿伦特和哈贝马斯为代表的公共性更多的是一种民主原则。在阿伦特看来，公共性是公共领域的核心概念，公共性是差异性的同时在场（汉娜·阿伦特，1999）。它意味着世界是一个以人的多样性为基础，由交互行动的人、事务和关系所构成的互有差异的世界。哈贝马斯与阿伦特持类似观点，他的公共性是通过公开地建立在差异观点基础上，具有批判性的公共领域来实现的。

马克思的公共性理论是与哈贝马斯和阿伦特的公共性理论最相似的。马克思主义的公共性包含以下元素：一是人的自由，即人的个体性得到充分发展；二是平等、博爱、民主、理性和契约精神，因为这些有利于"每个人的全面而自由的发展"（马克思，1958），同时，马克思强调公共性的实践性，认为公共性也只有和社会实践紧密结合，才能真正得以体现出来。

约翰·罗尔斯（1988）将实践"最大多数人的最大幸福"的帕累托最优目标的实现和对公平正义的追求作为公共性的两个维度。在《作为公平的正义》一书中，罗尔斯认为公共性是以公平的正义为原则的。他不仅关注为先天具有优势者提供发展的机会，也更加注重最少受惠者的利益；他在注重对社会公共资源的公平分配原则的同时，也重视资源分配的效率原则。这一公共性理念包含的平等博爱的观念与我国儒家素来秉持的仁爱思想殊途同归，它在一再诉求效率原则的同时，也始终将公正的价值高扬，因此也与我国当前公平与效率兼顾的可持续发展理念高度契合。正因如此，这一理论也成为本书研究框架的理论来源之一。

作为"合法至上"论的代表，卢曼认为凡是依照法律程序形成的决策都具备正当性，因此也就具有公共性（Lumann，1995）。但完全按照法律规定的正当性去维护公共性，其间难免会有虚假成分。对此，哈贝马斯与之展开激烈的批判，这才有了他们两人之间关于生活世界理论与系统世界理论的激烈争论（曹鹏飞，2006）。

福克斯在《后现代公共行政》一书中，着力推荐部分人对话的优越性对达成公共性的作用，并强调了重建德性的重要性。麦金太尔则认为，德性或共同的善是公共性的重要准则。他认为德性是一种在实践中获得内在利益而不是外在利益的品性。因为外在利益可以通过任何一种实践获得，诸如权力、名望、财产等；而内在利益却是特定实践内在具有的，它也确实是竞争优胜的结果，但其特性是它们有益于参加实践的整个群体（麦金太尔，1995）。换言之，内在利益是真正的整体利益和公共利益，它不会因为任何一个人占有更多而对他者构成威胁。显然，麦金太尔主张以内在德性或共同的善作为公共性标准，以此消除冲突和分歧，并以此改变权力至上论中的伦理平权原则。问题在于，麦金太尔更多地从传统中寻求善的来源，从而未深入探讨不同利益主体之间如何交流、沟通、商谈以及取得合作共识的问题（薛冰，2006）。

戴维·赫尔德（1998）指出，民主的重点在于对公共事务施行公开讨论、对话和争论的原则。乔治·弗雷德里克森（2003）作为20世纪70年代兴起的新公共行政学派的著名代表，他不满于新公共管理过多注重效率与结果而忽略公共价值的倾向，认为现有公共行政的功利主义倾向导致政府的目的被降低为谋私工具，公共成为原子化的个体的集合，因此毫无公共可言。在其代表作《新公共行政》《公共行政的精神》中，尤其是在后者中，他极力强调"公平只能通过政治共同体内部的政治对话来确定"，"平等的参与过程……不仅创造出公共政策，而且还塑造了我们自己"（乔治·弗雷德里克森，2003）。显然，它强调公共管理的公平、公正、伦理、回应性的价值取向（乔治·弗雷德里克森，2003），表达了其维护公共管理公共性的追求。

国内学者则认为，公共性产生的首要条件是必须要有一个公开、互动的公共交往平台或公共空间。徐贲（2009）就认为，公开性才是最大的公共性，参与公共生活的主体应该由多元群体构成，体现为群体间的互动。公众的这种结构性的多元和互动使我们可以用参与和公开性去定义社会生活（Cohen，1985）。李强和胡宝荣（2013）认为，我国社会公共性之所以不足，很大程度上是因为我们缺乏参与和公开性的公共空间。孔繁斌（2008）则提出，民主的根基在于公共生活的公正运作，并提出多中心治理的思路。还有一些学者从"制度公正即公正伦理"的命题出发，强调制度公共性理论的原点是人的需求的满足和人本身的发展（唐代兴，2003）。也有学者从利益协调、均衡发展角度强调社会公正性（程立显，1999）。还有学者从福利经济学出发，提出了制度公正的三个标准：一是增加全社会和每个人的资源量；二是不减少一人的资源量去增加社会资源总量；三是一人的资源总量增加不以减少他人的资源量为代价。而且这三个标准本身是有逻辑关联的：一是三个标准彼此互相牵制，具有综合性，必须综合使用，才有价值；二是按制度公正的最终价值目标来衡量，三个标准之间是有优先级的，第一条优先于第二条，第二条又优先于第三条，在顺序上不可颠倒（耿洁，2011）。

从以上我们对几种典型公共性理论的回顾中不难看出，不同学者基于自身的学养和生活经历，其基本理论主张颇有不同，但无论哪一种公共性理论，其都指向公共性研究的逻辑起点，即多元主体协作及公共利益。这是本书研究极为看重的一点。现有的公共性研究都或多或少地受到了这些理论体系的影响。总的来说，这些理论表述共同指向治理公共性的四层含义：①普遍的公开性或开放性。公共领域原则上向所有公民开放（哈贝马斯，1999），当代民主的关键不是社会如何呈现自己，而是人们如何与缺场者交往（Goode，2005）。②理性的批判性。公共性秉承的是自启蒙运动以来就得以确立秩序的理性批判精神，借助它，并通过对话、协商来解决问题的宽容、妥协精神，公共权威可以对社会公共事务做出合理的决策。③公共利益性。公共性强调的是非个人、非阶级、非阶层的非集团性的普遍的公共利益问题。④差异性。即参与公共领域的群体是非同质的，并能发表不同意见的群体，这里的公共性，表现为公开展现性和差异共在性。

第三节　中西方古代各具特色的灾害治理思想传统

灾害治理理论作为人类社会最古老的一种思想源流，无论在中国还是西方，都显示出人本主义思想和人道主义精神。相较于西方灾害治理理论传统，中国古代传统灾害治理思想不仅基于"和而不同"的理念形成了多元一体的思想体系，而且体现出较强的超前性和早熟性，较早地确认了"人为贵"的思想和灾害治理

的国家责任框架，但相对于古代西方治理思想来说，其权利意识相对不足。这种
不同的灾害治理思想显然是中西方在古代基于自身的社会文化秩序形成的与之契
合的灾害治理思想或理论传统，现有研究虽然部分注意到了中国传统治理思想的
源流及影响，但现代西方灾害治理理论范式仍在很大程度上占据主导地位，遮蔽
了中西方灾害治理思想传统在其间的解释张力，即使是中国学者对我国灾害治理
的研究，也存在着较为明显的以西方视野看待中国问题的倾向，这在很大程度上
导致了对本土灾害治理事业的关怀在很多时候表现为对西方思维及模式的趋近。
探究本土灾害治理社会脆弱性的形成，并对其进行合理的解释以及提出相应的对
策，还需溯流而上，翻越现代西方灾害治理理论的理性高坝，审视灾害治理理论
可能存在的不同优秀传统，以资借鉴。

一、中国古代"以仁为本"的多元一体的灾害治理思想传统

中国古代以"仁"为基础架构，形成了与传统社会宗法——等级伦理秩序相
契合的，围绕着人的根本理念展开的，以儒家占主导地位，道家、佛家等辅之，
且自成体系的灾害治理思想。这种思想超越了西方同一时期的"神本主义"，也
不同于西方人本主义的灾害治理思想，呈现出独特的以人为贵、多元一体的早熟
特征。

（一）儒家"以仁为本"思想是中国古代传统灾害治理思想之根本

儒家"以仁为本"的"仁"的思想和民本思想是中国古代传统灾害治理思想
的根本。儒家不推崇鬼神说[①]，它一早跳出早期"神本说"，形成了以"以人为
人"的中心观念为支点，对人本身进行了全面反省的灾害治理思想，凸显了中国
轴心文明的超越的突破。用雅思贝尔斯的话说，儒家中心观念在于，"作为一个
人，就是去成为一个人"（雅思贝尔斯，1988）。这种以人为线索展开的灾害治理
思想，伴随着春秋战国时期动荡不安的局势，集中地体现为包含"仁爱""仁
政"的"仁本"思想和"富而后教"的民本思想。

---

① "未能事人，焉能事鬼？"（《论语·先进》）。

首先，"仁爱"思想。它基于"人为贵"的内省原则强调了人的责任感和使命感，是传统灾害治理思想的伦理动因。儒家经典《论语·颜渊》中把"仁"解释为"爱人"；《孟子·离娄下》提出"仁者爱人"，认为"爱人"是"仁"的必备条件；《礼记·中庸》提出"仁者，人也"；《孟子·公孙丑上》在此基础上，提出"性本善""恻隐之心，仁之端也"；《荀子·大略》比之更进一步，直接说"仁，爱也"，《荀子·王制》则提出"人最为天下贵"①的道理。

其次，"仁政"思想。它表达的是"推己及人"的"天下为公"②的"大同社会"思想。一是儒家大同社会的治理思想表现出"亲亲人伦""推己及人"的等差理念。无论是孔子的"故人不独亲其亲，不独子其子"③，抑或是孟子的"老吾老以及人之老，幼吾幼以及人之幼"④，及至"乡田同井，出入相友，守望相助，疾病相扶持"⑤，"亲亲而仁民，仁民而爱物"⑥；还是理学学者"尊高年，所以长其长；慈孤弱，所以幼其幼"的"天下一家"⑦思想，都表现出极强的推己及人的、特殊主义伦理的等差治理观。而推己及人的灾害治理思想，又演化出以己为中心的功利主义治理理念。二是儒家将大同社会建立在统治者"不忍之心"⑧上，认为"济贫救弱"是国君和家族不可推卸的责任（时正新，廖鸿，2002）。

最后，"富而后教"的民本思想。民本，即以民为本。它强调为政者要关注民生，多施行惠民政策。其先进之处在于，它始终根据"人为贵"的人伦之道来反思和审视现实的权力统治状况，而且将灾害救助延展到物质与精神的双重维度上，它是农耕文明下社会治理思想人本路向的综合体现。尤其是"富而后教"思想更是强调对普通大众要以养、教为本。孔子认为"既富矣，又何加焉……教

---

① "人有气有生有知，亦且有义，故最为天下贵也。"（《荀子·王制》）。

② "大道之行也，天下为公。……故人不独亲其亲，不独子其子，使老有所终，壮有所用，幼有所长，矜、寡、孤、独、废疾者，皆有所养"的社会，孟子的"老吾老以及人之老，幼吾幼以及人之幼。"（《孟子·梁惠王上》）。

③ "故人不独亲其亲，不独子其子，使老有所终，壮有所用，幼有所长，矜、寡、孤、独、废疾者皆有所养。"（《礼记·礼运篇》）。

④ 《孟子·梁惠王上》。

⑤ 《孟子·滕文公上》。

⑥ 《孟子·尽心上》。

⑦ "以不忍人之心，行不忍人之政，治天下可运于掌上。"（《宋元学案》卷十七《横渠学案上》）。

⑧ 《孟子·公孙丑上》。

之"①。孟子则主张要给人一定的恒产，使之"不饥不寒""仰足以事父母，俯足以畜妻子，乐岁终身饱，凶年免于死亡"，然后才可以教以人伦礼仪，"驱而之善"②。但这一民本思想是建立在君子之道与王道结合的"人为贵"思想上的，表现出较强的等差秩序。《周易·蛊》中就有"君子以振民育德"的记载，从《国语》到《左传》，也皆有关注民事、安定民心的重要论述；其后，《论语·宪问》《孟子·梁惠王上》《荀子·王制》分别进一步提出"修己以安百姓""民为贵""君为轻"的思想。《礼记·礼运》还提出"治国者不敢侮于鳏寡"之说。宋代思想家朱熹更是将"哀矜鳏寡"③提高到政治哲学和道德哲学的层次予以肯定。显然，这种思想不是建立在一种制度性的相互权利基础之上（尚晓援，2007），因此对人民的灾害救助也会蜕变为对人民的道德规训与监控（林存光，2006）。

（二）道佛墨家等从不同的角度对儒家"以仁为本"治理思想形成补充

首先，道家的"无为而治"强调自力更生思想对儒家灾害治理思想形成补充。道家认为一切应当遵循自然法则，强调"无为而治"，强调自力更生、安全价值、接受天命。它使传统社会的中国人在遭遇困难时，首先强调自力更生，而后才基于家国同构的期待从家族和地方性团体中得到互助性帮助，由此人们在接受国家灾害救助时，也更易感恩，而不是把国家灾害救助当作自己应得的权利。显然，这种重视普通个人责任的理论对儒家思想形成了补充。

其次，佛教善恶因果与慈悲精神对儒家"以仁为本"灾害治理思想形成了补充。一是因果报业论是佛教最根本的思想。因果报业论即人们熟知的"善有善报，恶有恶报"之说，认为世界上无时无处不有因果报应。"惟上帝无常，作善降之百祥，作不善降之百殃"④，"积善之家，必有余庆；积不善之家，必有余殃"⑤都是对这种因果报业论的描述。它强调"现世报应""来世报应"的结合

---

① 《论语·子路》。
② 《孟子·梁惠王上》。
③ 或问："致中和，位天地，育万物……以至哀矜鳏寡，乐育英才，这是万物育不是？"（朱熹《朱子语类》卷六十二《中庸一》）。
④ 《尚书·商书·伊训》。
⑤ 《周易·坤·文言》。

（慧远，1992），具有很强的道德威慑力，规约着人们心怀慈悲、乐善好施、助人为善。二是慈悲精神则是因果报业论的延伸。佛教灾害救助思想以因缘报业论为核心，认同因缘业报必然要求人们在内心秉持慈悲观，在日常生活中注重行善积德，使人意识到"善恶报应也，悉我自业焉"（智圆，2006），并认识到"思前因与后果，必修德行仁"（黄夏年等，2006），三者有效融合为一体，对人具有很大的威慑力，也使民间灾害援助活动持续不衰。

最后，墨家"兼爱""交相利"的"爱无差等"思想对儒家救灾思想形成重要补充。墨家从"兼爱""交相利"出发，主张以兼爱、贵义、互助、共济为基础，主张"爱无差等"，"使天下人兼相爱，爱人若爱其身"①，"为其友之亲若为其友亲"②的思想，充满了乐善好施、广济天下的救助精神。其兼善天下、苦善力行的精神体现了一种乐善好施、积极参与的惠民、利民的灾害治理理念，对传统儒家灾害治理思想形成了较好的补充。

显然，中国古代社会形成了以儒家为主导的，以佛、道、墨家为辅的多元一体的，与中国传统等差社会秩序高度契合的"以仁为本"的灾害治理思想体系。

二、西方古代人本主义与"神本主义"灾害治理传统

西方古代灾害治理传统可以追溯到古希腊柏拉图、亚里士多德时期和古罗马时期。这一时期蕴含的理性主义与人文精神在开启西方社会人本主义传统的同时，也共同孕育了基督教的"神本"传统。

（一）人本主义传统

西方现代灾害治理思想中的古典人本主义深深受惠于古希腊人（理查德·塔纳斯，2007）。它从"人是理性的动物"演化而来，把知识和理性放置在人的行为的道德选择基础上（章士嵘，2002），认为经由理性实现幸福是只有人类才能做到的骄傲之事，倡导人经过努力实现幸福。当然，这种理性精神在古希腊又与以民主、平等为主要内容的人文精神是统一的。像苏格拉底著名的"美德即知

---

① 《墨子·天志中》。
② 《墨子·兼爱下》。

识"的命题，就是强调人只有具备道德相关知识，才能做善事；亚里士多德则以善德教育为基础，重视城邦政治体制在完成善业方面的至高性（亚里士多德，1983），他强调以法治为手段，强调公正是一种关注他人的社会美德，是"他者之善""他者的利益"，而教育、财产私有是实现幸福的基础（亚里士多德，1983）。不过这里的"人"带有极强的精英意识，是所谓的"贤人"，奴隶被排除在外（柏拉图，1986），因而其有一定的局限。西方后来的治理理论中呈现出的理性与开拓创新精神，节欲、慈善精神，包括法治精神、个人主义精神，甚而文艺复兴后得到极大发展的对个人自由、权利的追求等都基于此。

（二）西方神本主义传统产生于古希腊和古罗马环境中

西方神本主义传统受到古希腊思想中强烈宿命论"秩序的压力"思想的影响，在追问人类苦难的根据中，发现人的苦难并非源于人的罪恶，而是源于人的德性与神的不良关系（依迪丝·汉密尔顿，2003），并进而认为应当使人与神共沐由此得到教化。斯多葛派则干脆认为宇宙万物的本原、主宰是上帝，上帝就是理性、逻各斯（章士嵘，2002）。这些思想后来都成为西方神本主义思想的重要要素，其中包含了大量关于平等、博爱、互助和普遍幸福的社会理想。后世西方灾害治理思想围绕神本主义传统和理性传统这两大传统，真正为现代意义上的西方人本主义灾害治理理论奠定了基础。

第一，围绕神本主义传统的"博爱"思想。博爱，即"爱人"，或者说"爱人如己"，它是神本主义传统的基础。它宣扬的是平等博爱之爱，是利他主义的"无差别之爱"，对穷人的救助居于其思想的核心。与我国古代"仁爱"思想相比，它有两个显著特点。一方面，它大异于儒家的"等差之爱"，也绝非墨家的"兼爱"，更不是西方学者后来常说的以"自爱"为中心的"爱他人"，它是"无差别的爱"，是"爱人如己"的所谓"博爱"。它是对人类与生俱来的同情心和血缘亲情等自然情感的否定，强调一种超越了民族、国家、阶层和文化界限的爱。另一方面，它排除了对道德回报的期待，将"博爱"视为与生俱来的类似"原罪"的本能（毕素华，2006）。显然，西方神本主义传统中"爱人如己"的博爱准则和所谓余生俱来的"原罪"思想都告诫人们要通过自律自省、关爱他人、扶助不幸来积累善行和善功，以此获得救赎（张奇林等，2014）。它使西方博爱平等的社会治理理念基于互济文化、罪富文化、罪感文化变得具体和可操作。但其中蕴含的普世主义的价值倾向仍有待结合各国实际加以审视。

第二，人本主义理性传统的确立。西方人本主义传统在后世以"大写的人"的理性方式确立了西方治理理论的现代性秩序。文艺复兴和宗教改革使西方治理思想开始逐步建立以人而非神为中心的人文主义价值取向，人们开始为追求自身的现世幸福而努力。到17—18世纪的启蒙运动时期，西方社会开始确立理性的权威地位，西方治理理论的现代性秩序也因此得以确立，古希腊以来的理性传统在此得以传承与发展。此时，人们已从对人的崇拜发展到相信人类理性能够完美地了解整个世界（章士嵘，2002），真正的"人救人"的人本主义治理理念得以确立。它围绕着肯定人的价值和尊严展开，而核心内容则指向自由、平等、博爱、天赋人权和民主精神。人的个性得到解放，大写的"人"重新获得了尊严和光辉（陈乐民，周弘，1999）。其基本立场是将社会福利看作个人福利的总和，强调以人为本，注重人作为理性动物应当有的作为人的价值和权利，基于天赋人权论大力倡导自由、平等、博爱，提倡个性自由、人性，反对神性；提倡人权、反对神权；提倡信仰自由、反对宗教桎梏（王哲，2001）。它为现代社会保障制度奠定了真正的基石（章士嵘，2002）。这一时期杰出且具有代表性的思想家在英国有洛克、休谟、霍布斯等，在法国有伏尔泰、孟德斯鸠、卢梭等，在德国有莱布尼茨、康德等。古典自由主义治理理论亦从这里起源。伏尔泰认为，人生而平等，自由是其天赋权利（北京大学哲学系外国哲学史教研室，1979）。霍布斯作为自然法和社会契约论的创始人之一，认为在自然状态下，"自然使人在身心两方面的能力都十分相等"（霍布斯，1986）。洛克继承了霍布斯某些政治上的平等主张，认为自然状态是从个人权利出发的不受任何外在意志控制的平等状态（洛克，1996）。他认为国家的目的应该是保护人们的各种权利并为全体社会成员谋取社会福利（洛克，1982）。国家只需要履行保护市民生命和财产安全的功能，其他一切应顺其自然，不应干预。亚当·斯密认为利他主义中隐藏着的虚伪和欺骗，依赖与宽容、同情、博爱等情感会使人变得更加懒惰，国家会变得越加贫困，主张政府不应该抑制人的自私本能。他在《国富论》中强调的"看不见的手"，其本质即自由放任，在"看不见的手"这一市场机制的自然协调下，个人对自己利益的追求会最终促成社会总体利益的实现（亚当·斯密，2005），个人利益和公共利益得以协调。霍布豪斯虽然强调国家在福利中的作用，坚决主张国家是"最高父母"这一总体概念，认为这一概念既真正是社会主义的，也真正是自由主义的，是保护儿童免遭父母忽视和其作为未来公民要求机会均等权利的基础，也是儿童成年后在社会中履行职责的基础（霍布豪斯，1996），但他把国家命名为"利维坦"则暗示了国家是与个人不同甚至对立的"怪兽"（林闽钢，2012）。卢梭则将平等作为一种个体权利，并认为每个人生而具有自由，只会基于自己的利益才会转让（卢梭，2005）。同时，卢梭的社会理想是"既没有乞丐，也没有富豪"，因此他反对财富分配极端不平等的思想。这也被后来的一部分思想家接受，如征收财产累进税、限制继承权、国家干预经济等防止两极分化的主张都源于此。19世纪40年代，马克思主义诞生，它主张一种完全不同于古典自由主义的集体主义治理思想，倡导一种普遍的强国家治理理念（中共中央马克思恩格斯列宁斯大林著作编译局，1995）。这一时期，西方思想不同于我国传统儒家等差治理思想的普遍平等思想，尤其是自由主义与社会主义的人道主义思想在世界上广为传播，并在整个世界思想领域占据主导地位，国际人道主义援助得以走向世界（张奇林等，2014）。

第四节　现有研究的反思与本书的研究设想

综合审视现有灾害治理的相关研究，我们发现，现有研究虽然有诸多可借鉴之处，但仍存在很多不足。如何在现有文献系统梳理的基础上形成基于本土理论、本土实践的整合性研究，是势在必行之事。

一、现有研究存在诸多不足

从总体上来说，现有研究多从西方理论视野出发，存在着三个方面的问题：一是现有研究陷入了现代西方灾害治理研究二元论冲突困局之中，遮蔽了对灾害治理传统的反思，难以形成整体的反思性理论范式，因此很难解决实际问题；二是西方理论主导的分析范式在一定程度上解构了中国灾害治理实践，使得现有研究缺乏针对性和适应性；三是现有研究缺乏对本土社会文化秩序的重视，多体现为单一主体的灾害治理研究倾向，多主体视角明显不足。

（一）中国本土传统视野不足，研究深陷西方二元论冲突困局，理论反思力受限

现有研究从灾害治理的时代特征、灾害的形成与应对、灾害治理的不同范式展示了灾害治理的不同研究视角和取向。这些不同的研究基于西方的二元论范式，长期处于争论之中，相关的研究缺乏中国本土传统视野和中西方融合的整合视野。基于西方二元论冲突视野，现有研究可以被分为实证主义和建构主义的范式。经典灾害社会学、社会脆弱性研究、风险责任（制度）理论属于实证主义的范式。它们虽然认为灾害的产生与社会建构关系密切，但更注重的是灾害治理的外部因素分析，内部性反思不足。风险文化理论在整体上可以被表述为风险建构理论，不仅认为灾害是一种政治经济性危机，而且将灾害视为风险反思性研究不足的结果。它有利于克服实证主义灾害治理方式的功能主义以及技术决定论对人的主动性的忽视。虽然风险实在论与风险建构论的研究角度和关注点不同，但二者都有自己的解释边界，都关注灾害治理的社会性因素，并且都不同程度地对风险文化因素表现出重视。因此，不能简单地判断哪种范式具有绝对的解释优势。这种二元争端显然使现有研究不免陷入理论争端之中，难以取得实质性进展。

（二）西方理论范式居于主导，在一定程度上解构了中国实践

回溯整个灾害治理思想及相关理论的发展脉络，我们发现不同灾害治理思想或理论都在不同程度上受到本土社会文化秩序的影响。遗憾的是，目前我国灾害治理研究未能真正体现流淌其间的社会历史脉络，很多中国学者对中国灾害治理实践问题的解释和研究也并非基于中国视野，西方现代灾害研究视野的主导遮蔽了我国人类社会丰富的灾害治理思想和理论传统的内在张力，也脱离了中国实践。它使对中国灾害治理社会脆弱性的研究难免脱离本土实际，很多对本土灾害治理的研究甚至成为对西方灾害治理模式趋近的思想再现。

（三）立足我国当前实际的多主体视角研究尚付阙如

现有研究未能基于当下多主体的灾害治理格局形成合宜的研究范式。在现代这样一个世界风险社会时代，就其轴心原则而言，风险都是无法从现有社会进行界定的现代文明制造的风险。第一顺序的、工业现代性的基本情况和原则——阶级之间的对立，国家地位以及线性想象、技术经济理性和控制——均被绕过和废除了（乌尔里希·贝克，2004b）。而且就现有社会来说，它亦呈现出一种横向合作的无序状态，同时，不同的社团、社会群体在其间发挥着积极作用（斯科特·拉什，2002）。显然，在当今风险社会里，单一的国家或政府治理主体已经难以应对世界性的风险，它打破了政府是危机治理天然主体的观念（侯保龙，2013），社会结构的深层变化和政府角色深刻转型显得尤为必要。但目前的研究更多的是基于国家这一主体展开的，对社会组织的介入研究虽也有涉及，但并未成为研究的主体。这种单一主体的研究框架显然并不适应如今已经变化了的灾害治理的多主体格局。因此，这一研究也容易将灾害治理模式视为国家意志及其政策演绎的直接结果，忽视了灾害治理实践的本质不仅仅是技术，当中还充满了实践智慧。这导致现有研究，无论它们是何种流派，还是出于何种美好的愿望，最终都不免流于热衷于线性的、蓝图规划式的、普适性的解决办法，国家策略的研究代替了不同行动主体的研究，表现出非常明显的"结构-功能主义（冲突主义）"视角。因此，很多替代性的灾害治理方案过于理想化和浪漫化，它使管理策略机制上的极权政治和"自我调节的市场体系"两种乌托邦式社会的实现机制（成伯清，2007）在灾害治理实践中产生了破坏性作用。

二、本书的研究设想

在反观中西方灾害治理思想传统的基础上，我们发现，中西方灾害治理思想都基于自身的社会文化秩序形成了自身独特的治理体系。结合我国本土文化重视中国传统灾害治理"和而不同""多元一体"的理路，并整合现有治理理论积极的现代性因素，对形成适宜的基于本土文化自觉的理论分析框架显然是重要且必要的。总体来说，本书研究将从以下角度展开。

（一）注重多重理论视野整合，打破西方灾害治理二元对立的研究范式

结合我国传统的"和而不同""多元一体"的灾害治理思想路径，借鉴现有治理理论的多学科、多视野成果，本书形成整合性的灾害治理社会脆弱性的分析框架。其中，从我国灾害治理思想源流中映照出的中国传统灾害治理思想和现代灾害治理的现代性因素，显然成为本书研究的重要理论基础。

当然，吉登斯和布迪厄试图从"结构-行动"融合角度突破现有研究范式的研究以及马克思等的公共性治理理论，对本书研究从多元理论视野切入我国灾害治理的社会脆弱性研究具有独特启示。因此，本书研究试图打破西方主导的风险制度与风险文化二元对立的研究范式，整合现有研究中多理论视野的优秀成果，在整合性分析框架基础上探讨灾害治理社会脆弱性的深刻社会根源，并探讨相应对策。

（二）尊重我国灾害治理地方实践智慧，形成多主体的灾害治理分析框架

首先，现有研究局限于二元论的争端，难以真正基于整体性的视野，深入本土实践展开深入细致的田野探究，因此影响了灾害治理社会脆弱性分析的科学性和有效性。

其次，多主体实践格局在研究中重视不够。我国传统的灾害治理体系是在总体性社会格局下形成的，对多主体实践的新型格局重视不够。在我国目前灾害治理本身已呈现多主体格局的情况下，本书研究试图在对中西方传统的深入反思的基础上，跳出无谓的二元理论争端，返回到灾害治理真实的多主体实践中去，探讨我国灾害治理社会脆弱性的形成及应对问题，并基于此初步探讨合宜的灾害治理理论与实践体系的基本路向。如何借鉴现有研究中的理论资源，并真正在尊重实践智慧的基础上展开针对现有多元主体灾害治理理论及实践体系的研究，是本书研究秉持的方向。

第三章

灾害治理社会脆弱性的整合性分析框架

　　灾害治理社会脆弱性研究的深入离不开对相关概念的廓清和研究框架的设计。一方面，本书研究主题具体指涉的含义是什么需要深入廓清；另一方面，针对这一主题，本书研究应采取何种理论和以此为指导的何种分析框架，采取何种方法最能有效把握问题，是其中极为关键的问题。事实上，一个整合性的分析框架正是灾害治理本身的诉求，相关的理论与实践也只有在此基础上才能真正铺呈开来，为我们的反思与前行夯实基础。

第一节　核 心 概 念

灾害治理社会脆弱性研究首先要明确的就是灾害、灾害治理社会脆弱性的概念。在此基础上，基于理论分析和梳理廓清灾害治理社会脆弱性的理论内涵和操作性指标，为本书理论分析框架等的形成设定基本的研究界限。

一、灾害及其分类

灾害一词具有深远的词源和意涵。它与危机、风险具有紧密的联系，也与后者具有较大的区别。明确灾害的含义、词源的辨析、灾害类型的分析，都是灾害治理理论分析框架形成的重要环节。

（一）灾害概念

灾害一词并非现代用词，也并非外来用语。从词源来看，所谓"灾"是指"天火""天反时"，即"凡害之称"（许慎，1981）。《汉上易传（卷三）》中曰"文明以止，则祸乱不生，灾害不作"；《左传·成公十六年》中也有"是以神降之福，时无灾害"的记载；清代唐甄在《潜书·格君》中曰："灾害不生，嘉祥并至。"这些古代文字记载中所提到的灾害一般指地震、旱、涝、虫、雹等造成的祸害，与当今社会人们对自然灾害的理解差别不大。也就是说，古人所说的"灾"即天灾，泛指水、火、旱、地震等自然破坏力作用于人类社会所造成的损失。从中国成语"天灾人祸"出发来理解的话，它更多指涉的是我们今天所说的天灾这个概念。将这个成语分解开来看，在今天，"天灾"多指对人产生危害的来自自然的突发性危险，"人祸"则是由人所引起的灾害。《中国灾荒词典》（1989）也认为，灾害包括自然灾害和人为灾害，即灾害是由某种不可控的或未予控制的破坏引发的、突然或在短时间内发生的、超越地区防救力量的、造成大量人群伤亡和物质财富毁损的现象（转引自孟昭华，彭佳荣，1989）。《美国传统英语辞典》将灾害界定为导致广泛破坏和痛苦的事件（Morris，1992）。《韦氏词典》（Merriam-Webster，2000）则认为，灾害是一种突发的并带来极大物质损坏、财产损失和精神痛苦的灾难事件。

社会学家对灾害的界定则更抽象一些。早期灾害社会学家认为，灾害是在高度紧张之下发生的组织性、集合式的行动（Quarantelli，1997）。当然，按照不同的灾害研究流派来分，社会学家对灾害概念的认识大致有以下三种。

首先，结构-功能主义流派。该流派将灾害定义为"功能-事件"的灾害。事实上，经典灾害定义的视角即来源于此，即将灾害视为一个触发事件并造成社会负面后果的危机（陶鹏，2013）。福瑞茨（1961）就认为灾害是一个具有时空特征的事件，一方面，它对社会或其分支形成的威胁和损失会造成社会结构失序；另一方面，支持社会成员基本生存的系统功能会因灾害被中断。灾害在这一概念逻辑下被视为一个事件造成的社会整体空间的影响，同时，灾害事件被限制在时间-空间范围内思考，它被认为是瞬时性的、突发性的和外部的。这一认识逻辑影响了后续研究者的认知。例如，加里·克雷普斯（1995）就将灾害定义为社会或其较大的次级体系（如地区、社区等）遭受社会性破坏和物质损失的突发性事件。这种"事件导向-功能主义"的灾害认知逻辑也衍生出一系列的相关视角和概念，如社会中断、集体压力、极端情形、紧急情形、紧急规范、危机等（陶鹏，2013）。

其次，危险源分析流派。该流派将灾害视为脆弱性结果，即灾害是危险源与社会因素相互作用的结果，是社会文化系统崩溃造成社会成员面对内外部脆弱性的表现（Bates，Peacock，1993）。这种分析视角改变了以结果为导向的灾害认识范式，对灾害产生的社会原因，尤其是灾害脆弱性及其恢复力的考察成为灾害研究中的一个重要的视角。也正是基于这一视角，灾害研究真正从"天灾"扩展到"人祸"认知层面。当然，这一认识自身也经历了一个演进过程，起初，保罗·苏斯曼等从传统地理学出发，将灾害视为"易于遭受伤害的人群与极端自然事件相互作用的结果"（Susman，et al，1983）；卡特则认为不能将灾害仅视为事件，它应当是一种动态社会结果（Cutter，2005），换句话说，他认为灾害发生不单是极端事件作用的结果，更多的是自然与社会环境形成的脆弱性的结果。在波恩看来，灾害更是根植于社会结构与社会变迁之中，他将灾害视为"危机变坏的结果"（Boin，2005）。

最后，社会建构主义流派。在社会建构主义的灾害范式中，灾害的定义及其使用，灾害发生的原因、结果、减灾手段等都是由组织"制造"的（Tierney，1999）。吉登斯将现代性文化作为灾害产生的根源，并依此把风险划分为"外部风险"和"人造风险"两种不同的类型。前者是指以时间序列为依据、可做出估计的风险，主要指自然灾害；后者是指人为制造出来的风险，是人们以往未曾体验到，也无法依据传统时间序列做出估计的风险（安东尼·吉登斯，2000；转引自高芙蓉，2014）。

总体来说，灾害具有自然性，但在当前社会背景下，它更突出地表现出其社会性特征。无论是经典的结构-功能主义流派也好，后期的社会建构主义流派也好，还是源于自然科学的危险源分析流派，都日益表征出对灾害界定的社会性属性。总体来说，灾害是一种建立在自然现象基础上的社会历史现象。

（二）相关概念辨析

要进一步明确灾害的含义，需要对风险、危机等相关概念进行分析，并以此为基础将之与灾害进行比较和辨析。

1. 风险

人类发展的历史可以说就是一部风险史。就风险一词来说，无论在口语还是在书面语中，它都有丰富的含义，都含有危险、冒险、机遇等多重内涵。在保险学话语下，风险意味着机会和不确定；而在科学技术领域，它又被表示为危险、可能性、结果（Jardine，Hrudey，1997）。从其词源和现代意涵的角度，我们可以进一步窥见其内涵及特征。

首先，从"风"和"险"的词源说起。《说文解字》对"风"的解释是，"风，八风①也……风动虫生，故虫八日而化"。"虫"在此则指危害性极强的毒蛇。因此，"风"在这里不仅有我们通常所说的风俗、风气的含义，也隐含了因变化而产生的危险物的意思。险与危则基本上是同一个意思。险有三种不同词源和相关解释：一是险被视为外在的、客观的，由自然或社会不可抗力所造成的艰难险阻。《说文解字》就指明，"险，阻难也"。《易·坎》认为，险指的是一种客

---

① 东方曰明庶风，东南曰清明风，南方曰景风，西南曰凉风，西方曰阊阖风，西北曰不周风，北方曰广莫风，东北曰融风。

观的自然实体，"地险，山川丘陵也"。二是险被当作主观的、与特定主体相关的困难或障碍。《左传·昭公三十一年》就将险解释为置人于危险境地，即"若艰难其身，以险危大人，而有名章彻，攻难之士将奔走之"。三是直接把险视为完全负面的"邪恶、暴虐"。如《玉篇·阜部》说道："险，恶也。"《荀子·正论》中则说"上幽险，则下渐诈矣，上偏曲，则下比周矣"，这里的"险"是暴虐、暴政的意思。

其次，"风险"的词源在中国和西方都较为丰富。汉语中，表达风险的词汇极为丰富，既有形容风险不确定性和偶然性的"险象""劫数""风云"等词语，也有蕴涵风险损害性的"坎""灾""难""祸"之类的词语，还有凸显风险机遇内涵的"居安思危""险象环生"等一系列词语。尽管如此，古代汉语中，"风险"并非一个独立词汇。"风"更多的是指一种"飘忽不定"的含义，表达的是"不确定性"的意思，"险"强调的则是"危""危险""不安全"的意思。"风""险"二者合起来可以表达为"不确定的危险"。《现代汉语词典（第 7 版）》认为，风险指的是"可能发生的危险"，危险则是"有遭到损害或失败的可能"（中国社会科学院语言研究所词典编辑室，2019）。《辞海》对风险一词的解释相对比较全面，它将风险界定为"人们在生产建设和日常生活中遭遇能导致人身伤害、财产损失及其它经济损失的自然灾害、意外事故和其它不测事件的可能性"（转引自夏征农，陈至立，2009）。

在西方社会，对于风险一词，虽然研究者在它到底源于阿拉伯语、古希腊语，还是源自拉丁语上存有争议，但众多语源学词典都将风险一词收录其中。现今西方社会使用的"风险"一词对应的英语单词是"risk"。作为"risk"的风险，其出现大约是在文艺复兴时期，用来表示在早期资本主义航海、探险和海外贸易中可能遇到的危险，它与希腊语"riza"对应，有"根"（确定性）和"悬崖"（不确定性）的双重含义。与其相关的词根是"risco"或"rischio"（意大利语），是 rip（撕裂）的意思（Strydom，2002），包含了个体经受危险和进行冒险的活动意涵。在西班牙语和葡萄牙语中，"风险"一词随后被航海者和贸易商人使用，前者用它来表示绕着悬崖航海导致的危险，后者则用它来指冒险活动的结果（Gregersen，2003）。显然，风险在这里包括两层含义：一是风险的外在性；二是主体实践导致的危险。后来，这一概念延伸到经济领域，指经济波动可能造成的损失（潘斌，2011）。以 1986 年 4 月 26 日的切尔诺贝利事故为界，风险概念进入公共事业领域，主要表现为技术理性膨胀导致的主体性萎缩的风险。贝克注意到了这种现代性带来的风险，指出现代人生活在现代文明的火山口上（乌尔里希·贝克，2004a）。

最后，风险的现代意涵。根据卢曼的分析，风险作为专门术语的出现是在中世纪晚期向现代早期转换的时期。它最早出现在中世纪的文献中，伴随着印刷业的出现才在意大利和西班牙语中崭露头角（Luhmann，1993）。从历史上看，风险概念诞生的 14 世纪正是资本主义起源的关键时期。当然，更有代表性的说法是，风险这一概念被创造出来主要是为了表述商船在运货过程中可能遭遇的触礁、海难等危险。由此，风险的含义逐渐从最初的"陷入某种客观危险"延伸为"一种破坏或损失的（商业）机会和危害"，即从一个客观描述性的概念转变为一个主观判断性概念。在此后的两个世纪里，风险不再仅仅指一种可怕的力量，而是逐渐与人的决定和行动的后果联系起来，并被看作影响个体应对事件的特殊模式。正是在这种背景下，风险概念所包含的时间维度上的，尤其是理性上的不确定性才被凸显出来（Strydom，2002）。现代意义上的风险概念已经有了一个比较明确的含义，即"可能发生的风险"，它是一个面向未来的可能性范畴，而非一个事实性范畴。借助这一概念表述，风险随着资本主义的发展被广泛使用，现代资本主义与之前所有经济体制的区别也与它对未来的态度紧密相关（薛晓源，周战超，2005）。显然，风险概念中所包含的可能性和不确定性这两重内涵不可分割，当某种结果被百分之百确定时，我们不能说这个人是在冒风险（薛晓源，周战超，2005）。而且，面向未来的可能性范畴在古典工业社会中是能够通过计算量化分析的。

从社会-政治层面入手，以贝克、吉登斯等为代表所提出的风险社会理论通过对西方国家宏观社会结构的分析指出，伴随晚期现代化的完成，整个社会出现了无处不在的、不可见也不可计算的人为不确定性的新风险（乌尔里希·贝克等，2014）。吉登斯以专家系统切入现代性与风险的关系中，将风险分为外部风险和人为风险两种类型。他同时认为，人为风险在今天已经取代了外部风险，成为这一时代的主要风险，而我们对它却知之甚少（安东尼·吉登斯，2001）。

从文化和社会意识着手，道格拉斯和维达斯基（Douglas，Wildavsky，1982）则指出，风险并非一种纯粹的客观现实，从根本上来说，它是一种文化，是社会及身处其中的不同群体依据自身的价值体系对危险的一种主观阐释和反映。有学者进一步认为个体的风险感知依靠社会背景，并试图用传统文化思维来看待世界和发生的事件（Kirby，1990）。这种心理感知、文化、政治范式的风险研究视角将风险认识提升到了更广阔的分析层面和话语体系中。美国社会学更是基于自身的传统对欧洲社会学传统更关注科技风险、很少触及自然风险的倾向进行了批判，认为这种宏观的风险叙事"过于抽象而难以操作"（Tierney，1999）。

2. 危机

危机源自古希腊语 Krinein 一词。它原本是一个医学概念，最早出现在古希腊希波克拉底的医学术中，是指一种游离于生死之间的状态。后来这一概念逐步向美学、戏剧领域扩展，最终成为一个社会主题，跟汉语中指涉危险与机遇的危机概念类似。在西方，危机一词也正被表述为"危"与"机"的辩证结合。

根据哈贝马斯（1999）的考证，社会科学中的危机概念是通过 18 世纪的历史哲学逐渐进入 19 世纪的社会进化学说中的。马克思正是在此基础上首次提出了系统危机这一社会科学概念（陈学明，1996）。劳伦斯·巴顿（2002）将危机视为一个会引起巨大伤害和损失、具有极大不确定性的大事件。Hermann 和 Fischerkeler（1995）从决策的角度出发，将危机表述为决策主体在面临根本目标受到威胁，反应时间又极为有限的情况下产生的出乎决策者意料的事件。桑德里尔斯等的观点与此类似，认为一个国家所面临的危机是中央决策者在社会重要价值受到威胁，而且采取行动的时间十分有限，环境变化又呈现高度的不确定性时的一种情况（转引自薛澜等，2005）。荷兰学者罗森塔尔和皮内伯格认为，危机是一个社会的基本价值和行为准则体系受到严重威胁，并在紧张的时间压力和极高的不确定性的挤压下，人们必须做出关键决策的情况（Rosenthal，Pijnenburg，1991）。显然，一般来说，危机是一种解体状态，是人们的重要生活价值、目标或其生活方式，甚至是应对生活的方式、方法都受到严重威胁或破坏的状态。依据危机的性质，它可以被划分为自然危机和人为危机，或者进一步被细分为自然危机、政治危机和社会危机（赵永茂等，2011）。

综合以上分析，危机与风险虽有极大相似之处，但在本质上却大异其趣。

第一，风险与危机在语义和内在结构上具有同质性。一是在内涵上，二者都指对象处于失衡状态中。风险指人与自然、社会的矛盾或对立导致的关系失衡；

危机是指社会整合功能的失调。二是在属性上，两者都具有二重性。风险和危机都包含了危险与机遇的双重内涵，两者也都具有威胁性和不确定性的意思。三是二者都与人的意识活动相关。风险是对人而言并被人意识到的危机；从总体上讲，危机虽然表现为一种客观事实，但它"不能脱离陷于危机中的人的内心体会"（尤尔根·哈贝马斯，2000）。四是风险与危机都是社会内部控制失灵、制度失范与结构失衡的结果。特别是现代社会中，两者的实质都是工业现代性盲目、无节制地推进的必然后果（潘斌，2011）。

第二，风险与危机在实质性上大异其趣。危机本质上是表现为社会事实和结果的风险，是生死攸关的某个关键阶段；而风险则侧重于表达一种可能性，用来预测客观事实或运行的未来状态（薛晓源，周战超，2005）及其可能对人造成的威胁与损害（潘斌，2011）。显然，风险是抽象的，论及风险意味着反思，目的在于揭示问题；危机是人们感知到社会价值和生存威胁，并在紧急情形和不确定条件下需要处理它（Rosenthal，et al.，1989）的一种状态。相对来说，危机是具体的事实，是具体的、可控的，它侧重于问题的解决。换句话说，危机和灾害虽然都是风险实践的结果，但对危机的分析是为了对其进行管理，对风险的分析则更侧重于对现代性进行反思。

总体说来，风险、危机与灾害的关系在于，风险侧重于表达的是一种概率和可能性，而危机与灾害侧重于表达风险的结果，它们是已经发生的客观事件、现象或结果。当然，三者的不同在于，灾害是已经表现出来的风险和危机，而很多风险却较难为人所感知。

（三）灾害的分类

作为一种表现出来的风险和危机，灾害有丰富的类型。进入现代社会以后，人类在防御并对抗灾害的过程中，在丰富了传统灾害的表现形式的同时，也不断制造出完全人为的新型灾害。因此，灾害的多样性被进一步丰富，突发性灾害事实上正是对这些异彩纷呈的多种灾害的一种最终呈现形式。如前所述，在本书中，突发性灾害并非灾害的一种类型，而是以突发性形式表现出来的各种风险和危机的总和。换句话说，几乎所有的灾害类型经由量变与质变的转化都会以某种突发的形式表现出来。在这种意义上，我们从不同的角度入手，虽然可以大致从以下几个角度来审视灾害的类型，但要注意这些划分标准之下的灾害类型彼此都不是分割对立的关系，而是彼此联系的关系，是对灾害整体不同特征的表述。

1. 从灾害形成机制着眼，可将灾害分为自然灾害和社会灾害

从灾害形成机制着眼来划分灾害类型，按照我们传统的"天灾人祸"的理解习惯，灾害常常可以被划分为"自然灾害"与"社会灾害"两种基本类型。这种分类对现代自然灾害学中灾害的含义有所扩展，因为灾害学认为"灾"为灾害，指自然界的剧烈变动给人类社会带来的危害。显然，这种划分体现出灾害在形成机制上的不同特点。当然，需要注意的是，随着社会的变迁和发展，二者的边界已经逐渐模糊。可以说，如今已经没有严格意义上的自然灾害，自然灾害和社会灾害的划分与其说是一种类型划分，不如说是灾害类型连续体上的两端。

（1）自然灾害

自然灾害通常指与人的行为无关的外部性危机，如火山爆发、海啸、飓风、地震、由病毒引发的流行疫情、太空陨石、彗星或其他小行星与地球的碰撞等（余潇枫，2007）。就现有情况而言，自然灾害又可以被分为四类：第一类是古已有之，且现在仍未克服的典型自然灾害，台风、地震等是其中的代表；第二类是过去比较严重的自然灾害，现在已被部分克服并成为局部性灾害，如干旱、瘟疫、灾荒等；第三类是在典型的传统灾害中又加入更多人为因素的新型灾害；第四类是完全新型的灾害，完全是人为造成的灾害，如酸雨、光化学烟雾等（乐章，2008）。

（2）社会灾害

社会灾害指因人为因素导致的危机，也被称为人为性危机或人为性灾难。查尔斯·佩罗（Perrow，2007）在《下一次灾难是什么？》一书中就提出了一个量化的人为性危机界定。他认为人为性危机或人为性灾难包括交通事故、大多数火灾、空难事故以及数量达到20人死亡或50人受伤或2000人无家可归或700亿美元损失等的重大事故。当然，更多的学者将社会灾害，即人为性危机定义为人为制造出来的风险或人造风险，它是人们以往未曾体验到，也无法依据传统时间序列做出估计的灾害（高芙蓉，2014）。由于这种人为性的社会灾害的风险性特点突出，学者又不断地对其进行了细分。通常，社会灾害被细分为事故型灾害和发展型灾害。

事故型灾害简称人为事故，即人按照正常动机与行为力求避免的，却由于不可抗力而未能避免的，具有偶发性和短时性的危机，它一般很少重复发生在一个对象上。从产生的原因看，人为事故又可以被分为科学技术系统关联事故和社会系统本身的问题导致的事故。当然，更多的时候，人为事故是二者共同作用的结果。人为事故通常既包括科学技术、生产安全和突发公共卫生意外事件等，也包括可以预见的转基因食品安全问题、人工智能失控、全球气候变暖、自然资源枯竭、生物多样性丧失、污染过度、"核冬天"到来、数字化灾难等。随着科学技术的迅猛推进与社会建设的相对滞后，尤其是全球化和网络社会的到来，这类灾害的影响范围和程度也呈几何级数增长，会引发全球化的连锁反应。

发展型灾害是人自觉行动引发的不确定性导致的危机，如科技发展危机、经济发展危机、环境危机、核发展危机、基因工程发展危机等（余潇枫，2007）。尤其是科技和经济发展危机目前已经成为工业社会的主要危机，环境、核发展和基因工程发展危机不过是其延展。对于一系列的人造风险，吉登斯从两个方面着手，将之归纳为七种不同类型。一方面，从风险的客观状况改变着眼，他将风险分为高强度的风险、突发事件不断增长的风险、来自人化环境的风险、影响千万人生活机会的机制化风险。另一方面，从风险的经验或对风险观念理解的改变着眼，他又将风险分为风险意识本身作为风险、分布趋于均匀的风险和对专业知识局限性的意识引发的风险（安东尼·吉登斯，2000；转引自高芙蓉，2014）。

当然，如果对灾害进行细分，基于灾害形成机制划分灾害类型，则依据其与人的关涉度，可将灾害分为自然灾害、社会灾害和天文灾害（表3-1）。

表 3-1　基于灾害形成机制的灾害类型

类型	类别
自然灾害	气象类：旱灾、寒潮、冰雹、台风、龙卷风、暴风雪、热带风暴、雷电等 水文类：洪水等 地质类：地震、火山、泥石流、滑坡、土壤沙化、水土流失等 生物类：疾疫、病虫害等
社会灾害	政治类：犯罪、战争、社会动乱等 经济类：能源危机、人口爆炸、环境污染、火灾、交通事故等 文化类：科技、文化落后等
天文灾害	地外灾害类：太阳风、陨石撞击等 宇宙类灾害：新星爆发等

资料来源：卜风贤. 灾害分类体系研究. 灾害学，1996，11（1）：6-10

2. 按照灾害的社会性指涉，可将灾害分为社会性灾害和非社会性灾害

从自然与社会的角度对灾害进行划分，事实上是从灾害与人的关系角度来进行划分的。现代社会中，由于人对自然影响的日益加深以及灾害对人影响的日益深化，社会性灾害居于主导地位。我们从灾害的发生及其对人与社会影响的社会性角度，可将灾害划分为社会性灾害与非社会性灾害（柯佳敏，2013）。

与此相关的灾害分类，还有吉登斯基于灾害或风险产生的原因或来源提出的人为风险的说法，其在社会性灾害指涉中具有很强的代表性。

3. 按照灾害演变及其表现形态，可将灾害分为突发性灾害和累积性灾害

从灾害的成因及其演化过程、表现形态来看，灾害可以被分为突发性灾害与累积性灾害。突发性灾害是从表面上看起来突然发生的灾害，它的发生极为突然，具有很强的社会关注度和高度的社会冲击力，容易引起严重的社会恐慌；累积性灾害通常是一种慢性的、长期积累而成的灾害，不同于洪涝、地震、火山爆发、飓风、海啸等突发性灾害，它更类似于海河流域的污染事件，是细水长流累积而成的。

通常来说，突发性灾害与累积性灾害是一组相对的概念，但突发性灾害并非完全独立于累积性灾害而存在，尤其在今天这个人造风险成为主导风险的时代，二者不过是灾害本身质与量之间的一种转换关系，即突发性灾害本身是灾害社会脆弱性长期累积的结果，累积性灾害也会在条件满足的情况下表现为突发性灾害。突发只是一种表象，事实上，它仍然遵循质与量的辩证规律。尤其是在人祸成为主要致灾因素的今天，突发性灾害更是人类长期活动的累积性结果。无论过去、现在，还是将来，它都是人类社会面临的严峻挑战之一。对于社会来说，突发性灾害始终是无法摆脱的危机，作为累积性灾害的突发表现，它的发生极为突然，影响又甚为巨大，因此始终备受社会关注。

与突发性灾害对应的累积性灾害则大致有以下两个主要特点。

第一，累积性灾害往往是长期积累形成的，具有很强的隐蔽性。一是累积性灾害是一种逐渐渗透和不断扩展而成的灾害，可以说是一种慢性灾害。它有时甚至缺少鲜明的社会可见性，隐蔽性极强。它不会像突发性灾害那样表现出极强的震撼性的感官效应，也很难自然而然地进入人们的视野，它在很大程度上需要个人或社会有足够的知识、经验和信息，才能真正发现它。也可能等人们发现它

时，它已经以一种突发性灾害的形式表现出来。正因为累积性灾害表现得较为隐蔽，它潜藏在我们生产和生活中的时时处处，没有爆炸、轰鸣、呼啸的巨响，除非最终转化为突发性灾害，否则它不会贸然地造成毁灭性的场面，因此，无论是学界还是社会实践领域，目前并没有对这一灾害类型表现出足够的关注。二是累积性灾害的渗透性特点使其紧迫性和严重性缺乏社会可见性。作为一种慢性灾害，累积性灾害常表现为一种渗透性的灾害，它看起来通常并不会立刻危及大多数人的生命安全，对政治和社会秩序也似乎没有构成特别紧急的威胁态势，因此一般也很难及时地引起权力中枢和社会大众的高度警觉和快速应对，不具备表面的紧迫性和严重性。而且，在我们这样一个幅员辽阔的大国，这种慢性的累积性灾害产生危害的连锁反应也常常容易被遮蔽；再加上突发性灾害时有发生，人们很难将累积性灾害作为一种重大威胁来看，因此，它也常常难以进入政府议程中，更难以引起社会的广泛关注。

第二，累积性灾害具有一定的受益群体，相关的社会应对力受到限制。突发性灾害通常表现出极强的破坏性，它突然呈现出的危害性也使其难以以大量获益者——因救灾而获益的少数组织或群体（个人和敌对势力除外）为前提，很容易迅速在社会中形成集体对抗它的共同体意识，因此，社会动员变得较为容易和快捷。相反，累积性灾害的存在也伴生着一些获利群体，例如，因排污降低生产成本并获利的企业，因存在污染的企业拉动 GDP 增长从而产生业绩的领导，甚至有一些享受掠夺式发展成果的"食利阶层"。因为在累积性灾害形成中获利，所以，他们很难与广大公众有共同的切身之痛，社会也难以基于累积性灾害快速有效地形成社会动员，从而使累积性灾害的应对显得更为困难和复杂。换句话说，在这种长期累积而成的慢性灾难面前，社会断裂现象是较为明显的，它难以像突发性灾害那样形成较高程度的社会整合（张玉林，2010）。

总体来说，无论灾害的类型多么丰富多样，无论灾害的特征差异有多大，无论灾害产生的原因是社会性的还是非社会性的，是现代表征的还是传统特性的，是可见性极强的还是隐藏性较大的，是突发性的还是累积性的，它们都会经过量的积累或质的变化，以某种突发性灾害的形式表征出来。在这里，突发只是一种表象，累积性灾害也好，突发性灾害也罢，事实上，它们仍然遵循质与量的辩证规律。所以，我们把灾害冠以"突发性灾害"之称，除了由于人类对灾害的认知水平有限外，更多的是由于某些风险是内在于社会结构性矛盾之中的，具有极大的不可见性。作为表象的突发性灾害，事实上是长期社会性问题累积的结果。正是在这种意义上，很多时候，灾害与突发性灾害表达的是同一个意思。

4. 按照灾害的"传统-现代"维度，可将灾害分为传统灾害和新型灾害

传统的观点基本上按照"自然-社会"维度进行灾害类型划分，但随着社会的变迁和发展，当今社会显然并没有绝对的自然灾害，现代灾害几乎无可避免地都涉及了人为性因素。这种人为性因素中既隐含了现代性中"大写的人"的指涉，也明确了现代理性中科学技术的强势作用。因此，依据人与社会系统在其中的作用程度，基于"传统-现代"维度，我们可以将整个灾害体系划分为传统灾害和新型灾害。

所谓传统灾害，包含了自然灾害和一般的、因受到人的因素的影响而产生的社会性灾害。所谓新型灾害，则是与现代性紧密相连的，是在现代性发展过程中因人的"无知"导致的，完全是由人自身制造出的人造灾害，包括人造泥石流、人造山崩、人造坍方、人造水灾和人造火灾等。2015年12月20日发生的深圳"12·20"特别重大滑坡事故就是由人为的不确定因素导致的，是由"无知"建构出的新型灾害的典型。

作为发展中国家，除了不断面临新型灾害的冲击外，我国仍然继续面临着许多工业化国家已经得到遏制的传统灾害的威胁。当然，灾害还有一种划分方法，即将灾害按照其损失和危害的程度进行划分。这种划分在自然科学中更为多见，不在此赘述。

无论哪种灾害的划分形式，每一种标准下的灾害类型都不是断裂的、截然对立的，它们只是分布于灾害连续带上的不同灾害类型。尤其在当今社会，事实上，这些灾害类型的划分是灾害不同属性和不同侧面的不同表现。

二、灾害治理社会脆弱性的内涵

传统对灾害治理的研究和对社会脆弱性的研究的结合尚付阙如，因此，本书要想廓清灾害治理社会脆弱性的内涵，首先需要对社会脆弱性和灾害治理的含义进行梳理，并在此基础上明确灾害治理社会脆弱性的理论内涵和考量指标。

（一）社会脆弱性的理论内涵

社会脆弱性的提法源于脆弱性概念，后期才不断被引入社会科学领域中，逐渐衍生出社会脆弱性概念，并在灾害社会学研究中逐渐得到广泛运用。

1. 脆弱性的内涵

脆弱性一词源于拉丁语，其词根是 vulnerare，意为受伤。脆弱性在其简单意涵上指的是"受到伤害的能力"（Kates，1985）。这一概念最早用于对自然灾害的研究，它的兴起在于满足了灾害分析自然属性和社会属性逐渐交叉的趋势，也契合了灾害风险管理科学性、动态性、本地性、群体性、多元性的要求（童星，2011）。

国外对脆弱性的研究自20世纪70年代以来得到不断发展。从时代发展的脉络来看，1970—1990年，关于脆弱性的研究和认识出现了不同的定义和界定。1970年，脆弱性被认为是对自然灾害的被动反应。在这一时期，脆弱性强调对致灾因子造成的后果进行重点研究，并且认为脆弱性的损失程度是在［0，1］范围内的货币价值或死亡人口的概率。1974年，怀特就提出了脆弱性概念。提莫曼（Timmerman，1981）指出，脆弱性是指当灾害事件发生时，系统出现对抗反应的程度，而且这种对抗反应的程度与性质取决于该系统的恢复力。苏斯曼等（Susman，et al.，1983）认为，脆弱性是社会不同阶层在面对风险时的差异程度。凯茨（Kates，1985）指出，脆弱性是指承受伤害并进行抵抗的能力。钱伯斯（Chambers，1989）将脆弱性描述为"应对灾害的差异化能力"。亚历山大（Alexander，1993）则认为，脆弱性取决于高危居住地区在自然灾害中的损失和受益，他认为脆弱性是指由自然灾害而造成财产或生命损失的可能性。这一广义上的脆弱性目前已被广泛地运用到自然科学、地理科学、社会科学领域。里弗曼（Liverman，1990）在此基础上区别了作为自然的生物、物理状况和作为社会的政治、社会、经济状况的脆弱性。在这种意义上，他认为既可以从地理空间层面上对脆弱性进行界定，也可以从社会空间层面上对其进行界定。珍妮·卡斯帕森和罗杰·卡斯帕森（2010）将脆弱性与灾害的基本结构模型联系起来，提出脆弱性涉及三个方面的内容：一是遭受压力、混乱和冲击的可能性；二是人群、地方和生态系统应对压力的能力；三是受灾人群、区域和生态系统的恢复力。这包括从现有和未来的压力和事件中恢复过来的能力。显然，脆弱性通过灾害被揭示出来，灾害自身的特点、灾害物质承载体的特点、人类的社会行动和结构都可以放大或缩小我们所说的这种脆弱性。换句话说，脆弱性受到暴露机会、承灾体自身性质、社会经济与政治等各方面的影响，并表现出不同的形式（Kenneth，1997）。

国内有研究者则认为，脆弱性是指个体、家庭、群体以及社区在遭受自然灾害或人为不利因素影响时容易遭受身体和经济损失的一种脆弱性质（赵曼和薛新东，2012）。也有人认为，脆弱性是指在一定的社会经济、政治、文化背景下，某一区域的特定承灾体和人群对某种自然灾害表现出的易于受到伤害和损失的性质，它是区域物质承载体与人类社会实践相互作用的结果（毛德华等，2011），一些地区和人群因承载力相对较弱而在遭遇灾害时将受到更大伤害。

与脆弱性概念相似或相近的词语还有敏感性、易损性或不稳定性等。在灾害学的文献中，脆弱性主要强调人类社会经济系统在受到灾害影响时的抗御、应对和恢复力，侧重强调灾害脆弱性产生的人为因素。换句话说，脆弱性概念是处在自然危险源与灾害治理之间的一个中层概念，它直接影响灾害的产生及其损伤程度。脆弱性越强，人群及区域抵御灾害和从灾害影响中恢复的能力就越差，其安全性就越低。这种脆弱性包含以下几层含义：一是指承灾体对破坏和伤害的敏感性，它是衡量损失和受损程度的标准（UNDRO，1980）。这一意义上的脆弱性是可以与易损性互换的概念，它们都用来表征承灾体对破坏发生损害的敏感性，一方面表现为承灾体单体的物理及结构易损性，另一方面表现为承灾体自身的功能脆弱性。二是指人类自身防御、抵抗灾害的社会能力。这种意义上的脆弱性是指人类预见、抵御并从灾害影响中恢复的社会能力。在很大程度上，这一脆弱性等同于敏感性，它们都受到现行社会的政治和经济体制以及人在社会中的地位、身体状况等多种因素的影响。其中，社会财产和环境对自然灾害破坏和伤害状态的敏感性被称为社会财产的易损性和环境的不稳定性（Alexander，1993）。三是指安全性的对称，是人类社会及其活动场所的一种性质或状态。在这里，脆弱性类似于不安全或不稳定性。脆弱性越强，社会抵御灾害和从灾害影响中恢复的能力就越差（Cannon，et al.，1994）。显然，脆弱性与恢复力的关联度也极强，二者在灾害形成过程中的作用不同：脆弱性是灾害系统中的致灾因子、承载体和孕灾环境综合作用过程的状态量，取决于区域经济和社会发展水平；恢复力重视的是灾害系统的恢复能力，也受到社会政治、经济、文化条件的限制。

总之，20 世纪 70 年代兴起的脆弱性概念在 20 世纪 80 年代以后出现转折，研究者更广泛深入地关注人口、房屋结构等社会经济因素对灾害脆弱性的影响，传统的自然脆弱性日益转化为社会脆弱性，它对传统的灾害归因认知构成了较大的挑战（Bankoff，et al.，2004）。到 20 世纪 90 年代，脆弱性是自然和社会的综合问题，包括对外界致灾因子和系统本身适应能力及两者相互作用的分析。近年来，全球变化和可持续发展也日益成为其中两大研究热点（Clark，et al.，2000；转引自童星，张海波，2010）。总体来说，自 20 世纪 70 年代末开始，脆弱性的定义不断发生变化，脆弱性的社会属性被日益表达出来，传统的脆弱性概念被定位为自然脆弱性，与之对应的则是社会脆弱性。脆弱性定义的大致变化情况如表 3-2 所示。

表 3-2　不同时期的脆弱性定义

作者	年份	定义
Gabor，Griffith	1979	某一地区因暴露于危险环境而遭受的威胁，它包括安全时期的生态环境状况和危险时期的地区应急能力
Susman 等	1983	包括极端灾害事件的出现概率和社会承受灾害负面后果的程度
Kates	1985	遭受破坏或抵抗破坏的能力
UNDHA	1992	因潜在危险引起的影响区间在 ［0，1］ 的损失程度
Blaikie	1994	个人或群体的一种特征，衡量标准是其预测、调整、抵抗自然灾害的能力以及从灾害中恢复的能力
Dow，Downing	1995	一种环境的敏感性，包括与自然灾害紧密相关的自然、人口、经济、社会、技术等各种因子
Cutter	1996	个人或群体因暴露于致灾因子中而遭受灾害的可能性，是地区致灾因子和社会体系互动的产物
Clark 等	1998	暴露度（遭遇灾害事件的风险）和适应能力（包括抵御能力和恢复能力）的函数
Adger，Kelly	1999	个人、群体或社会的一种状态，是对外在压力的调整和适应能力
Kasperson 等	2001	个体因暴露于外界压力而存在的敏感性以及个体调整、恢复或进行根本改变的能力
IPCC	2001	系统易受或没有能力应对气候变化，包括气候变化和极端气候事件等不利影响的程度，是某一系统气候变化的特征、幅度和速率及其敏感性和适应能力的函数
IPCC	2001	系统对伤害、破坏易受影响的程度，是敏感性的一部分
Sarewitz 等	2003	系统的一种内部属性，是潜在破坏产生的根源，与任何灾害或极端事件的出现概率无关

资料来源：根据现有公开研究资料整理

2. 社会脆弱性的内涵

社会脆弱性是指社会群体、社会组织或国家暴露在灾害冲击下潜在的受灾因素、受伤害程度及应对能力的大小。它包含灾前潜在的社会因素构成的脆弱性、受害者的伤害程度所形成的脆弱性以及应对灾害能力的大小所反映的脆弱性（周利敏，2012）。

事实上，随着社会的发展和研究的深入，自然脆弱性与社会脆弱性的区别也日益显示出来，具体如表 3-3 所示。

表 3-3　自然脆弱性与社会脆弱性的区别

项目	自然脆弱性	社会脆弱性
思想	由灾害事件的发生概率和人类对风险区的占有情况共同决定	从人类系统内部固有特性中衍生而来的，是灾前就存在的社会状态
研究内容	致灾因子的发生强度、频率、持续时间、空间分布等；风险区的分布、人类在风险区的分布及由此导致的财产损失和人员伤亡率	政治、经济和社会等宏观系统对脆弱性的影响；政治、经济和社会中某一因素，如贫穷、不公平、边缘化、食物供给、住宅质量、保险获取能力等对脆弱性的影响
问题或优势	局限于对自然致灾因子做脆弱性分析，对脆弱性的复杂性和动态过程把握不够；将脆弱性作为附加于社会的问题，未能意识到脆弱性也是社会本身的问题；对自然灾害发生频率基本不变而经济损失和人员伤亡不断增加的不利局面改变不力	能真正确认社会中最脆弱的群体及其在同等灾害条件下是否可能表现出不同的灾难后果；为研究者在全球、国家、地方、区域等不同尺度上探索特定群体或区域的脆弱性时空变换提供可能

资料来源：根据现有公开研究资料整理

显然，在研究被不断推进的过程中，脆弱性日益被表达为社会脆弱性。与此同时，与脆弱性一样，它除了被表达为地理空间分布和社会分布的脆弱性外，也通常作为一种测量指标出现在灾害评估研究中。作为测量指标的社会脆弱性，经历了从脆弱性分析模型到社会脆弱性模型形成的过程。如前所述，这些模型包括 RH 模型、PAR 模型和 HOP 模型。尤其是 HOP 模型将灾害脆弱性表达为承灾体的损失率，并重视从更深的社会层次挖掘承灾体的脆弱性根源，强调人口结构、政府决策等是关系脆弱性的重要方面，体现了灾害的社会脆弱性特征。

总体而言，本书研究所指的社会脆弱性包括了社会区域与人群的脆弱性，表现为灾害治理中的制度与文化因素的集合；同时，这种社会脆弱性也是强调灾害的地理空间分布和社会分布的测量指标。

与社会脆弱性相关的概念大致有社会抗逆力和社会恢复力。社会抗逆力是指整个社会系统能最大程度降低风险损失、修复风险损害的能力（段华明，2010）。社会恢复力则指的是社会从灾害中自我恢复的能力。在今天这样一个风险社会中，风险的密集与抗风险资源和能力的不足已经构成整个社会发展过程中的深刻矛盾，描述抗风险资源和能力的社会抗逆力概念是弥补这方面不足的一种努力（张秀兰，2009）。社会恢复力则更是从社会发展的角度对传统的灾害社会脆弱性指标相对忽视社会资本和精神资本建设的补充。社会抗逆力也好，社会恢复力也罢，最终都是对灾害社会脆弱性不同侧面的表述，二者的大小也都影响了灾害社会脆弱性的高低。它们都以增加抗风险资源为重点，强调制度和文化在预防和抵御风险中的重要性。

（二）灾害治理的理论内涵

灾害治理概念源于治理理念的兴起，是对传统灾害管理模式反思与超越的结果，因此，对这一概念的梳理和廓清，要从治理概念说起并不断加以深入。

1. 治理的概念

（1）治理的内涵及本质

治理一词源于拉丁文和古希腊语，原意是控制、引导和操纵，它最初是被用于私营部门的词汇。1989 年，世界银行在概括当时非洲的情形时首次使用了治理危机一词，此后，治理逐渐发展为一个与统治一词交叉使用，并在许多国家公共事务管理活动和政治活动中被广泛运用的概念。至今，治理不仅有了理论框架和逻辑体系，还形成了"更少的统治，更多的治理"这样一套评估社会发展和管理优劣的价值标准（薛克勋，2005）。

治理理论的创始人罗西瑙（2001）认为，治理是由共同的目标支持，并由政府和非政府机制共同驱动，借以满足各方需要和愿望的行动。格里·斯托克则将治理视为统治方式的一种新发展，认为随着治理的发展，公私部门之间、公私部门内部的界限都趋于模糊；甚至作为一种社会控制体系，治理被视为冲突方或多元利益方彼此调适并采取合作行动的自主自治网络（转引自俞可平，2000）。

联合国开发计划署（United Nations Development Programme，UNDP）把治

理理解为一套价值、政策和制度系统，认为在这套系统中，社会通过它自身的自组织系统制定和执行决策，并通过国家、社会和私人部门之间或者各主体的彼此互动来管理其公共事务，以达成相互理解、取得共识和采取行动的制度和过程（UNDP，2008）。显然，在这里，治理包含制度和过程两个部分，经由这些制度和过程，不同的社会群体依据一定的规则可以更好地实现利益表达，并促进不同群体的沟通，减少群体之间的冲突和分歧，使之更好地履行他们的合法权利和义务。

欧洲委员会认为，治理是一个与国家公共服务能力和公民能力相关的概念。它是指一套规则、过程和行为，不同社会群体的利益、权利的协调和实践，都经由它得以实现（Daniel，et al.，1999）。当然，这里的治理，其重点仍然是公共权力的实施、公共服务功能的实现和公共资源的调配。因此，这一概念也是一个与社会系统功能的发挥密切相关的概念，可以被表述为衡量社会安定和绩效的标准。

考夫曼等（Kaufmannn，et al.，1999）则认为，治理是指一些传统和制度，通过它们，政府可以有效地提供公共服务和产品。从内容上说，这一治理概念通常包括以下三部分内容：一是政府被选择、监督和更替的过程；二是政府有效制定和执行正当政策的能力；三是公民对公民和国家之间社会互动制度的尊重。

全球治理委员会（1995）在其发表的《我们的全球伙伴关系》这一研究报告中指出，治理是各种公共或私人的个人和组织共同管理共同事务的多种方式的总和，是通过正式和非正式的制度和规则，使彼此冲突的行为或不同利益得到调和，并最终形成联合行动的持续行进的过程。

尽管不同的组织和学者对治理概念及其内涵、特征的表述多有不同，侧重点也有较大的区别，但以下几点是一再被强调的：一是参与，即不同行动主体共同参与公共事务的管理；二是透明，即治理过程要秉持公开和透明的原则；三是责任，即各行动主体都要履行公共责任，尤其是政府机构要增强自身的责任意识，履行自身的职责和义务；四是回应，即政府部门要切实有效地对社会需求做出回应；五是法治，即治理过程中的程序、行为和目的要依法展开；六是平等，即政府机构在公共事务的参与、服务中要始终坚持平等原则，将保障弱势群体的权利和利益作为基本职责；七是有效，即政府机构要在尊奉平等价值的基础上，保证运行的效率（UNDP，2008）。

治理在本书中的基本含义是指"政府与民间、公共与私人部门之间的合作与互动"（罗伯特·罗茨，1996），是政府与公民社会对公共事务的合作管理。显然，治理的实质在于协调、协商，而非自上而下、强加于人的命令；治理的关键也并不在于实践机构是谁，而在于实践过程是否使不同的治理主体彼此适应，形成合力，并最终达到善治状态。所谓善治，就是使公共利益最大化的社会管理过程（俞可平，2000）。治理的关键是建立包括政府在内的社会网络体系、信任关系的形成与合作方式的建立（夏建中，2010）。由此，治理具有四个特征：一是治理是一个过程，而不是一套规则或实践活动；二是治理的基础是多主体和多方利益的协调，而非控制；三是治理机构包括公共的和私人的部门；四是治理的规则既包括依赖权力运行的正式制度，也包括依赖不同主体持续互动形成的非正式制度。

（2）治理与统治的辨析

为了进一步明确治理的内涵，有必要将治理与统治做一个简单对照。

第一，治理与统治有着深厚的历史渊源和广泛的联系。一是治理是统治的发展和替代，二者有着深厚的渊源；二是治理与统治都依赖于一整套正式的规则以及对社会中其他组织和团体有强制性权力约束的组织机构，来对公共事务进行决策和处理。

第二，治理与统治有着很大的区别（俞可平，2000）。一是行为主体不同。统治的主体主要是政府，治理的主体却是多元的，政府、社会组织甚至国际组织都是治理的主体。二是对象不同。统治将社会生活的各个方面以及相关对象的一切作为全面控制的对象；治理对象因治理主体不同，其作用范围也呈现出不同。三是运行方式不同。统治的运行主要依托政府强制性的行政、法律手段，有时甚至是军事手段对公共事务采取自上而下的单向控制；而治理除了依托国家的权力和规范外，更多地注重多元主体之间的合作、协调和沟通。对于统治而言，命令与服从是最重要的，而治理强调的是参与和合作。四是目标和评价标准不同。统治追求的最终目标是善政，其评价标准是合法性，它指向政府自身的法度严明、行政高效、官员清廉、服务良好；治理的最终目标则是善治，其关键在于政府与公民的合作，其主要构成要素或评价标准是公共性。

2. 灾害治理概念辨析

灾害治理是社会系统各个相关联部分,包括政治、经济、文化等系统的联动,国内与国际合作共同来预防、抗击灾害,并加强灾害重建力度的活动及其过程(罗国亮,2012)。灾害治理包括两方面的内容:一方面,灾害治理是针对灾害本身的治理活动,按照灾害发生的时间次序来看,这个意义上的灾害治理包括防灾、备灾、救灾、抗灾、赈灾、灾后重建等几个方面的内容;另一方面,灾害治理是针对致灾因素的治理,主要是对灾害治理理念的反思和政策调整。

灾害治理是与风险管理、危机治理相关的概念。因此,将灾害治理与风险管理和危机治理进行辨析,有利于更好地认识灾害治理的含义。

第一,灾害治理与风险管理。早期的风险管理概念是与保险研究联系在一起的。保险是人们所能承受的冒险的底线,或者说它是安全的基础(薛晓源,周战超,2005)。与风险观念一样,现代保险形式也肇始于航海。最早的海洋保险出现在 16 世纪,1782 年,伦敦公司则在世界上最早承担了海洋保险业务。以数学和概率论为理论基础的概率统计、大数法则和对损失的货币弥补方法作为保险的核心技术,也成为最初风险管理制度的操作基石,因此,风险具有分析理性主义的传统,在古典工业社会中经常能获得理性、精确的表达(李瑞昌,2005)。风险管理与灾害治理的区别在于,风险管理的主体主要是政府,灾害治理的主体则由过去单一的政府转变为多元主体共存的网络系统;风险管理指向的是一种可能的灾害,灾害治理则将可能的灾害和现实的灾害都作为治理对象。当然,从内容上讲,危机治理则从内容上包含了灾害治理和风险管理所涵盖的内容。

第二,灾害治理与危机治理。危机治理在公共管理学上更多地包括了社会危机和风险,如社会冲突和群体事件、暴力及恐怖袭击事件等,灾害治理却不包括这些要素,它主要是针对灾害本身及引发灾害的因素展开实践。其共同点在于,它们都强调通过多主体来应对公共危机。灾害治理涉及的范围要狭窄一些,多是人与自然关系的延展,当然也包括人为造成的灾害。二者在程序和组成部分上有密切的关联。无论是灾害治理,还是危机治理,其一般由四个部分组成:政府主导、传媒协作、民众响应、国际合作。

（三）灾害治理社会脆弱性及其考量指标

在目前的研究中，灾害社会脆弱性是一个比灾害治理社会脆弱性更常见的概念，是灾害治理社会脆弱性的结果。作为灾害治理结果的灾害社会脆弱性是指社会群体、组织或国家暴露在灾害冲击下潜在的受灾因素、受伤害程度及应对能力的大小（周利敏，2012），直接影响着灾害的发生和损失程度，监测自然危险源和消减灾害社会脆弱性就是灾害治理的主要目标。

灾害治理社会脆弱性借鉴了灾害社会脆弱性这一常见概念，最主要的是借鉴和吸收了其中的思维取向，指涉灾害治理中哪些社会性因素导致了灾害的社会脆弱性。从前述文献中对灾害治理范式及各项治理指标的梳理来看，对于这些灾害治理的社会性因素，我们应当从治理价值和事实的整合层面来加以考量。这一测量指标的设定意在打破现有治理指标中存在的价值与事实相分离的现实困局，实现治理指标测量在价值与事实上的统一。在这里，治理价值的测量通过不同治理主体的治理理念和策略来体现，而治理事实则通过治理结果的有效性来考量。这里面，风险制度、风险文化及治理理论等多方面的成果在此得以综合，也正是基于此，一个整合性的理论分析框架应运而生。

第二节　一个整合性的理论分析框架

随着治理概念的兴起，作为新的学术和管理实践，治理理念逐渐与灾害治理研究结合起来，治理制度在防灾减灾过程中扮演的角色逐渐得到强调（UNISDR，2009），灾害治理也逐渐体现出多中心治理和合作治理的态势。与之相关的是，多学科、多主体的分析范式日渐得到关注，受到灾害社会脆弱性理论、风险文化理论与风险制度理论等的影响，现有关于灾害治理的研究在很大程度上显示出灾害治理研究范式的社会性和文化性转型，也日益显示出反思性的治理逻辑，这显然契合了目前灾害治理的复杂性及其主体多元化的格局。但目前这一研究逻辑和趋势并未成为研究的主流，相关的理论研究更多地陷入二元论争端之中；同时，现有研究多为单一主体的研究，多主体视角不足，影响了灾害治理理论对现有灾害治理实际问题的解释力。结合现有研究和我国既有灾害治理格局以及我国本身的社会文化秩序，有必要吸收现有多学科、多视野研究的成果，包括社会脆弱性理论、风险制度理论和风险文化理论，甚至治理公共性理论，同时，基于反思性视角全面审视我国传统灾害治理思想在研究中的作用，真正形成多视野、多主体的、深入本土实践的、整合性的理论分析框架。

一、多学科视野整合的反思性研究范式

就现有社会实际情况来说，能否有效降低灾害治理中的社会脆弱性，使社会真正成为人类生存与发展的共同体，在很大程度上取决于我们能否对现代社会的现代性进行自我诊断与自我治理。这种自我诊断与自我治理，显然并非文化、价值或者制度、行动的单一变革，而是一种在理念、价值、制度以及行动的综合系统中的反思与变革。现有的灾害治理研究，无论是灾害经典范式、社会脆弱性范式，还是风险社会理论，甚至是治理理论，都呈现出注重从社会性因素考察风险及灾害产生机制的视角，也都对风险文化、风险治理理念和制度因素进行了强调，但总体来说，依然存在三个问题：第一，在对风险文化和制度因素进行考量时，对风险制度和文化本身的反思不足，尤其是缺乏对现有技术理性主导治理范式的反思，风险的社会与文化因素考量也仍然带有极强的技术理性的烙印；第二，现有灾害研究更注重对灾害社会脆弱性本身进行分析，针对其产生源头的灾害治理社会脆弱性研究明显不足；第三，现有研究更多地将风险制度理论与风险文化理论视为二元对立、不可融合的分析范式，综合视野的整体性分析明显不足。基于此，本书结合中国传统灾害治理思想"和而不同"的多元一体思路，并借鉴灾害治理理论的多学科综合视野，形成了多学科视野整合的"风险文化-风险制度"理论分析框架。

（一）打破二元论的"风险文化-风险制度"整合性分析框架

风险文化理论与风险制度理论都强调对现有灾害治理范式及其实践进行反思

和重建，但需要注意的一个重要问题是，风险制度理论与风险文化理论在风险观中是风险实在论与建构论的两端。前者着重于从制度层面入手，认为风险是现代性制度的结果，只有通过制度的变革和完善才能实现灾害治理的良性发展；后者则从文化审视出发，认为风险只是一种文化现象，也只有依赖具有象征意义的信念才能真正应对风险。要真正全面、科学地审视我国现有灾害治理可能存在的问题和提出应对之策，显然要结合中国传统灾害治理中"和而不同"的多元一体思路，形成多学科整合的理论分析框架。这意味着要将在西方灾害治理研究范式中处于二元对立两端的风险制度和风险文化整合起来，注意到两者之间事实上有相互融通的可能性，并在此基础上形成超越二元对立、走向多学科融合的整合性范式分析。运用这一整合性范式分析灾害治理问题，需注意以下几个方面。

首先，从本质上讲，风险文化理论作为建构论，风险制度理论作为实在论，二者有共同之处。实在论与建构论有共同的理论内涵，都是对知识有效性的追求，都存在某种预设主义和本质主义的倾向（潘斌，2011），最后也都主张从理论走向实践（周丽昀，2005）。而实在论与建构论的分野更多的也只是一种思潮与流派的区别，单纯从其中任何一种理论或视野出发，都难以合理解释并应对现实世界风险社会的生成与治理，唯一发展灾害治理理论的路径就是跳出长期存在的实在论与建构论的二元论冲突困境，朝向一种综合与超越的理论与实践研究的尝试。即使是在西方，这种尝试也早已露出端倪。弗里茨·瓦尔纳（1996）的建构的实在论就提出建构是理解实在的重要方式。科尔（1995）倡导的实在的建构论既承认客观自然界对科学知识发展的奠基作用，又肯定科学知识是可以被社会建构出来的。人们承认实在论与建构论的差异与冲突，并能在对二者的辨析中洞见它们的相似、共通之处，这是综合与超越二元困境的关键所在。

其次，风险范畴本身就具有主观性和客观性的二重属性。要实现灾害治理中风险文化与制度理论的整合，就目前来说，也只有从实践的视野出发才能真正将二者整合。风险文化与制度理论的整合是符合客观实践的。一方面，风险是社会实践活动的结果，这是可以在一定程度上得到确证的客观实在。另一方面，风险是对人而言的，它也随着人的主体认知水平与评价标准的变化而发生不同的作用，是一个基于不同的价值理念被建构的过程。即便是像贝克这样最坚定的风险实在论学者也承认风险社会正是一个被现代性制度建构出来的后果。

再次，灾害在本质上具有社会性和文化性。一是灾害是以人类社会为坐标的价值判断。对于自然界而言则无所谓灾害，灾害是以人类及社会为坐标的价值判断。灾害在本质上具有社会属性，是环境变异相对于人类和人类社会的一种存在，是与人类相联系的、对社会主体有影响和危害的某种社会后果。二是人类社会在同灾害博弈中前行。整个人类社会发展的历史实际上也是人类对抗灾害的历史。三是人类对抗灾害的历史实际上是对灾害认知的发展历程。重视从社会性和文化性的角度研究灾害治理，显得尤为必要。

最后，风险文化与制度的整合分析范式契合了我国传统的"和而不同""多元一体"的灾害救助理念。本书在纵向上梳理了自古至今的灾害治理的思想、理论甚或范式，在梳理中西方传统灾害治理理念的过程中，在横向上将之进行了中西对照。也正是在这种溯源和中西对照中，我们发现，无论是在中国还是在西方，灾害治理思想或理论很早就形成了对人本身进行终极关注的人本传统，并且这种传统始终与它所在的社会文化秩序紧密关联。回溯我国传统灾害治理思想及由此形成的理论传统，它之所以在古代社会成为轴心文明之翘楚，很大程度上是因为它基于中国传统的儒家文化，形成了以儒家为主的道、佛、墨等多种观点融合的多元一体的灾害治理思想体系。也正是基于这种深植于我国社会文化秩序中的古代灾害治理思想，我国古代才产生了很好的官民良好互动的、多元有序的灾害治理体系。与此同时，我们发现，西方古代灾害治理的传统也正是通过汲取其社会内在的理性传统和基督教传统才得以不断传承与发展，也不断在其社会文化秩序中发挥着稳定持续的灾害治理效应。

基于此，本书认为制度和文化都是构成风险社会的基本要素，从单一方面来解释风险社会无法得到完整的概念（高芙蓉，2014）。因此，我们从反思现代性的角度，结合中国传统灾害治理思想"多元一体"的理路，并注重治理理论的多学科视野，将风险制度理论与风险文化理论中分别强调的制度与文化整合起来，试图从"风险文化-风险制度"的角度分析灾害治理过程中的治理理念及治理体制（制度）的问题。

（二）"理念-策略"互动的综合指标考量

现代风险社会的风险与财富、风险与责任分配逻辑的错位，更多地使社会弱势群体和脆弱区域成为主要的风险承担者，因此，灾害治理本身也是一个价值实践的过程，即灾害治理是一个价值与事实彼此融合的过程。但目前，科层制导致事实与价值的割裂，灾害治理难以基于其内在价值目标做出合乎情理的决策。为更好地进行灾害治理，如前所述，我们应当将灾害治理操作为价值和事实两个层面的指标加以测量。

第一，对价值指标的考量则需要注意到，任何一个治理主体的灾害治理实践都是观念与行动共同影响的结果。本书注意到了国家作为一种社会实体和观念的这种影响和事实，将蒂利、米格代尔等在国家研究中的"观念-行动"的关系研究范式以"理念-策略"的维度放到本书多主体灾害治理的分析框架中。具体来说，蒂利（2006）提出国家与社会关系的研究有三种不同的研究取向，即观念的、行动的和二者关系型的，认为观念分析者强调将意识作为人类行动的基础；行动分析者赋予动机、动力和机会更大的影响力；观念与行动的关系型分析者则研究二者的关联性，认为观念与行动的关系是集体暴力的来源。米格代尔界定了观念与实践，认为观念包括国与国、国家与社会两个边界，其中国家与社会的边界是最重要的；实践则被界定为国家机构和相关人员的常规工作（乔尔·米格代尔，2013）。在此基础上，在表达灾害治理的价值与事实时，本书将理念与策略视为一对相依的概念。本书需要将灾害治理的理念与策略综合考虑并纳入分析框架中。

第二，对治理事实，即治理有效性指标的考量则体现为对治理主体理念与策略运行结果的考量。在本书中，其表现为对灾害治理主体所涉及的治理区域灾害社会脆弱性及其分布的综合考察。

本书所指的理念与策略类似国家研究中的观念与行动，是各灾害治理主体灾害治理观念与计划的总称。理念有观念和思想的含义，而策略是对灾害治理理念实践过程的考察。作为理念的表现和执行，策略体现出了非常明显的理念诉求。二者集中表现在灾害治理实践模式之中。也正是基于此，我们可以经由不同治理主体的灾害治理理念与策略及其互动结果来探析灾害治理社会脆弱性的形成及其应对。

二、多主体的实践分析框架

目前，我国灾害治理事实上已经呈现出多元主体介入的局面。随着治理逻辑影响的深入，应对灾害的主体和制度都呈现出多样化态势。从现有情况看，灾害治理主体既包括公共的，也包括私人的，灾害治理制度则既包括正式制度，也包括各种非正式制度（IRGC，2007）。与实践迅猛发展相对应的是，现有研究过于注重单一主体的治理研究，有关非政府组织介入的研究虽然也不少，但多主体视野的研究并未成为灾害治理研究的主体。在这种意义上，要真正了解目前灾害治理中社会脆弱性形成的原因，并探索本土灾害治理的合宜路径，需要返回到多元主体介入的中国灾害治理实践中进行深入的在地研究。问题在于，在多主体分析框架建构的过程中，选择哪些类型的主体具有更好的代表性？

本书借鉴了国家与社会研究的成果。这主要是考虑到灾害治理关涉不同价值秉持的多主体，它们背后的互动关系本身有国家与社会关系的预设，与国家-社会研究范式有契合性，而且相关研究中都多少折射出国家与社会的关系范式。因此，在多主体选择的过程中，相关研究必须考虑到我国社会中国家与社会的关系，这种关系显然不同于西方的国家与社会关系范式。

国家与社会的理论框架最早可追溯到黑格尔、马克思关于市民社会的研究中。20世纪90年代以来，它已成为包括社会学在内的众多社会科学解释诸多社会现象的主要范式之一（丁生忠，2015）。

在西方，国家与社会理论是建立在国家权力与社会权利二元对立基础上的，它集中表达为国家高于社会或社会先于国家两种分析范式。米格代尔对这种传统意义上西方二元对立的国家与社会研究范式进行了创造性开拓，认为国家与社会更多的是持续的相互影响的关系（乔尔·米格代尔，2013）。与之类似，蒂利提出对国家与社会关系的研究有三种不同的研究取向，即观念的、行动的和二者关系型的（查尔斯·蒂利，2006）。他强调观念与行动的关系研究，试图打破国家与社会的二元化格局。

在我国，国家与社会关系被表达为三种解释模式：国家中心论（邹谠，1994）、社会中心论（黄宗智，2014）和国家与社会互构论（郑杭生，杨敏，2010；夏玉珍，刘小峰，2011）。在国家与社会互构论中，现代社会与国家在共变中彼此形塑。显然，从本土实践层面看，我们应当遵循的是本土的国家与社会互动范式。当然，米格代尔的观点和本土的国家与社会互构论有契合之处。

基于国家与社会的关系视野，考虑到灾害治理事实上已经突破了国家界限并呈现出全球治理的态势，因此，从类型上讲，灾害治理的主体可以被划分为政府机构、民间机构和国际机构三种不同的类型（图 3-1）。

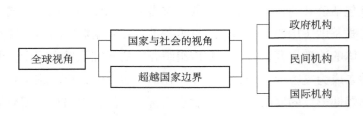

图 3-1　灾害治理的多元主体图景

此处的政府机构特指代表国家开展灾害治理服务的专设政府组织。理解政府机构的这一含义，要注意政府是作为一个国家或社会的代理机构出现的，它通常有狭义和广义两种定义。狭义的政府是为公众服务并以增进人的福祉为目标的具体公权机构，是人们针对自然状态的种种不便，自愿通过协议联合组成的共同体（洛克，1996）。卢梭（2005）认为，政府是使主权者彼此适应的中间体，负责执行法律并维持社会以及政治的自由。边沁（1997）将政府视为实现人民福祉，并履行公共事务的一套功利性政治组织安排。广义的政府是包括国家立法机关、行政机关和司法机关以及国家元首等在内的组织的统称（侯保龙，2013）。本书所指的政府机构是作为国家代理机构，并为公众服务的具体机构。

这里的民间机构即民间非政府组织，在国际上通常被称为志愿者组织、非营利组织或非政府组织、第三部门，主要是指不以营利为目的、具有正式的组织形式，且属于非政府体系的组织。当然，在不同国家和地区，它还被称为社会组织、慈善组织或"志愿和社区组织"。美国习惯称之为非营利组织，有的国家则称之为民间团体或民间组织。在我国，与这些概念对应的是民间组织或社会组织（郭剑平，2013）。本书用民间机构来统称这一概念。它特指自下而上地坚持自己的服务理念的社会组织，不包括自上而下的官办型和半官半民的合作型社会组织。

国际机构在这里即国际非政府组织（international non-government organization，INGO）。学术上，类似概念有国际组织（international organization，IO）、国际非营利组织（international nonprofit organization，INPO）等，两者通常可以互换，这些统称为 INGO。从 1863 年的国际红十字会创立至今，INGO 已经走过 150 多年的发展历程。20 世纪 80 年代，它更是在全球范围内兴起，随着全球性问题不断涌现并加重，它成为保持社会稳定的重要因素之一。1950 年 2 月 27 日，其定义首次由联合国经济及社会理事会（United Nations Economic and Social Council，ECOSOC）提出，INGO 被表达为任何不通过国际条约订立而成立的国际组织。联合国经济及社会理事会的界定强调 INGO 的自主性与独立性。国际协会联盟（Union of International Associations，UIA）则强调 INGO 应满足组织目标的国际性，会员的国际性与开放性，总部与办事处、理事会成员的国际性，非营利性与资金来源的国际性、独立性、活跃性等条件。本书所指的国际机构是在中国境内服务的 INGO，即在我国开展各种不以营利为目的的公益服务，具有跨国或国际特征的非政府组织（韩俊魁，2011）。与民间机构相比，其主要特点在于其国际性：一是成员、资金来源、宗旨和活动范围的国际性；二是其运作特点，如行为规范和治理结构的国际化；三是参与全球治理；四是不同于其他国内社会组织的分类，它以双边、多边、区域性和全球性等进行分类。当然，2017 年正式实施的《中华人民共和国境外非政府组织境内活动管理法》（以下简称《境外法》）规定，国际机构还具有"三非"属性：非政府性、非营利性、非宗教性。

三、"多视野–多主体"的整合性分析框架

本书综合考虑本土社会文化秩序，综合多学科视野，打破"风险文化-风险制度"分析二元论的制囿，形成"风险文化-风险制度"的反思性分析视角，并在遵循实践取向的基础上，落实多主体分析框架，在结合我国灾害治理多元主体结构实际的基础上，分别在政府机构、民间机构和国际机构中选择相应的田野进行深入的在地研究。同时，本书注意到了国家作为一种社会实体和观念的这种影响和事实，将米格代尔等在国家研究中提出的"观念-行动"的关系研究范式以"理念-策略"的维度放到本书多主体灾害治理的分析框架中，具体研究框架如图 3-2 所示。

在这一研究框架中，总体的研究视野是多学科融合的"风险文化-风险制度"分析框架，治理则表现为治理理念与策略，其体现的治理本身也是一个价值与实践的双重维度体系。治理的价值维度指的是治理作为一种价值诉求，在治理观念、治理的程序性规定方面表现出的一种价值关系。治理的实践维度也称治理的技术性维度，指的是治理作为一种工具的功能和效用如何。依据这两个维度，

可以将灾害治理作为一种公共服务或物品供给来分析，对于灾害治理的社会脆弱性，主要可以从治理价值的公共性和治理实践的有效性角度考量。

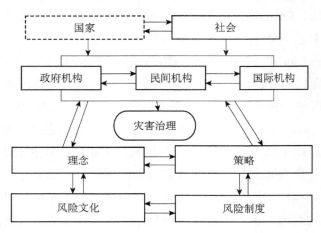

图 3-2 灾害治理多主体分析框架图

注：图中的国家指"社会中的国家"

首先，作为治理价值和理念的公共性，从人的公共性和社会公共性两个维度展开，至少包含如下两层含义：第一，作为人的目的和价值取向存在的公共性，指社会主体基于主体性能以理性批判精神主动自觉地参与灾害治理活动，能基于内在性需求抵御外物的侵蚀而维护公共利益；第二，社会公共性是指在公共社会中相关成员能共同享受某种利益，因而共同承担相应义务的制度之性质（李明伍，1997）。这里的公共性首先是对一切不平等的等级关系的否定和对多样性的肯定（汪晖，陈燕谷，2005）。从治理的角度讲，它不以追求个人效率或利益最大化为目标取向，而是将人的发展和公共利益作为追求要旨。这种公平与正义是包含了公正、公平、公开、平等、自由、民主、正义和责任等一系列内容的价值体系（何颖，2005）。当然，要实现这一价值倾向，从机制上，要保证有差异化的一致，即多主体的互动合作。它注重在民主政治上高度的社会参与、社会公平以及承担为公众谋求福利的责任，强调以为公众服务为出发点；并要求社会治理过程中的公开性与透明性，强调治理结果的社会认可度和接受度（刘熙瑞，2000）。在利益取向上，必须克服私人或部门利益缺陷，将公共利益作为一切活动的最终目的（张康之，2000），把实现公共利益作为自身存在的价值体现，强调社会治理价值及宗旨的公益性。

其次，研究框架中的政府机构、民间机构和国际机构是治理的多元主体实际格局的呈现。一方面，这来自治理本身的公共性诉求，即基于治理逻辑，要达到治理机制的公共性，参与主体应当是多元的、有差异的、互动的；另一方面，治理主体的多元互动也是由灾害治理本身的特征决定的，因为灾害治理本身关乎国家与社会共同的责任与义务。当然，更重要的是，我国目前事实上在灾害治理过程中已经形成了一种多主体介入的格局。那么，在具体的实践中，不同的主体是否在实践中基于自身的独立能力践行灾害治理的价值和目标，也是本书要着力探讨的。

最后，作为治理效果的公共性体现在实践中表现为灾害治理的有效性指标，即灾害治理方法和工具层面的公共性主要是指在具体公共物品供给的实践领域中，通过具体的方法和实际操作技术，确保灾害治理服务的供给表达出其公共性。就公共性的价值内涵来说，对于灾害治理效果的考核，其核心是公平、公正，我们可以从典型区域的灾害治理主体的能力和合作状态以及区域灾害社会脆弱性的空间与社会分布来进行考察。

第三节　研究方法及研究过程

本书的研究历时五年，针对灾害治理的复杂性特质，形成了一套务实有效的、定性和定量相结合的方法，对本土灾害治理社会脆弱性进行了深入的在地研究。首先，本书选择北京、上海、武汉、广州、重庆等城市，针对社会公众风险意识和日常行为进行了问卷调查。其次，本书以 C 市为典型区域进行个案研究。一是基于主成分分析和 GIS 技术，对该市灾害社会脆弱性分布进行了分析；二是在 C 市选择了三个不同的治理主体，对其灾害治理实践进行深入的田野研究，在此基础上深入分析了灾害治理脆弱性形成的社会根源。再次，本书对深圳、天津、重庆等地的新型灾害进行了实时跟踪研究，收集了大量有代表性、能真实反映现状的数据资料。最后，本书对不同区域典型事件的处理策略、不同主体的灾害治理实践进行了简单的比较分析，在此基础上深入分析了灾害治理社会脆弱性形成的社会根源，并探讨了可能的应对之策。

一、研究方法

本书以文献研究、问卷调查和田野调查为基础，采取定性和定量相结合的方法，除了从面上对总体的社会风险意识及行为现状、影响因素进行了考察外，更重要的是对典型区域内不同灾害治理主体的灾害治理实践进行了深入细致的田野研究，以探讨我国现有灾害治理社会脆弱性形成的影响因素及根源。其中，个案研究重点使用了文献法、问卷法、访谈法和观察法；同时，基于主成分分析和 GIS 技术，对 C 市灾害社会脆弱性分布进行了描述。比较研究则是在深入进行个案研究的基础上，结合不同地区对典型突发性灾害的治理情况以及不同主体的治理实践进行综合对照，从综合图景中理解灾害治理社会脆弱性的形成。本书的具体研究方法和研究技术如下。

（一）问卷法

本书选择北京、上海、武汉、广州、重庆五个城市进行了问卷调查，以了解社会大众风险意识、行为现状及影响因素。调研历时整整五年，因此实证数据有一定跨度。具体来说，2011 年 8 月—2014 年 10 月、2015 年 8 月—2016 年 8 月，课题组成员先后多次深入北京、上海、武汉、广州、重庆等地进行问卷调查。调查对象既包括一般的社会大众，也包括政府、民间机构和国际机构的工作人员。共发放问卷 3000 份，回收问卷 2940 份，问卷回收率为 98%；有效问卷 2850 份，有效率为 97%。

本书使用 SPSS 软件进行描述统计分析和推断统计分析。因变量灾害治理社会脆弱性的影响因素共涉及 3 个维度，包括 24 个题目。此次调查采取的是在不同地区进行随机抽样的方法。调查组成员皆为课题组成员、在校本科生和研究生，他们在正式调查前都接受了比较严格的培训，并进行了试调查。在访问环节，调查组成员进入调查现场前，首先将访问员进行分组，3～5 人一组，由学生干部任组长，专司带队和检查问卷质量。每一组访问员配备一名管理员，管理员的主要职责是协助访问员顺利完成入户调查工作。本书对假设的检验多使用相关系数分析法，在某些方面使用了主成分分析，数据分析软件为 SPSS11.0。

（二）个案研究法

本书选取了 C 市及其辖区下的三个不同性质的灾害治理主体进行深入的田野研究，并将三个不同主体及身处其中的服务者作为调查对象。具体来说，一是将 C 市作为典型区域对其灾害社会脆弱性进行了空间及社会分布分析；二是选择 C 市政府机构、民间机构和国际机构三个不同灾害治理主体，对其内部不同层次的管理人员、服务人员进行了访谈，并对机构日常运行及灾害治理实践进行了实地观察，试图分析现有灾害治理的社会脆弱性表现、形成和应对之策。

1. 田野选点

首先，本书选择 C 市作为典型调查区域。灾害治理的社会脆弱性体现的是人类及其社会结构的薄弱环节，所以人们可以将社会系统组成的不利条件作为切入点。C 市是一个社会和经济发展相对落后的地区，与此同时，它也是一个社会承受力相对较弱的地区，灾害发生频繁且损失较为严重。

本书以 C 市作为典型区域进行区域层面的灾害治理社会脆弱性的描述性研究：一是以问卷法为基础，呈现 C 市的灾害治理结果，即灾害社会脆弱性的总体表现；二是以 C 市官方统计数据为基础，基于主成分分析和 GIS 技术对该区域灾害的空间与社会分布进行呈现。

此外，本书选择 C 市三个不同类型的主体，对其灾害治理实践进行深入的个案研究。本书选择了 C 市介入灾害治理的政府机构（C 机构）、民间机构（B 机构）、国际机构（L 机构）作为田野点，对现有灾害治理中存在的社会脆弱性的表现、形成进行了考察。这一选择是基于理论和实践两个维度的综合考量。一是从理论上讲，灾害治理主体的选择要代表不同的价值和社会位置。从国家与社会范式角度看，政府机构、民间机构、国际机构这三个不同主体的选择事实上暗合了全球视角下国家与社会的关系图景，体现了不同灾害治理主体在国家与社会互动格局中的不同位置和性质。二是从真实存在的实践维度考察，当下我国灾害治理的整体格局是多主体互动演绎而成的。在 C 市，多主体共同参与灾害治理也渐成事实，因此，本书基于当前灾害治理的实际场景，在田野研究设计上选择将不同性质的灾害治理主体——政府机构、民间机构和国际机构——纳入田野考察的框架中来，试图从多主体角度探讨灾害治理社会脆弱性的表现及其形成机制，并探讨合宜的理论及实践体系，无疑是真正的实践取向。同时，本书以 C

机构、B 机构和 L 机构为个案进行深入的田野考察，并进行不同个案的比较研究。

2. 资料收集方法

个案研究分两个层面：C 市层面的总体灾害社会脆弱性主要基于问卷法和文献法；田野研究则主要采用访谈法和观察法，辅以文献法和问卷调查法，对 C 机构、B 机构和 L 机构的三个不同治理主体的灾害治理实践进行深入考察。

第一，文献法。文献法主要用于对官方文本进行系统分析。一是对国家灾害治理的相关政策法规进行梳理；二是对典型区域灾害治理的不同主体内部文本进行分析。由此，不同主体内部相关的灾害治理理念与策略以及与之相关的灾害治理范式可以得到较好的挖掘和展示。

第二，问卷调查法。针对 C 市 38 个区县的大众和三个不同机构中的服务者进行风险意识、行为等调查。

第三，访谈法。访谈法是最具个人性的一种。它以个人亲述的生活和经验为主，重视从个人的角度来体现对灾害治理的理念和策略的认知。在田野研究中，研究者对灾害治理实施者和受众进行访谈（表 3-4），让他们成为叙述和言说的主体，通过他们的描述来分析现有灾害治理实践背后的理念。一是不同灾害治理主体中的管理者和服务者，通过他们了解机构服务策略背后的理念。二是 C 市大众对现有灾害治理及其效果的感受和态度。总体来讲，本书涉及的访谈对象总数在 40 人左右。

表 3-4　主要访谈对象概况表

资料编码	被访者代码（访谈次数）	岗位职级/类型	服务年限	性别	访谈年份
C01	LSW（2）	处级干部	4 年	男	2015、2016
C02	LWT（3）	处级干部	10 年	男	2008、2013、2016
C03	CQH（3）	处级干部	11 年	男	2010、2015、2016
C04	LWX（1）	科室负责人	5 年	男	2012、2015、2016
C05	XZL（2）	科室负责人	7 年	女	2010、2016
C06	CXC（3）	科室负责人	8 年	女	2010、2015、2016
C07	KJH（2）	科室负责人	10 年	女	2006、2015
C08	BY（3）	主任科员	5 年	男	2012、2015、2016

续表

资料编码	被访者代码 （访谈次数）	岗位职级/类型	服务年限	性别	访谈年份
C09	BSY（3）	主任科员	11 年	女	2006、2013、2016
C10	CM（1）	普通工作人员	5 年	女	2016
C11	CC（2）	普通工作人员	3 年	女	2015、2016
C12	LYS（2）	普通工作人员	4 年	男	2013、2016
C13	LYH（1）	普通工作人员	7 年	女	2015
C14	ZHC（1）	普通工作人员	8 年	女	2016
B01	MYL（2）	理事会成员或总干事	8 年	男	2009、2010
B02	QYS（2）	理事会成员或总干事	8 年	男	2009、2010、2015、2016
B03	HM（3）	理事会成员	8 年	男	2009、2010、2015
B04	BXW（2）	理事会成员	8 年	男	2016
B05	LXM（3）	总监等高层	7 年	男	2010、2015、2016
B06	BL（3）	总监等高层	7 年	女	2009、2014、2016
B07	PXY（3）	总监等高层	7 年	男	2009、2015、2016
B08	LW（3）	总监等高层	7 年	女	2009、2015、2016
B09	ZYW（3）	中层及项目负责人	7 年	女	2009、2014、2016
B10	HLC（2）	中层及项目负责人	8 年	女	2015、2016
B11	LB（1）	普通员工	6 年	男	2016
B12	LY（2）	普通员工	7 年	男	2009、2016
B13	BA（1）	中层及项目负责人	8 年	男	2016
L01	ZXC（2）	高层领导	8 年	男	2015、2016
L02	LZX（3）	高层领导	9 年	男	2009、2015、2016
L03	CW（2）	高层领导	8 年	女	2009、2015
L04	LR（3）	项目经理	7 年	男	2009、2015、2016
L05	ZR（3）	项目经理	7 年	女	2013、2015、2016
G01	XXL（2）	受助者	—	女	2015、2016
G02	LQH（1）	受助者	—	男	2016
G03	JYW（2）	受助者	—	男	2015、2016
G04	LWL（2）	受助者	—	女	2015、2016
G05	ZXM（2）	受助者	—	男	2015、2016

第四，观察法。仅依靠访谈法很难保证研究资料的信度和效度，因而需要"听其言而观其行"，即必须使用观察法来获取有效的资料。为了全面地了解不同

灾害治理主体的治理理念及策略，研究者在不同的个案中通过对灾害治理主体的日常管理与服务的观察，与其中的管理者和服务人员相处，观察其服务及管理活动，有助于直接或间接地了解不同灾害治理主体的治理理念和策略。从时间上看，2006 年，研究者初步进入田野，开始接触相关的灾害治理区域和主体，并进行了较长时间的内部观察。2011 年 8 月，研究者重新进入田野，在进行了为期半个月的田野调查后，随之又分别在 2012 年 2—3 月、2012 年 5—9 月，2013 年 11—12 月，2015 年 5—8 月开展了为期 12 个月的田野访谈与观察。在不同的时期进入田野进行访谈与观察，是为了更全面地观察不同主体灾害治理理念、策略的变化情况。当然，观察法的持续进行有赖于研究者与之形成良好的田野关系。在调查过程中，研究者从事教师职业以来所带的前三届本科学生和在 2008 年汶川地震志愿者服务中结识的朋友服务于这些机构，他们在这些机构中多是骨干或领导者，这为研究者进行深入的实地研究提供了诸多便利。

（三）主成分分析与 GIS 技术分析

本书根据 C 市 2015 年统计资料选取农业人口比例、女性人口比例、产值密度、社会保障补助支出、卫生机构床位数密度、城镇社区服务设施率、建筑密度、人口密度、公路密度、最低生活保障人数比例 10 个指标对 C 市灾害社会脆弱性进行主成分分析，并以此为基础，以 GIS 技术为手段，对 C 市灾害社会脆弱性的空间和社会分布展开分析。

（四）比较研究法

在深入的个案研究基础上，本书依据对大量文献资料、数据的综合归纳和分析等相关方法，对灾害治理三个不同主体的灾害治理实践进行综合对照，由此展示出灾害治理的社会脆弱性及其形成，并依此探索新时期灾害治理可能的理论与实践体系。

二、研究过程与资料收集

本书的研究资料分三个阶段获取：一是 2006—2012 年经问卷调查、观察和访谈获取；二是 2009—2015 年通过社会工作坊输送学生到灾区进行灾后救助过程中经过持续深入其间的观察、访谈获得；三是 2014 年 10 月—2016 年 12 月再次进入田野进行调查、观察与访谈所得。其中，2012 年 8 月—2016 年 12 月于田野中获取的资料是本书所用资料的重点。

总体来说，研究资料涉及如下三个部分：一是问卷调查资料，对武汉、重庆、上海、广州、北京等地进行问卷调查，了解不同区域灾害治理理念及意识的差别；二是实地访谈及观察资料，主要是对典型灾害治理区域及不同灾害治理主体的灾害治理实践进行的访谈和观察资料，辅以对深圳、天津等地的新型灾害治理实践考察所得的资料；三是文献资料，主要包括官方的政策文本和统计年鉴、数据以及不同灾害治理主体在参与救灾服务过程中的会议记录、内外部刊物资料和管理文件等。

在调查阶段，一些被访者顾忌所谈内容可能影响他们在体制内的前途，或顾忌一些"不足为外人道"的问题，往往欲言又止。因此，研究者与被访者信任关系的建立是基于研究者与之不断的沟通和交流，以期尽量让被访者更放松地表达自己内心深处最为真实的想法。尤其是对灾害治理理念及策略的深入探索，不仅仅是通过短期观察和访谈就能获得的，它依赖于对内部管理层和执行层的日常管理活动以及一线服务人员的服务过程的较长时间的追踪观察和审视。

第四章

灾害治理社会脆弱性的集中表现

　　灾害治理的目标是维护公共安全及公共利益，核心在于服务最广大的公众，因而灾害治理研究不可避免地指向治理的公共性理念和实践。同时，公共性作为灾害治理的价值理想，在多主体治理格局下，必然需要有与之相适应的治理机制才能实现其治理预期。因此，灾害治理内在性地包含着治理价值的公共性和治理结果的有效性两个层面的指标，前者是灾害治理的价值层面，后者是灾害治理的事实层面。本书从宏观上审视灾害治理社会脆弱性时，正是基于这两类指标，试图以 C 市作为典型区域，并从 C 市内三个不同性质的灾害治理主体着手，基于细致的田野研究和 GIS 技术等，综合分析突发性灾害治理的社会脆弱性表现。本书发现，灾害治理社会脆弱性集中表现为灾害治理理念和策略偏离公共性，灾害治理在价值上呈现出技术理性倾向。本书还发现，灾害治理结果的有效性不足：一方面，它表现为灾害治理各主体能力有限，且不同主体之间难以形成有效互动和最大合力；另一方面，它表现为灾害社会脆弱性明显向社会脆弱人群和脆弱地区集中。显然，灾害治理在理念、策略上的价值偏离及其在治理结果上的有效性不足，既是灾害治理社会脆弱性的结果，反过来又冲击了人类社会及其目标价值，不断深化着灾害治理的社会脆弱性。

第一节　灾害治理偏离公共性：灾害治理各主体存在目标困境

目前我国灾害治理主体的多元化日趋明显，不同主体之间的差异性及其相互依赖性也越来越强。按理说，不同灾害治理主体之间基于治理的公共性形成多主体的合作治理应当是理所当然的事，也有利于降低灾害治理社会脆弱性。但从目前来说，灾害治理各主体在治理理念和策略上呈现出一定的工具性目标和治理的线性逻辑，因此也都表现出自身服务能力不足的问题，这使它们在灾害治理实践中都不同程度地陷入困境，不同主体难以基于自身能力优势形成真正意义上的合作治理，反而在合作中彼此消耗能量，因此，灾害治理遭遇一定程度的目标困境。

一、一举两难：政府机构陷入理性困境

相对于民间机构而言，政府机构在灾害治理领域无疑具有更高的合法性，在社会资源占有和调配上显然具有更强的优势。但目前，基于对 C 市灾害治理整体规划布局及 C 机构治理理念、策略及结果的考察，我们发现政府机构并未真正实现其灾害治理的服务预期，反而在追求标准化与秩序化的服务过程中表现出简单化思维和功利逻辑且由此引起了较为明显的避责问题，这使 C 机构的灾害治理难以较好地实现预期目标，陷入一定程度的目标困境。

（一）灾害治理逻辑简单化现象比较明显

对 C 机构的考察表明，其灾害治理逻辑的标准化和简单化现象较为严重，

具体表现为习惯于按主观意图办事，对治理主体及治理对象的复杂性和连续性考虑明显不足，破坏了灾害治理的公共性理念，因此，灾害治理的社会脆弱性表现得较为突出和明显。

1. 灾害治理主体合作关系流于形式

在对 C 机构的考察中，我们发现其灾害治理的合作性治理实践较为缺乏，与治理主体多元性相关的公共性特征体现不足。由于协作治理意识和经验相对不足，它在与其他机构的合作中有时显得比较生硬甚至有些功利，比如它通过政府购买服务的方式从民间机构购买服务，使其参与到灾害治理服务中来，但在沟通协作中常常表现得比较生硬，合作后的服务效果并不如预期的好。在 C 机构每年的年度汇报中都会出现对政府购买服务的作用的总结。截取 2015 年报告中的部分内容如下。

> 购买服务有几个明显的效果：一是政府负担减轻；二是实现了风险共担；三是服务的专业化和对外形象都有所提升；四是对那些民间机构而言，它们也获得了稳定的经济来源和发挥作用的空间，对其组织机构的健康成长也颇有助益……（C 机构 2015 年年度总结报告）

显然，C 机构试图通过政府购买服务的方式为民间机构提供服务对象和服务场所，甚至给民间机构提供资金，这使整个灾害治理结构至少在形式上看起来不再是政府单方行为，而是加入了民间机构的多元主体参与的治理，以此来加强政府机构自身"公平公开"的服务形象，同时降低自身可能遭遇或承担的风险。

> 为什么明明知道民间机构可能没有做好这些事的能力还叫它们做，而不是去购买 INGO 的服务？我们的尴尬在于，有时必须靠政府购买服务来做，要不就都是行政的办法，效果不好。跟 INGO 合作风险又太大：一是我们对外事业务不熟，二是一旦合作不成功，我们很容易陷入被动……国内很多民间机构是有你说的质量上的一些问题，但大家都在购买社会服务，至少不会出现原则性的问题。（访谈对象 LWT）

显然，C 机构购买服务的意图并非与民间机构合作进行灾害治理，吸纳社会力量参与灾害治理。在这里，C 机构试图通过政府购买服务从一些具体事务中脱身而出，在遇到问题时，相关民间机构在此情况下通常被指责为"（它）不专业，什么都做不了，以后都不会再购买它的服务了"，"也不允许这些人再到我们这（服务）"（访谈对象CQH）。

但不管怎样，C机构通过政府购买服务不仅完成了任务，也避免了行政和财务风险。这种工作逻辑在一定程度上割裂了灾害治理结构内部各主体之间的关联性，由此迭加了灾害治理的社会脆弱性。

2. 治理对象的复杂性和连续性被破坏

科层制使C机构对社会系统的关联性缺乏足够关注，主观意图通常代替了对自然与社会内在规律的遵奉。它使本应作为复杂系统存在的自然与社会，被标准化或简单化为可以度量、计算和方便管理的标准化体系，从而可能使整个社会的灾害社会脆弱性迭加。

（1）自然的复杂性被简化，多样性被破坏

在经济效益和"秩序"原则的驱动下，C市在灾害治理中较为明显地表现出将自然系统简单化的逻辑，这显然迭加了C市的灾害社会脆弱性。

第一，灾害治理中的经济效益主导原则迭加了灾害社会脆弱性。在对C机构灾害治理逻辑的考察中，研究发现，C机构并未意识到目前灾害频发很重要的一个原因在于自然系统被人为处理为简单系统。例如，很多没有商业价值的花草树木都被人为剔除（访谈对象LSW）。同时，他们也承认，C市森林系统规划与很多其他地区极为类似，基于隐性或显性的商业逻辑，考虑到木材能带来更高的财政收入，因此出现了所谓的"财政森林"（访谈对象LSW），自然系统本身应有的多样性和复杂性被破坏，其发生灾害的可能性增加。这种基于经济效益原则不断被简单化的自然资源管理逻辑，加大了C市灾害发生的可能性。

第二，基于"秩序"原则，管理者依据标准化规则行事。为了管理的方便，依据一定的"科学"原则和未经反思的技术管理标准，自然被处理为标准化的、"有秩序"的空间。例如，前面说到的森林，为了管理方便，很多森林被按照树种、树龄等某种"科学"、理性的标准成排成列地种植，这样既方便进行技术监测，也方便日常"科学""有效率"地除草、施肥，甚至是计数、砍伐；再如，在城市化推进的过程中，基于所谓的现代化要求，大量生物被有意或无意地剔除、掩埋，这一未经反思的简单化治理逻辑甚至演化为一种强大的审美逻辑，它虽创造了一个人工的自然空间，却僭越了自然的内在逻辑。在这里，经济的逻辑和科层制的逻辑达成一致。自然被想当然地简单化了，取而代之的自然成为一个可以被有效率地管理、具有较高经济效益的经济资源集合体。

这种简单化的对待自然的方式甚至演变为一种制度逻辑，相关的管理者甚至无需经过专门训练，只需按照技术理性主导下的标准化规则按部就班地完成每一步程序即可。当它被广泛地应用到"自然"管理中时，自然不免被"资源化"，各种严重的后果以各种不同方式呈现出来。近年来众多的森林火灾，看起来是天灾，事实上都和这种盲目的森林树种单一化和管理标准化有关。单一树种森林的确比混合森林更容易受到病虫害和天气等的不利影响，尤其是"财政森林"多为火灾多发林。事实上，所有单一树种构成的森林都有一个典型的缺点，那就是自然植物相互联合的生态平衡被打破了。当在自然生长地之外被种植在单一树种森林中时，树的物理状态也会被破坏，抗拒天敌的能力也随之降低。

（2）社会空间的复杂性和连续性被破坏

首先，城市规划和管理相对过于重视效率标准，城市社会空间的复杂性被忽视。和众多现代城市一样，C市在城市管理规划下，房屋与建筑如同技术产品一样被排列起来，建筑内密布着各种人类生活所需的、高风险的水电气管道，在公众风险意识不足的情况下，可能会引起波及甚广的火灾甚至爆炸。与此相关，调查组对C市的调查表明，包括C机构在内，明确的技术风险意识及相关的教育规划和行动都未能形成。表现在普通大众层面，91.2%的被调查者表示，他们知道自己居住的建筑或社区由于水电气管道等的密集可能面临极大的风险，但又有87.9%的被调查者表示自己的确存有一定的侥幸心理，认为自己不可能那么倒霉，会真的亲历那些恶性的火灾、爆炸事件。但事实是，灾害发生后，C市住宅区内的火灾引发的伤亡比预期严重。2016年，C市WL区火灾之所以导致60栋建筑被烧毁，120名居民受伤，主要原因就在于该地住房为密集排列的连片木质建筑，以至于"火烧连营"，很多自以为可以"置身事外"的人发现，现代灾害影响的连锁效应之强远远超出了他们的预料。当然，在此之前，C机构为了市容的整洁美观，专门安排人在这一区的住房外墙刷漆，而这些油漆后来在事件调查中被发现为易燃物质。2017年7月20日，临近的PS区因有一家住户外出旅游，家中电器突然爆炸，加上家中的装饰多为化纤等易燃物质，该区的住房建筑又十分密集，火势很快扩张，甚至引发局部天然气爆炸，死亡人数迅速攀升至

22 人，受伤 5 人（访谈对象 XZL）。同时，社区居民因缺乏起码的消防意识，有时不顾社区管理规定，将私家车私自停放在小区道路两边甚至是小区入口处，延误了消防车及时进入火灾、爆炸现场，加剧了火灾损失。事实上，除了建筑之外，城市的地面铺装也日益被水泥、钢筋取代，自然的排水系统被改变，但又没有妥善地形成新的水循环系统，人们也未形成与此相适应的灾害防范意识，遇水成涝乃至成灾的现象十分多见。

其次，农村管理忽视了农村与城市在功能和属性上的差异，以一种简单的逻辑，用管理城市的城市化、现代化、工业化的技术理性标准来"改造"农村。一是农村田地间的坎道、乡间道路硬化普遍。调查显示，农村道路硬化在很大程度上已经成为一项政绩工程，各乡镇会基于政府招标或集体集资完成农田坎道及乡间道路硬化的指标性任务，甚至很多养鱼户比较集中的乡镇，辖区内的鱼塘也基本实现了硬化。显然，这在很大程度上改变了农村原有的自然肌理，农村的水涝、旱灾比以往更为多见和严重。二是农村村民在农作物种植过程中过度使用化肥、农药等化学制剂，污染相对严重。三是水电气等生活设备基本上如城市一般实现了现代化，但风险意识滞后与现代技术成果的普遍集中应用之间的巨大反差，无疑加大了各种潜在的技术风险转变为现实灾害的可能性。

最后，城乡二元体系在灾害治理中进一步被区别对待，它破坏了社会空间的连续性和整体性，加剧了灾害社会脆弱性。①灾害治理资源分布在量上存在差异。根据 C 机构《防灾基础设施建设和防灾教育活动规划统计表》，2011—2016 年，72.3% 的基础建设投入都集中在城市和相对发达地区，农村和相对落后地区的投入则相对不足（访谈对象 XZL）。这一点在后文对各区域灾害社会脆弱性的主成分分析中体现得十分充分。与之相对的是，在 C 机构的管理规划和会议记录中，防灾教育活动这一概念几乎成为"城市防灾教育活动"的代称。我们在访谈中也发现，机构相关活动的负责人在被问及"防灾教育活动状况"时，指涉的活动范围都是在城区（访谈对象 XZL），他们的农村防灾教育意识显然不够。根据 C 机构日常规划记录，其防灾教育活动在城市中表现为常规活动，通常每年两次，都会通过请专人进入社区或各个工作单位的方式进行，其中火灾预防教育活动是最为稳定和常规的教育活动，基本上每半年都有 1～2 次；但针对农村的防灾教育活动则显得极为随意，在多次问及是否有农村防灾教育活动时，被访者的回答通常是，"现在风险教育下乡还是很多的"（访谈对象 XZL）。②灾害治理资源分配呈现出结构性不均衡。这里的结构是指组成整体的各部分之间的搭配和排列。从 C 市来看，其灾害治理资源分配显现出结构不均衡，即 C 市灾害治理各种资源在农村的组合搭配显得单一，防灾基础设施和社会公共服务建设也相对滞后。农村教育资源的缺失和防灾基础设施的不足使城乡分别被人为划分为信息的拥有者与缺失者，这使城乡在灾害应对及恢复能力上差异极大。通常农村只有一些相对富裕的群体才有能力负担灾害的损失，而那些贫困群体常常因为缺乏起码的经济实力和认知力，难以应对可能或已经成为现实的风险，成为灾害损失的主要承担者。灾害治理资源分布的这种二元分化的结构化不均衡显然进一步弱化了弱势群体及社会脆弱性区域的灾害应对力，因此，C 市灾害社会脆弱性问题变得较为明显。

3. 灾害信息处理呈现格式化和简单化倾向

信息是管理决策者进行合宜治理的基础。如果没有充分有效的数据与信息，决策者就无法真正在决策中兼顾到灾害治理的公平、有效，甚至容易出错。在今天这样一个信息爆炸的时代，灾害与风险的信息依然不像普通的经济与社会数据那样容易获取，它远比一般的社会经济数据难以理解，关于风险与灾害的高质量信息不仅稀缺，而且获取合适的信息也十分困难，代价也很大。同时，对于程式化较强的结构化决策与非程式化的非结构化决策，灾害信息的需求也并不一致。目前，我国灾害信息系统搜集、输入主要仍是以"3S"技术为基础，即以 GIS 为核心，以遥感（remote sensing，RS）、全球定位系统（global positioning system，GPS）为外围技术发展、成熟并应用于电子全站仪（electronic total station，ETS）中。在灾害治理过程中，地方政府对这些建成的技术信息系统的依赖性都很高。国家虽然不断加强对灾害信息处理反映环境变化趋势和人类应对环境变化脆弱性的相关要求，并试图建立一个可供决策者使用的知识库，以决策者比较容易理解的数据形式提供复杂数据与信息，但显然，在这些信息技术被使用的过程中，信息内容和结构出现格式化、简单化倾向，使灾害信息系统内在的整体性和系统性受到破坏，灾害治理的公共性目标达成受到影响。

（1）灾害信息搜集呈现简单化、格式化倾向

目前，在我国灾害监测及预警基础设施建设不断完善的基础上，C 市也基本建成了相对完善的灾害信息搜集系统。这些预警设施实时地提供了灾害预测信

息，为防灾、减灾决策提供了重要的依据。但与这种信息预警基础设施不断完善和信息技术水平迅速提升相关的是，目前信息处理系统呈现简单化和格式化倾向。

首先，灾害信息搜集过程注重官方感兴趣的格式化的事实的搜集。这种格式化的信息处理方式使灾情信息表现为不同程度的不准确、缺失，不利于反映信息的全貌，信息的系统性和整体性被破坏，因此，灾害决策可能出现失误。当然，这种简单化的、格式化的信息搜集倾向也存在于社会参与的信息搜集过程中。目前，我国和世界各国一样，也多采用除立法机关代表制以外的民意调查制度、信息公开制度、听证制度和公民请愿、投票方式等来实现灾害决策信息的科学化和民主化，但总体来说，社会参与的渠道还比较狭窄，很多参与方式的持续性不足，更多地表现为参与的随意性、偶然性和非连续性，这一渠道的信息采集和处理也更偏向结构化或程式化的方式。这在很大程度上导致了信息的整体性和系统性被各种功利化的逻辑所破坏，难以真正服务于灾害治理决策。

其次，信息搜集系统的专业化现象明显，综合预警能力有待提高。按照不同灾情设置，目前我国的灾害信息系统包括水文和洪水监测预警预报系统、地下水监测系统、水资源管理系统、水文资源数据系统和地震监测预报体系等灾害信息的实时监测系统，忽视了灾情形成的综合性因素。

最后，灾害信息基础设施的覆盖不均衡，会导致灾害信息难以有效传达。目前，灾害信息基础设施建设覆盖不均，这导致农村和其他相对落后地区及区内相关人群很难进入灾害信息系统覆盖范围内，灾情信息要么难以达到，要么容易延报，这些都可能使这些地区遭遇更为严重的损失和伤亡。

（2）信息传播的简单化、标准化影响灾害信息的可靠性

与灾害预测基础设施不断完善同时发生的是，C市也形成了包括广播、电视、报纸、手机、网络等覆盖城乡社区的比较完整的灾害信息发布平台。与此相关的信息传播除了会影响灾害决策外，也会影响整个社会系统能否基于灾害预警做出积极的反应和行动。

在信息传播过程中，信息来源的可信性、信息内容和覆盖区域的完整性等都会影响信息传播的准确性和有效性。具体来说，这些要求体现为五点：①信息披露主体要多元化。为确保信息披露的公正性和可靠性，信息披露主体应该多元化，既应包括政府机构、民间机构，还应包括受益者和第三方。例如，救灾款项

的使用信息披露主体就应该包括救灾款项的管理者、使用者和监管者等。而且，他们披露信息内容的侧重点显然会有不同，使用者负责对捐赠款物使用信息的披露，监管者和管理者负责对救灾捐赠监管和管理信息的披露。②信息披露内容的完整性。灾害治理的制度及执行、灾情应对及相关状况、灾害治理主体的财政及活动计划的披露都是灾害治理过程中的重要披露内容，对于完善灾害治理制度和体系有很重要的促进作用。③信息披露时间的及时性。信息的发布和更新必须及时。这一方面有利于决策者接受社会监督，另一方面，信息的需求者可以在有需要时及时有效地获取信息。④信息披露渠道的多样性。一方面，要通过多种途径对外公开灾情、相关制度及执行情况，如通过监管部门、中介机构、媒体等；另一方面，在技术手段方面，应该充分利用现代信息技术，将网络、纸质媒体、电视、广播等多种传播方式结合，尤其要注重传播过程中的理性表达和感性表达的结合，兼顾不同受众的实际接受能力和接收信息的习惯。⑤根据信息传播内容，确定信息传播方式和方法。依此，就现有情形来看，C市灾害信息传播过程中的简单化和标准化思维也较为严重。

首先，灾害信息传播过程忽视信息及其传播的复杂性，传播对象及传播方式呈现简单化思维。现有灾害信息传播者往往没有考虑到灾害信息发布后并不能必然有效到达广大民众中去这一事实，一厢情愿地认为信息传播出去了，就算是传递到了，因此未能对信息传播方式的有效性和针对性进行仔细考量（访谈对象LWX）。

其次，灾害信息报道呈现标准化倾向，灾害信息传播的整体性受到影响。长期的行业习惯导致现有灾害信息报道形成一种约定俗成的标准化口径：①比较强调正面报道，对灾害损失、危害以及捐赠物资和资金使用情况的报道不足。这种信息传递中的偏向性不利于公众获取灾害信息的全貌，不利于灾害救援物资的有效聚集，更不利于灾害决策和社会动员。②对不同类型的灾害，有时会根据人为责任的大小选择报道内容和力度。由于涉及问责问题，媒体有时对有关细节不报道或者少报道；反之，由于自然灾害更多地被视为与人无涉，涉及的社会问题相对简单，自然灾害发生以后，通常新闻媒体的报道更为集中。这种信息报道过程中产生的不确定性和碎片化的不完整信息，往往会以极快的速度通过人们口耳相传的人际互动方式被不断地进行信息加工，从而导致信息失真，形成谣言。奥尔波特与波斯特曼就直言，"谣言会在新闻缺乏时滋长"（Allport，Postman，

1947）。谣言根植于人们认知的有限性和内心恐惧感，尽管传播谣言是为了避免恐惧，但灾害中的谣言是一种反系统信任的破坏力量。人际传播中失真的信息显然不断深化了灾害过程中谣言的传播和扩张，它使人容易陷入集体性的恐惧中并失去理性，从而诱发大规模的、非理性的集合行为；谣言甚至通过非正规途径对官方权威性信息的地位和内容提出质疑，在很大程度上瓦解了公共权力的社会整合力，灾害社会动员力受到影响，灾害治理面临社会资源供给不足的问题，严重的社会恐慌甚至会使整个社会陷入混乱之中。

最后，灾害信息传播机制还有待完善。灾害中，无论信息特性和传播渠道如何，人们都会根据这些信息做出反应，这是人类规避风险实现安全预期的本能反应。但是信息传播主体单一化的传播机制会使信息传播缺乏监督，影响信息传播的准确性和完整性，难以在社会上形成较强的抗灾救灾的共同体意识和共同行动，最终影响灾害治理的效力。目前来说，C市灾害信息传播多以官方媒体为主，包括电视、报纸等。随着网络社会的发展，虽然很多个体或组织开始通过网络自媒体迅速传递灾害现场信息，这在一定程度上丰富了C市灾害信息传播渠道，但毕竟网络传播并未成为主流，灾害信息传播主体仍然相对单一，由此对灾害的决策和管理也难以真正实现有效监督。以救灾捐赠信息为例，救灾过程中，C机构一面充当捐赠接受者，另一面又扮演救灾资金和物资的募集及使用者的角色，同时还是相关信息的提供者甚至发布者，这使相关信息的传递有效性和信用度都不足。例如，物资的接受和使用两个方面的信息是任何机构披露灾害信息的重点，但现有相关灾害信息披露过程中，媒体从业人员受知识结构、专业素养等因素的影响，在报道内容上比较关注灾害救助中的捐赠信息，对捐赠物资和资金使用的信息报道不充分，尤其是对资金使用效率和效果的报道不足。这在一定程度上影响了信息的完整性，也在一定程度上使信息传播的公开性受到制约。虽然我国目前已经形成了一系列信息披露的相关规定，如《基金会信息公布办法》等，但这些规定往往更注重强调信息披露的重要性和披露的原则性内容及方式，并没有明确信息披露的具体内容、时间、监督部门等，由此相关信息披露的完整性相对不足，一个完整的灾害信息公开机制的形成依旧任重而道远。

（二）政府机构的层级制特征降低了灾害治理水平

科层制使政府机构发展服务性活动的精力和资源投入不足。也正因为如此，在政府机构中，管理者对专家系统人员素质和现有灾害治理的问题缺乏系统深入的了解，对有效地提升救灾水平产生一定影响。在对 C 市灾害治理理念及策略考察的过程中，研究发现，C 市政府机构在灾害治理中存在一定程度的避责现象，这导致了灾害治理的目标困境。

1. 突发性灾害的区域性和科层制的层级制特征共塑了避责现象

突发性灾害的发生及其影响具有明显的区域性特点，这决定了科层制体制在应对灾害时往往会更多地依托地方政府来实施具体的应急任务。但是，和国内其他众多省（自治区、直辖市）一样，C 市政府机构在灾害应对中面临着严格的科层制的层级限制。例如，根据《中华人民共和国突发事件应对法》，各级的应急管理决策权实际上是遵循"更高级别的人民政府"的领导，最高级别当然是国务院；同时规定，当突发事件发生地政府对事件可能引发的严重危害不能有效控制时，应当及时向上级人民政府汇报，并在其领导下对事件进行处置。这种层层上报并向上级领导机构负责的层级制灾害管理体制以现代科层制为基础，设置了从中央到地方的层级制管理，实际上造成了多层级政府机构参与管理，但权限界定模糊、责任承担难以明确的灾害治理体制运行特点。

一旦发生重大突发性灾害且处理不力时，一方面，各个层级都很难抓住问题根源，也容易出现问责不明的现象；另一方面，C 市作为市级的政府机构，由于需要奉行"向上负责"的处事风格，在灾害治理过程中"照章办事"，更多遵循"风险最小化"原则。贝克所说的"有组织的不负责任"在这里发生作用，有针对性的灾害治理策略难以快速形成。被访者表示，很多时候他们很难在第一时间按照灾害发生的实际情况处理问题，很多时间都被耗费在了汇报、理解并回应上级精神上（访谈对象 LWT），难以真正及时、有针对性地对突发性灾害做出有效应对。

事实上，仅就救灾资源而言，政府机构在对其管理、拨付过程中就遵循着多层级拨付的模式，民政部—民政厅—地/市民政局逐层委托代理，层次较多，这使灾害资源监管成本极高，救灾物资的安全等级反而因此降低。加上中央与地方之间、地方与基层之间的信息不对称，权责分离的多层委托关系，国家的专项资金在下拨的过程中有时出现资金利用不当等问题。这种现象暴露了科层制在灾害治理上的不足。显然，这种基于科层制的层层责任制的设置直接导致了确认灾害治理责任的困难，由此形成的组织化的避责效应遮蔽了灾害治理的根本性服务目标，使突发性灾害的地方性特征难以被真正有针对性地有效对待。显然，政府机构在组织上的层级制特性导致其面临灾害治理的目标困境。

2. 政府机构服务目标受科层制逻辑影响

（1）部门利益影响了服务目标实现

目前，对于政府机构在救灾过程中的一些服务内容和程序，缺少有效监督，出现了一些慈善负面效应。尤其是其中涉及众多的资源募集、调配和使用工作，由于处理不善或程序公开性不足等多种原因，在信用度上受到质疑；同时，政府体系中的层级权力、部门利益和经验成为政策运行的重要动力（王思斌，2006）。为了避免不必要的误会和矛盾，政府机构常以权宜之计来开展救灾服务。这种权宜之计使相关的管理者和工作人员工作的主动积极性受到一定程度的限制，最终可能影响机构灾害治理预期目标的达成。

> 目前外界对我们主动积极地介入那些社会组织的灾害治理有偏见，很多时候，我们得保证工作的安全性，必须要对它们做一些政策性的指导和规范，要不然很容易出问题，不过实际的结果是很多人觉得我们好像在捣乱。要想相安无事，那我们最好就是围绕向上负责的汇报机制设计工作内容、开展工作，至于其他的，能做就多做点儿，不能做也没人能说什么。（访谈对象 LSW）

显然，为了避免不必要的麻烦，C 机构在日常服务过程中会采取一些权宜之策。

（2）服务目标被个体利益僭越

第一，服务目标被个体晋升目标僭越。C 机构基于长期的行政化管理模式，身处其中的员工对自身利益的最大化追求倾向长期在机构日常运行中发挥作用。更重要的是，按规定，C 机构内部员工工作达到一定年限，即可参与全市公务员系统的内部竞岗。由于这种体制内的激励机制较少将服务能力和质量作为考核指标，而是更注重行政能力的考量，这在无意间使一些被科层制逻辑误导的个体容易将服务边缘化，甚至将其当作行政晋升的跳板。调查显示，其中 80.1% 的人对社会服务表示并无真正的兴趣，他们觉得自己是管理人员而非服务人员，他们更期待的是通过内部竞岗来实现轮岗，以实现到 C 市其他"有作为"的部门去做"有用的事情"，在体制内获得晋升和提拔。

> 我明年就可以轮岗，我还是想走，这里没有什么意思，也不适合我，我还是想做些实际的事，去一些务实的部门。（访谈对象 KJH）

显然，科层制逻辑有意或无意地影响了 C 机构核心的社会服务目标逻辑。虽然有很多被调查者并不一定完全宣之于口，但在调查中显示出的 80.1%的员工将自己的工作角色定位为管理人员而非服务人员的数据还是将其职业期许表现出来。在对"工作内容和工作岗位"的选择中，79.2%的被调查者也表示更倾向于将"有用性"作为选择准则。他们坦言，"我们更愿意对别人说，我们将来可能在这个体系里面发展得怎么样，个人发展肯定比你说的自己做了多少服务更有吸引力……灾害服务目标就更抽象了，一是真没什么人注意这些，人家也不感兴趣；二是你就是跟别人说，也说不清楚你到底做了什么事，好像怎么说都显得过于高大上，根本不接地气，也说不清楚"（访谈对象 KJH）。

第二，政府机构问责的泛化导致灾害治理目标容易被个体自身利益僭越。一方面，灾害治理政治责任的抽象化导致机构救灾服务的形式重于内容和目标。灾害治理本身既关乎人的生死存亡，也是事关国家安全与稳定的事业，因此，这一工作的政治责任也被一再强调并被一再提升。但也正因为灾害治理工作足够重要，它作为一种政治责任也显得较为抽象，其预期性和明确性也明显不足，这就难免导致机构问责的泛化。受此影响，C 机构一般不会主动积极地做"额外"的服务，其工作人员也多遵从"照章办事"原则，以确保服务的安全预期。

> 救灾这个事（工作），说真的，很重要，说大了关系到党和政府的形象，说小了也关系到个人前途，（我）有几点认识和体会。首先来说，我们这块工作做的是人的工作，救灾毕竟是人命关天的事。稍有不慎，就容易出大问题，捅大娄子，轻则损害机构形象，重则不利于政府形象。我们尽量将工作内容和程序标准化，这样比较好操作，也比较好评估，而且这种标准化也是我们参照其他地区同类机构做的，还是有一定的安全性的……只有这样不怕麻烦，我们才可能避免麻烦；怕麻烦倒有可能招致更大的麻烦。从现在的情况来说，我们工作的标准化做到了操作流程的具体化，执行得严丝合

缝，这在很大程度上保障了大家无后顾之忧，可以放心去做事。（访谈对象
LWT）

另一方面，严格的行政问责会引发机构员工的避责、退缩行为。与此同时，
按照公务员的管理机制，C 机构按照严格的现代科层制的体制设置严格的问责机
制，一旦出现比较严重的事故，其都能依据各种责任设置——归结到机构中负责
相关服务的个人身上，尽管极有可能责任并不在这个人身上。这种严厉又可能出
现偏差的问责与追责机制往往又与个体的实际收入乃至晋升密切相关。C 机构内
部工作人员因此会为"自身安全"计，做"无风险"的事。而发生在其身边的个
体因此而遭遇严厉惩罚的实例则进一步使其退缩到"安全"界限内，使其不主动
去做可能有风险的事。这基本上造成了国家责任流程和站内服务规程上明确指涉
的关键环节，他们就做，而在此之外的事可能被忽略。当然，同时也是由于机构
内员工皆为公务员编制，机构基本上按照公务员的管理机制设置严格的责任指
标，这种严厉的问责制在 C 机构内催生了避责性的自我保护机制，机构自身有
时对一些灾害救治工作反应过度，造成不必要的重复工作和浪费，做出一些追求
安全与秩序的形式化流程工作。整个灾害救援工作程序的设计消耗了机构员工大
量的时间和精力，阻碍了他们把更多的时间投入到服务质量的提升上，使他们把
大量的时间花在了涉及风险规避的申请和表格的填写、签字上，在手续完备上花
的时间有时超过了在服务上花的时间（访谈对象 BY）。而机构内部一旦出现突
发事件，严格的追责和与之相关的连锁效应也极为强烈。

> （机构内部）开会时（领导）也明确表示，大家要"照章办事"，换句
> 话说，只有我们严格按照规章来办事，才有证据表明我们（在程序上）没有
> 过失，出了问题也不至于引起不必要的纠纷和误会。（访谈对象 CM）

为了实现安全预期，每个部门在工作中几乎都不会主动涉及"额外"的内
容。所谓的"额外"，自然是指没有明文规定需要去做的事，如果做了，会被
"另眼相看"（访谈对象 CC）。

这种组织化避责机制的不断强化了 C 机构内部员工强烈的避责倾向和退缩
行为。即使有相关的规定要求必须加强救灾服务本身，内部员工依照避责惯性，
通常还是会依据相关法律法规赋予的自由裁量权对救护对象和救护行为采取有利

于自己的不作为、推卸责任的行动。在这种情况下，政府机构投入灾害治理的精力受到极大限制，也影响了灾害治理能力的提升。

二、艰难图存：民间机构在情怀与实用间左右维艰

民间机构作为灾害治理的重要主体之一，它的出现不是上帝造人的偶然，而是历史潮流行进的必然结果。在我国，它代表着一种深植本土文化的社会互助型灾害治理理念及实践。正是"生于斯长于斯"的价值优势使我国民间机构深受本土文化影响，它经常和奉献、牺牲、爱心、互助等词汇联系在一起，体现出极强的中国传统救灾理念导向。同时，民间机构也是社会权力的核心力量（郭道晖，2009）。但在其发展过程中，面对多种救灾理念的冲突和更为复杂的社会环境，民间机构在当前救灾中表现出一定的实用主义倾向。在这种背景下，民间机构有时基于生存逻辑而对其服务性的社会逻辑重视不足，其灾害治理因此也难免陷入困境。

（一）理念冲突下，民间机构服务目标降到次要位置

20 世纪 80 年代以来，随着我国经济体制和市场体制改革的深入，社会财富和资源不再完全集中于国家；加上民间机构在用人选人上具有一定的自主性，其社会服务活动的灵活性更大，社会空间也更为宽松。但这也使其在开展救灾服务的过程中，在面对全球社会存在的多元救灾理念时有了更多的"自由"。国内外多种不同灾害治理理念在其间碰撞，民间机构为了求得自身的生存和发展，通常在家国情怀和实用主义之间基于生存逻辑权宜行事。对 B 机构的调查表明，这种权宜行事之计是试图获得各种资源支持，但各种资源的背后其实都有相关理念的干扰和支持，因此这种权宜与博弈也导致了民间机构在救灾实践中面临各种价值冲突，基于生存逻辑的驱动，对救灾理念的选择和遵循更多的不是从服务目标出发，而是基于生存目标采取行动，这使其救灾结果具有极大的不确定性。

第一，B 机构在多种灾害治理理念间基于实用逻辑求取自身的生存与发展，但这种实用逻辑又不免使民间机构的服务目标降到相对次要的位置。在中国传统救灾理念与西方现代多种救灾理念之间，B 机构为了获取更多的政治空间和社会

资源，对以国家制度表现出来的救灾理念表现出趋从；基于机构的专业化发展，它又对以专业社会工作为载体传播而来的西方"助人自助"的救灾理念表现出极强的兴趣；基于扎根民间的价值归属，推己及人的家国情怀的救灾理念也在 B 机构中具有较强的内在张力。例如，B 机构创始人 M 先生、S 先生和 G 先生在很大程度上受到中国古代知识分子经世济民的士大夫情怀的影响，表现出强烈的家国使命感和责任感。其中 M 先生长期以来一直致力于社会服务工作，2008 年，68 岁的他退休后决定重新走向服务一线，筹建并正式注册 B 机构。多年来，基于"以人为本，服务社群"的理念，他与伙伴 S 先生和 G 先生秉持造福一方的使命感和责任感，一直孜孜以求地致力于灾害救援服务。当问及为何退休后还要重返服务一线时，他说在中国的社会工作还处于蹒跚起步时参与进来，他觉得激动而兴奋，"我希望在中国的社会工作还羽翼未丰时，我们能敢为人先，为其在中国的发展壮大摇旗呐喊"（访谈对象 MYL）。正是秉持这一情怀，他一再强调，许多年轻人在一线工作时会发现原来书本上学的东西不够用，这个时候，就需要实务经验比较丰富的人来指导他们（访谈对象 MYL）。他认为，当时他就是那个经验丰富的"先行者"，因此他不顾年高，不仅承担理事长一职，而且担任研究员和机构督导，积 20 多年从业经验，反复总结、思考与实践灾害治理的多种理念。但这多种救灾理念在 B 机构救灾实践中并未形成统一连贯的救灾理念体系，它们事实上彼此冲突，这使 B 机构作为民间机构应有的公益价值和救灾服务使命降到了次要位置。更为严重的问题在于，基于这种趋利避害的实用主义逻辑，B 机构还会出现一些未能完全依照规范行事的权宜行为。例如，国家法律法规和各类组织章程对民间机构的管理费用都有相关的规定。《基金会管理条例》就要求，"基金会工作人员工资福利和行政办公支出不得超过当年总支出的 10%"。但在安全逻辑下，民间机构往往不敢提取任何管理费用，结果是机构很多社会服务的成本费用都难以报销，最后只好挂账或指望政府买单（访谈对象 QYS）。

第二，由于各种救灾理念彼此之间存在固有的冲突，民间机构在救灾实践中因多种需求在多种不同救灾理念中难以融合并达成共识，难免陷入观念冲突之中，因此在应用规则时，其难以找到灵活性与一致性之间的恰当平衡，这对实现救灾预期目标显然是具有挑战性的。表面上看起来，观念的一致性可以通过制度化的国家理念来协调，尤其是通过国家权力体现出来的政策、法规来协调，观念的一致性似乎还可以通过制定部门执行手册、执行功能集中化等对本机构人员实施检查，并促成对灾害治理主体的救灾活动实行多重审批等。事实上，在持续推进规则开放的过程中，可以发现，借助国家权力制度化的救灾理念，未必能够真正在事实中对其他多种救灾理念起到实质的统率和整合作用。因此，不同的救灾理念在现实中通常各自为政，它们都与不同利益相关者的需要紧密联系，彼此之间呈现出明显的观念冲突。观念在机构内彼此冲突对机构自身产生严重冲击，加上 B 机构又在生存逻辑的驱动下做出一些权宜行为，这导致其灾害服务理念相对模糊，其灾害治理实际效果的不确定性因此在某种程度上增大。这种不确定性使其在不同灾害治理策略之间左右为难，导致机构内耗极大，诸多救灾资源难以集中到合理的灾害治理目标上，迭加了灾害治理困境。

> 具体到项目中，我们一个团队的成员，大家的想法有很大不同，重视功利的有，重视权力的也有，强调责任的更有……很多事情大家都各有各的想法，甚至如何与受助者沟通，大家的想法都不同。我对有些事情的看法也很迷惑，有些观念根据理论来说似乎都行得通，但具体到现实中，要么相互打架，要么好像各有成效，我当时不明白，现在也不明白，没弄清楚，在这一点上，大家其实都没有什么实质性的沟通，（因为）都没想明白，也都不太能说得清楚。（访谈对象 HM）

这种治理困境虽然普遍存在，却未能引起人们足够的重视，因此更需要进一步对治理的理念和由此采取的策略加以正视和审视。

（二）民间机构自主力低引发一定程度的合法性危机

民间机构由于在资源和政治生存空间上受限，在与其他社会组织的博弈中表现出极强的工具性策略，即运行逻辑更多的是为了获取合理的生存空间，并保持相当程度的独立性和自主力，而非基于服务目标本身。但目前来说，对 B 机构的调查显示，民间机构的独立性和自主力较低，引发一定程度的合法性危机。

1. 民间机构努力获取资源

为求得更宽松的生存资源和机会，民间机构接受国家（政府）的指示。仅就资金来讲，B 机构参与灾害治理活动的资金来源主要有三个：一是政府购买服务,二是捐款,三是营业收入。其中,政府购买服务的资金占到95%。从其生存和发展的政治与社会空间来讲,政府对其的影响就更为深远和广泛。

(1)谋定后动,基于利益契合形成自身的服务定位

B机构领导层长期以来一个非常重要的任务就是熟悉和研究国家政策,并依此在与政府的沟通中寻找利益契合点,由此在灾害治理体系中形成恰切的服务领域和角色定位,表现出一定的功利思维。B机构领导层会认真研读政府政策、法规要求,将政府最近的政策、法规和社会热点作为自身服务定位设定的依据。

一方面,它注重政府的政策倡导,寻找利益契合点,形成合宜定位。B机构领导层通常注重集中研读政府购买服务政策及社会组织管理政策新动态,并将之作为机构服务领域深化或调整的方向指引。为此,2012年,B机构还专门设立了研究中心,下辖有社会政策研究中心、服务发展部、课题服务部三个部门,其主要职责及业务范围有五大板块:一是机构实务研究、经验总结与成果宣传推广;二是机构服务品牌研发;三是承接社区调查、课题研究、咨询、培训等委托业务的服务研发工作;四是社会问题、社会政策研究、倡导及顾问;五是其他相关的非一线服务工作(B机构内部年报,2015)。依托研究中心及其服务定位,2014—2016年,B机构逐步启动与政府合作,对一些灾害易发区进行服务评估和研究工作;同时,依托这一研究,B机构进行持续的调查研究,甚至通过与政府合作的评估研究工作来不断强化自身的政策敏感性,寻找合宜的利益契合点,形成机构的合宜定位。

另一方面,它在服务范围及方式定位上有极强的自我克制倾向。B机构清晰地认定"只有依托政府才能更好地生存下去",为了强化政策导向意识,B机构通常对机构成员进行不定期的政策培训,将新出台的政策法规作为培训的主要内容,同时,借机构年检及学术研讨会的机会,强化员工尤其是中高层员工的政策导向意识,避免服务项目违规。甚至,它注意到社会组织自身发展的政策边界,一直特别注意适度控制组织规模,不大肆设立分支机构,也不盲目扩大自己的服务范围,以降低组织发展的政策风险(访谈对象BXW)。

除了限制组织规模、避开有争议或可能违规的问题以外,B机构也宣称自己无政治性,一再强调其存在只是为了解决社会问题,并以政府所期望的方式起到促进社会发展的作用(访谈对象BA)。基于此,B机构获得了较大的自由活动空间,政府甚至主动与其进行合作,其生存与发展的社会基础得到较好的夯实。

（2）增加服务项目，以求生存

为了谋求生存并保持相应的自主力，B 机构做了很多努力，包括"多做少补"，变通地实现服务预期。即在与政府合作过程中，B 机构在保留政府要求全部既定服务内容的同时，根据服务对象的实际需求，增加新的服务项目；待到作为委托方的政府服务效果评估后，在逐渐看清事实后，其再来实现持续的项目内容变更。这一策略是 B 机构常用的"多做少补"方法（访谈对象 LXM）。B 机构这一"多做少补"的策略显然在避免冲突的情况下柔性地实现了机构预期服务目标。但迫于生存空间的压力，为了获得更多的资金支持和社会空间，很多时候，它在与政府互动中会无选择地承担一些项目，甚至是牺牲机构本身的公益性服务目标价值。

> 有时的确有些项目跟我们过去的服务项目没有太大的关联，跟机构的服务宗旨也不一致，甚至跟服务没有什么关系。但我们有时还不得不做，要不你拿什么支撑下去？活不下来啊，更别谈什么长远目标了……（访谈对象 BXW）

显然，这在某种程度上对民间机构作为社会组织存在的根本性价值有所威胁，其社会合法性危机在很大程度上因此增加。

（3）与政府更多地保持等差关系，执行政府交代的相应工作

B 机构在与政府打交道的过程中，机构领导者及其员工都将自己定位为"做事的人"，即将自己视为政府相关要求的执行者，这影响了其作为治理主体的独立性，不利于其自主发展。

> 政府委托我们做一些相关研究，并试图与我们共同面对灾害治理的困境。我们给自己的角色定位很简单，就是通过政府购买项目扮演替政府办事的角色。（与政府的）区别在于，我们提供的是专业服务。（访谈对象 BL）

显然，B 机构通过执行政府的服务要求来实现政府的服务预期目标，这种角色定位可能会影响其作为灾害治理主体的独立性。

2. 追求专业化目标，影响其公益性角色定位

许多民间机构在不断发展过程中，对政府财政资金的依赖性也不断增强，因

此越来越倾向于将组织发展界定在服务实践操作的专业化层面。更为严重的问题在于，在这种被称为组织及其服务的"专业化"过程中，民间机构陷入对具体救灾行为的微观技术的专注中，忽视了整体服务能力的提高。这种追求专业化的倾向使机构很容易偏离其公益性的服务定位，失去其作为沟通政府与民众的中间桥梁身份。加上民间机构不像政府部门本身具有较为完善的体系，也不像企业那样有明确的经济标准作为评价依据（贾西津，2005），因此在面对组织服务价值发生偏离时，更容易出现类似政府机构的行政效率不足行为，也容易出现类似企业的垄断等问题。这种价值偏离又不可避免地使机构作为社会组织存在的必要性遭受质疑。65.7%的民间机构承认它们将更多的精力放在了实现机构服务技术的专业化上（访谈对象 PXY），因此影响了服务理念和总体服务宗旨的实现。更为麻烦的是，一些民间机构因此很容易失去对相关活动的服务价值判断，有时被捐赠者的利益取向驱动，受制于捐赠者的合同目标要求，有时难以真正主张自身的服务诉求。这导致一些民间机构在发展中偏离真正的专业性和服务性，难以找到恰切的活动空间，其独立性、专业性和发展的可持续性都面临较大挑战。由此产生的一些服务活动的负面新闻使其合法性经常备受质疑。

与此同时，在外部环境挤压下的民间机构由于追求组织和服务的专业化，其自身的综合功能和服务能力受到削弱。

> 很多事情其实我们都没有做，更多的时候（我们）越来越着眼于怎么具体地做好某个项目，专业水平看起来是越来越高了，但对怎么做好服务确实缺少全面的审视，对受助者的需求考虑得越来越仔细，方案做得越来越精细……不过得承认，他们（受助者）仿佛对我们越来越不在乎，觉得我们噱头多，实惠不足。（访谈对象 PXY）

针对民间机构的调查表明，高达 69.3%的民间机构表示在灾害治理参与中并没有达到预期的作用。其中固然有外部因素的影响，如对灾情估计不足（71.2%）、语言不通（79%）、通信受阻致信息不通（51.3%）、资金来源不足（56.8%）等，但更重要的原因是面对灾害，很多民间机构成员发现自己的危机干预和应急服务专业能力远远不够（59.5%）。当地政府机构在肯定民间机构成员及志愿者的服务时，先肯定了他们的付出，但也指出：（他们）有些不了解起码的救援技巧和程序，有些都不确定自己该怎么动员志愿者，救灾到底需要哪些物资，哪些物资是能接受的，对此完全搞不清……甚至有些民间机构专业人员对灾民出现的震惊、恐慌、挫折、激怒的集合行为常常不知所措（访问对象 PXY）。45%的接受调查的民间机构专业服务人员承认，他们在大规模的资源募集和社会动员上确实缺乏专业准备。

整体来说，目前民间机构社会动员能力不足，表现在以下方面：一是合法性问题。调查组的调查显示，仍有众多民间机构无法通过合法渠道注册：62.3%的调查机构表示已在民政部门登记，10.1%的只在工商部门登记注册，6.4%的调查对象在事业单位内部登记备案，其他的没有任何登记手续。二是公平性问题。民间机构都是基于一定的服务对象和理念展开的，事实上分别代表一定群体的利益，其社会服务有时带有一定的倾向性，无法真正地实现其公平公正。三是独立性问题。由于民间机构经费多来自政府购买或捐赠人捐资，其服务理念会受制于出资方，独立性不足。B 机构工作人员就表示，"民间机构作为社会治理主体之一，从未真正获得能与国家、市场对等的作用空间，很容易就在行政和商业逻辑下消解自身的服务目标"（访谈对象 LW）。四是专业性。从具体建设的角度讲，民间机构在队伍建设和服务能力上的专业化需要加强。调查显示，41.3%的民间机构专职人员在 6 人以下，10.8%的民间机构事实上并没有真正的专职人员；日常管理中对工作人员和志愿者队伍的专业性管理不够，难以在危机情况下提供有效的专业服务。当然，最重要的是，目前一些民间机构缺乏清晰的定位，其服务领域和内容的稳定性也存在问题，因此难以有效实现社会动员。调查表明，89.2%的被调查者表示对民间机构的服务能力和成效也并不看好；其中，90.1%的人觉得民间机构本身就面临着生存危机，很容易在生存逻辑下放弃或降低自身的服务目标，不能寄予厚望。更突出的问题是，调查表明，在选择求助对象时，仅有 28.7%的人选择了民间机构。显然，大部分民众对民间机构服务的认同度并不高。这些问题显然限制了民间机构社会动员能力的提升。

事实上，调查结果也表明，民间机构除了受到外界因素限制外，其自身在如何动员、组织志愿者参与灾害服务方面也缺乏持续有效的理念、方法和技巧，难以真正吸引志愿者进入机构，并与之共同致力于灾害治理目标的实现。B 机构工作人员表示，2011—2016 年，B 机构在进入地震、旱灾等重灾区服务的过程中，其招募志愿者时信息发布的方式和渠道不当，导致很多志愿者无法真正接收到相应的信息，或者很难获得志愿者的信任，很多志愿者为了参与灾区救援，只好聚集在当地团委部门门口请求参与服务（访谈对象 ZYW）。此外，B 机构在志愿者招募过程中存在理念传递偏误，甚至为了吸引志愿者许下过高的道德激励和期许，但在后期执行中却难以兑现，这使志愿者对其服务目标产生误解，结果一是招到不合适的志愿者，二是志愿者大量流失的现象也十分明显（访谈对象LW）。

同时，在救灾效果未能达到预期的同时，由于缺乏专业救护经验，加上后勤保障跟不上，B 机构工作人员和很多其他民间机构成员及其志愿者都出现了身心等各方面的不适，反而成为灾区需要救助的次生灾民。最值得关注的是，由于对志愿者队伍的管理不善，民间机构的志愿者队伍并未形成统一的服务宗旨和行动，因此，虽然大多数人的初衷是"为灾区做事"，但是也有部分志愿者缺乏专业、严肃的态度，甚至有些志愿者把自己当作游客，随处拍照、玩忽职守，这显然影响了灾害治理目标的实现。

在这种背景下，现有民间机构在社会结构上多将自己定位为政府的补充，或者将自身的服务视作简单的技术性辅助活动，忽视了民间机构本身应当扮演的与政府在社会服务上互补、合作的角色。这种对自身角色认识的模糊以及由此引发的服务价值偏离显然也使民间机构的专业性和独立性备受质疑，其合法性危机增加。

显然，内外部各种因素交叉作用共同导致了民间机构社会动员力不足。观念驱动、合法性以及社会动员力的不足则集中暴露了民间机构在家国情怀和现实生存逻辑之间因艰难图存的挣扎和危机，其力不从心的困境表露无遗。

三、淮橘为枳：国际机构在悬浮中行善如登

国际机构在灾害治理方面具有极强的专业优势和国际视野，因此在我国灾害治理中始终存有一席之地。第一，国际机构在灾害治理等相关服务方面有长期的专业服务实践的经验积累和理论反思基础。正因为如此，国际机构被界定为既包括资金、技术、物品、人力，也包括无形的智力和信息等多种服务要素的携带者。第二，国际机构自身的国际性和开放性使其具备极强的国际视野，其服务也有极强的"规模效应"，为充分发挥组织功能，实现其价值期许，它们希望将社会服务活动拓展到尽可能多的需要它们的地方。但与此同时，国际机构又是带有

某种政治观念与意识形态的流动、转移和配置源，因此其进入中国社会服务领域仍十分有赖于国内政治社会空间。在我国，国际机构入场开展灾害治理工作通常都会遭遇两个比较现实的问题：一是政治合法性问题；二是文化适应性问题。调查显示，L 机构一方面看好中国服务的前景；另一方面因为受到合法性制约而犹疑、回避（访谈对象 ZXC），表现出对我国相关政策法规的主动迎合与博弈。可以这样说，国际机构参与我国灾害治理的实践难以产生持久深入的效果，正所谓行善如登，是一种悬浮于本土社会文化秩序之外的救灾实践。

（一）标准化的服务模式影响了灾害治理效果

基于西方理性的长期影响，国际机构注重市场机制的效率原则，在灾害治理服务中对慈善资源规模分配效率也十分重视，其价值核心是如何更加科学有效地服务，极力创造出"1+1>2"的价值，并以此实现规模效应，减少运作成本，提高资源回报率。事实上，正是基于这种理性、效率的原则，L 机构在长期的全球服务中形成了一套世界通用的专业核心技术体系。当然，这种标准化的服务策略也表达出一种去意识形态的诉求，"我们在任何地方都是这么做的，没有别的动机"（访谈对象 ZXC）。显然，这种标准化的服务模式虽然有利于机构实现去意识形态的目标，并提高服务的效率，但显然它忽视了灾害本身的复杂性和灾害治理对象的多样性，灾害治理的效果受到严重影响。

1. 基于市场化规则，具有规模效应的标准化服务体系得以形成

L 机构基于去意识形态的需求以及市场规模化效应的期许，围绕灾害服务形成了一套通用的标准化服务工具模块和技术资源，成果转化运用较为容易，规模效益高。尤其是它注重全球通用的服务模块和技术资源在不同国家的运用，任何一个国家只需结合本土实际稍作调整即可套用这些模式。即使在中国的各个地区，其研发的通用技术模块也基本上实现了共享与通用，其服务战略及原则也具有稳定性。在具体实践中，项目总监、项目官员及其团队会根据具体问题商讨后基于这些通用的规则和技术做出微调，以适应不同的情境。这在很大程度上有助于实现规模化、高效化的资源运作。

首先，其核心工作方法全球通用。L 机构认为游戏、艺术是一种无国界的语言，可跨越文化和语言隔阂，可以通过它们来介入不同国家和地区的灾害治理

中。他们通过长期的研究也发现，可将艺术、运动等应用于灾害治理领域，试图实现受助者的"发展"，且成效显著（图 4-1）。因此，它在全世界 20 多个国家和地区都将艺术、游戏与综合运动运用于灾害治理领域，以赋予受灾者克服困境的能力与勇气，由此使服务机构与服务对象都能获得"发展"。

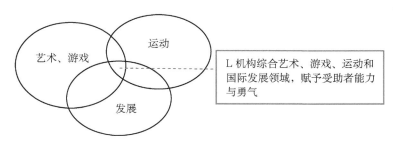

图 4-1　L 机构核心工作方法
资料来源：L 机构 2012 年年报：9

其次，形成标准化的工具模块。L 机构在开展某个服务（项目）的过程中会坚持稳定地贯彻使用某个工具。这个工具不是指一般的工具，特指两类：一类是概念工具；另一类是实体工具，即为某个类别的服务（项目）开发出一套工具包。任何一个工作者只要做这类服务（项目），按照一定的指南，就可以在不同情境中通用这些工具。

再次，形成一套共用的技术资源（表 4-1）。L 机构针对灾害治理的服务形成了一套通用工具模块，同时，还提出了各种可以通用的技术资源。这种通用技术资源包括两方面的内容：一方面，对相应的救治内容提出了相应的标准，如对"基本生活技能培育"的阐释在很多国家和地区都通用。另一方面，提出通用的课程技术资源，为艺术治疗和运动、游戏服务的开展提供通用资源包。对于这些工具模块和技术资源，L 机构通过与本土机构合作或者以培训的方式可以迅速复制转化，形成了很好的规模效应。

表 4-1　基本生活技能表（节选）

技能	服务标准
适应能力	许多受助者面临着疾病、贫困和暴力冲突的威胁。机构的工作就是帮助他们应对这些威胁。机构相信如果受助者掌握了在严峻环境下生存的重要生活技能，就能在面临灾难时做出更正确的决定，从而改变自己的命运，同时让社区更加和谐、健康

续表

技能	服务标准
自信	经历灾难，陷入困境的人往往比较自卑。如果让其一起参加常规开展的运动和游戏活动，将有助于帮助其建立更积极的自我认知和自信心
自尊	自我尊重是人保护自己免于陷入危险或产生过激行为的第一个保护层。尊重自己并认识到自我价值的受助者不会轻易屈从于灾害带来的压力或与人发生冲突
团队合作	人们需要培养起团队合作精神，并学会以和平方式解决问题。机构设计的集体活动能够让受助者获得团队合作技能，并使其学会以更加宽容和友善的方式与人相处
领导力	我们相信领导能力蕴藏在每个人身上。让个体参与到促进其领导能力发展的游戏活动中，帮助其发现自己的优点，增强自信，使个体敢于做决定、定目标、成为领袖，从而影响他人产生积极切实的改变
平等意识	不平等观念给社会带来了各种严重风险，机构课程帮助人们提高平等意识，使其更好地认识自身的角色和与此相关的权利和义务，在此基础上促进平等意识的生成
理财	灾后重建的灾民需要参加工作以求自立或供应家庭的基本需要，但他们通常缺乏足够的理财意识、知识和技能。机构通过游戏活动帮助其学习理财，包括省钱、管钱、合理花钱、做预算和明智投资，提高其灾后恢复力

资料来源：根据 L 机构历年年报、季刊资料和实地调查资料整理

最后，形成标准化的可复制的项目运作机制。L 机构在项目运作中注重形成标准的操作模式，在机构内部，这些标准模式很容易被复制，从而做到节约成本，达成规模效应。在 L 机构，不同的项目都是共享的，目的是想做出可选菜单式的干预体系，只要充分了解各项目及其运作环境等各方面情况，管理者和参与者可以在机构的不同项目体系下点"菜单"，完成项目运作体制的复制、转化，实现市场规模化的效益。

2. 标准化服务遭遇社会文化适应性问题

标准化服务对 L 机构去意识形态化和实现市场的规模效应大有裨益，但标准化工具很多时候由于社会文化的不适应，最终也无法真正落地生根。

第一，面对我国幅员辽阔、文化多样的现实，标准化服务在各个地区"落地"时常会有不接地气的问题出现。针对这一问题，L 机构在进入中国后，一方面是不断实现员工本土化，另一方面则不断在中国各地试点，以试图实现其救援方案、方法的因地制宜。但即使在项目管理者和执行者都是中国人的情况下，其灾害治理服务还是遭遇了社会文化适应性问题。

像你说的那样，我们一开始就基本实现了员工本土化，但为什么还是出

现了社会文化不适应？其实很简单，这些人虽然是本土的，但我们的服务技术和资源是标准化的，这看起来是一个概念工具，但多少还是影响了工作理念，它在事实上导致了在现实中，整体员工缺乏反思和批判意识，照本宣科、迷信所谓的科学理性或国外经验也是一大症结。（访谈对象 CW）

除了员工本土化，L 机构还在不同地区不断试点，一是调查了解我国丰富多样的文化特质，二是试图寻找合适的项目运作地，通过参与式行动研究了解并适应我国地方性文化。截止到 2016 年 12 月底，L 机构已经在我国很多地区开展了项目，包括安徽、北京、重庆、甘肃、广东、广西、贵州、河北、河南、湖北、湖南、江苏、青海、四川、陕西、新疆、云南和香港等。在不断试点过程中，L 机构对已有的标准化资源包和服务工具进行优化、改进和补充，不断实现服务工具的适应性（访谈对象 LZX）。但其服务方式与理念于我国社会而言仍然是"陌生人"，这无可避免地导致了其救灾服务在中国语境下的偏差，其服务效果因此也处于一种"短期化"状态。

第二，标准化服务背后隐含着机构本身自由平等的赋权理念，它在我国基层服务的过程中，常常因与我国深入肌理的差序格局的社会结构有所冲突，被不断提醒其服务的"边界"。L 机构在基层做灾害预防教育时，当地村民就有如下表示。

> 他们让那些孩子参与讨论，或者让家长去讨论（辩论），意见不统一还投票解决，这些培训和活动脱离现实，跟我们（生活环境）没有什么关系，没什么用。（访谈对象 LWL）

显然，隐含在其背后的平等、赋权理念通过其标准化的工作方式体现出来，悬浮于受众的实际处境之上，其服务效果因此也极为有限，甚至有些基层管理者认为这种服务是在捣乱。

> 不客气地说，他们这些活动影响到我们干群关系了。（访谈对象 ZXM）

因此，标准化的服务理念和策略导致了国际机构在我国灾害治理中的社会文化适应性危机。

（二）注重成本效益的项目管理机制致使服务目标偏离

L 机构内部管理机制由于根植于西方自由主义理念，也受到其主导下的一再强调的市场机制的制约，形成了一种几乎在全球可通行的、注重成本效益的、号称高效的项目管理体制，在促进灾害治理目标实现的过程中极为重视项目及管理机制的转化效率。

首先，模仿企业项目运作机制，L 机构形成项目官员管理制，通过组织力量实现灾害治理目标。这种项目管理机制是项目经理权责制原则下层层负责的体制，即项目官员—项目经理—项目总监—捐赠人，以此保障救灾目标的实现。L 机构自首席官员以下设项目总监、项目官员等岗位，实行项目官员负责制。项目总监兼任多职，他们在项目上扮演的是"灭火队长"角色，并负责向捐赠人解释；项目经理负有项目设计、项目管理（人员、进度、资金安排）和项目重大变更方面的职责；项目官员则具体管理并执行项目，并负责某些具体事项的变更和具体资金的花费与监督。这种机制灵活度高，也便于复制，因此具有很高的规模效应，表现出高效率、高回报的项目运作特征。

其次，注重团队建设的成本优化原则，力争将其所辖人力资源尽可能转化成价值。L 机构整个团队建设尽可能向项目服务集中。目前总共 34 人，其中项目部成员就有 22 人（项目本部 12 人、技术部 5 人、监测部 3 人、项目总监 1 人、项目副总监兼监测部经理 1 人），占到总人数的 64.7%。而其他的管理服务部门都尽量实现人员的精简化，如人事和行政部 2 人，传讯部 2 人，合作伙伴开发部 2 人，财务部 3 人。考虑到传讯部、人事和行政部、合作伙伴开发部在一定时期内任务重，其通常会招 3～6 个月的短期实习生。同时，L 机构在各个地区都与地方政府及其职能部门直接合作，因此有相关部门人员直接对接并共同开展工作。L 机构只需根据项目的实际运作招收一部分志愿者协助专职人员开展工作，这就节约了大量的内部人员资源。

最后，注重项目管理成本，在项目人员配置中注意成本及效益优化原则。一是 L 机构各个项目人员数量依照该领域的进入资金数额来定。目前该机构进入资金最多的是早教项目，因此机构对其资源配置也是最强大、最稳定的，在别的项目只有 1～3 个成员时，这个项目基本上只涉及物质救助的项目成员通常都在 5 人及以上，这样方便在项目扩展过程中既可以有更多能分配出去的组员，也可以获得更多的资源投资。对 L 机构来讲，这种人员设置既考虑到了目标达成，也考虑了成本指标。二是在 L 机构，总监与筹资部会考虑项目人员的资源优化配置。L 机构项目众多，有些项目周期长，有些项目很快就结束了，为了更好地优化人员配置，L 机构通常会将项目空档期的人员配置到其他项目中。但是他们通常也会觉得这不能达到人员资源最优化配置，因为人员进入新项目还需要周期。因此它采取的最优化策略通常是发现某个项目组手头的项目快结束了，就会让筹资部重点寻找该项目组的项目资金；某个项目资金较大，现有人手不够，但这个项目做完就没有了，这种情况下 L 机构通常不会另外招人，而是会重点考虑各项目团队内部资源的整合，即对内部人员进行调动或对组织职责重心进行调整。显然，它通过成本效益最大化及团队的稳定性实现组织目标。

显然，L 机构主张在市场化原则驱动下的资源回报率评估，虽然达成了规模化的高收益效果，但它也使可见的服务和功利性的市场原则盛行，机构根本性的灾害服务目标被遮蔽。事实上，2009 年以后，受到资金压力的影响，L 机构愈加重视市场化效率原则，已经开始强调在救灾服务中的可见的服务，即将大量的资金投入当地政府和捐资人非常喜欢看到的可见性的服务成果中去，如盖校舍、培训教师、购买书籍、大量的实体材料等。他们认为这种可见性的救助能在一定程度上消除人们对不可见成果的疑虑：一方面很能满足捐资人的要求；另一方面，当地政府也乐见其成，而且还不涉及自由、赋权等这些服务中经常会涉及的敏感性问题。这样就能提升捐资人的投资回报率，使他们乐意进一步投资。事实上，同样是价值两百万元的资金投入，捐资人的确更愿意看到如下这样的项目书。

> 该项目将在某地 X 个学校中培训 X 名教师，开展 X 场活动，覆盖 X 个学生，并通过调研证明项目的有效性，进而将这种模式在其他同类地方推广。项目管理成本仅为 1%（最好没有）。（访谈对象 ZXC）

但他们对如下这样的项目则嗤之以鼻。

> 该项目将开发一套服务标准体系，通过在互联网推广并和其他组织合作，让更多受助者得到更好的服务。该项目管理成本大约为 40%，主要用以支付那些具有专业知识与推广能力的专门人员的薪水。（访谈对象 ZXC）

L 机构正是注意到了这一倾向性问题，因此在市场原则驱动下，基于"可见性"的灾害救援服务，试图不断迎合捐资人的社会预期，以增加市场回报。我们看到，2011—2015 年，L 机构的项目事实上都更为注重建筑及物资的投入。这种可见性的工具化服务显然削弱了 L 机构的公益性价值取向，使 L 机构的物资救助在很大程度上取代了灾害救援服务本身。这使很多热心公益、有内心坚守的人难以释怀，稀释了 L 机构的内在价值。有些人因此选择离开。

> L 是我的第 3 个工作（单位），我之前喜欢它的工作氛围，欣赏首席代表官员的个人魅力，它注重受助者利益这点也很对我的胃口，所以我在这里工作了 10 年。离开它主要是因为目前我和现在在做的项目在理念上有分歧，尤其是目前风向越来越以捐赠人为先，但这个也可以理解，现在经济下行，为了机构生存与发展，不敢得罪捐赠人，而捐赠人因为不怎么了解情况，提出一些不切实际和难以做到的事，而领导也是一口答应，怎么完成它就是我们项目人员的事了，很难或根本做不到，做得就没意思了……尤其是我负责的校园建设投资项目越来越火，越来越受追捧，无非是它重视实体投入，修楼盖房、买书送钱，立竿见影的成绩大家都看得到，不像服务，模糊而且还有潜在的价值风险。这也是我在这里做了 10 年舍不得又还是要离开的原因。这些（事）不是我想做的（服务）了，你看，没什么服务内容可言，你成了一个物资搬运工，或者一个建筑的监理者……没有什么意思了。（访谈对象 ZXC）

显然，市场机制的驱动、服务的可见化显然使灾害治理服务效果的评价变得具体和可见。它虽然可以很好地体现捐资人的投资回报率，但它也的确使机构面临大量核心人才的流失、偏离服务目标价值的危机。

（三）组织自身面临较为严重的生存危机

第一，资金危机。为了获取政府信任，L 机构切断自身与总部的资金联系，双方只保留技术交互，在取得总部认可后尝试在中国独立注册基金会。在未能独立注册基金会的情况下，其资金主要来自国际在华企业捐款和上游基金会资助。但 2017 年 1 月 1 日，我国开始施行《境外法》，国际机构面临更为严峻的资金危机，它难以从国内获得资金，对国外机构的资金来源获取也受到限制。由此，国际机构面临着极大的资金困境。

第二，组织合法化危机。国际机构进入我国本土服务，首先面临的是入场合法性的问题。为谋求合法性，很多国际机构或者独立注册，或者依托本土机构注册。L机构更倾向于独立登记注册，不愿挂靠其他机构。因此它从2007年进入中国之初，就一直以在民政局注册独立合法的NGO为目标，但这种持续的努力并未获得成功，它未能正式在民政部登记注册，而是以工商企业身份在工商部门登记注册（2009年5月完成），以此获得招募员工、开户转账等权限。但以这种方式登记的社会组织不具备公募资格。其资金来源主要以境外国际公司的中国分部捐助为主，虽然也有完全境外（总部给，中国筹）和国内企业的捐助，但份额不高。它以运动和游戏介入，背景和诉求相对简单，但仍然面临着众多国际机构遭遇的合法性问题。它以变通手段进行的在工商部门登记注册的方式使其无法享受其作为NGO应当享有的权益，其服务内容、方式及其资金募集资格都受到很大限制。因此，L机构在注册为外资企业后仍继续追求其合法化目标。一是借壳图存，L机构试图在北京注册基金会的同时，依托其在Z市已成功注册的社会工作服务机构，预备"借壳图存"（访谈对象LR），寻找可能的合法化路径。二是考虑通过其内部党员以其个人身份先注册社会工作服务机构，之后再视情况变更法人，以此作为机构可借之"壳"。L机构目前只有3名党员，在认定谁有资格代替公司去注册社会工作服务机构时，选定承担者的资格条件是在机构担任经理职级的党员。其思路是，由该党员代替机构先去注册，而机构会与之签订协议，方便后续法人资格转让或进行其他有利于机构发展的相关手续的操作。L机构考虑让其内部党员承担此事的原因主要是考虑到在我国，党员身份可以在政治可靠性上加分（访谈对象ZR）。三是L机构表示可能会在北京注册一个社会企业，主要是考虑到社会企业更容易注册成功，它也能依据其通过商业机制实现服务目标的性质，部分地通过营利性收入自给自足，解决资金问题（访谈对象ZR）。这些努力显然在一定程度上加强了L机构的合法性，但效果并不是特别突出，因此L机构不断地揣摩政府的意愿，试图通过与政府合作，甚至通过加强与媒体的联系来加强媒体对它的宣传，提升自身社会影响力，以此来谋求自身的社会合法性。显然，这种努力体现了L机构在我国面临着政治合法性不足的问题，同时也表明了国际机构在介入我国灾害治理时面临着自身生存问题。基于生存压力的危机，国际机构极易形成基于生存逻辑的组织功利行为，从而导致组织偏离自身的内在价值目标，表现出极为严重的组织能力不足问题。

显然，国际机构介入我国灾害治理的态势并不好，它们面临着较为严重的生存危机：一是合法性危机，包括政治合法性危机和社会合法性危机。前者指它们在本土的注册登记问题始终受到不同程度的限制；后者指它们秉持的一套比较标准化的服务体系在本土服务过程中常会有"水土不服"的现象，本土社会认同度不高。二是资金危机。这些都使 L 机构本身所具有的专业优势难以真正完全发挥出来。

总体说来，对三个不同性质灾害治理主体的考察表明，目前社会整体并没有形成一种良好的灾害治理结构和相关的治理规范，政府与其他治理主体之间的磋商系统没能建立起来，政府机构、民间机构和国际机构在灾害治理实践中都不同程度地面临着服务困境，很多救灾资源和服务难以抵达最需要的人群，灾害治理目标难以真正达成实效。由此灾害社会脆弱性更趋严重，因灾返贫、因灾致贫的现象极为严重。

第二节　灾害治理有效性不足：灾害社会脆弱性向脆弱地区和人群集中

如前所述，灾害社会脆弱性是指社会群体、组织或国家暴露在灾害冲击下潜在的受灾因素、受伤害程度及应对能力的大小。近年来，虽然我国在灾害治理上多有作为，整个社会的灾害社会脆弱性有所降低，但灾害社会脆弱性问题仍较为突出。除了灾害发生频次、影响和损失程度比较突出外，当前社会还不断涌现出一些新型灾害，而且发生的周期越来越短。显然，社会以较为严重的灾害社会脆弱性暴露出其灾害治理有效性的严重不足。以 C 市为例，2011—2016 年，该市各区县 2016 年的灾害社会脆弱性水平整体上比 2011 年有所下降（图 4-2）。

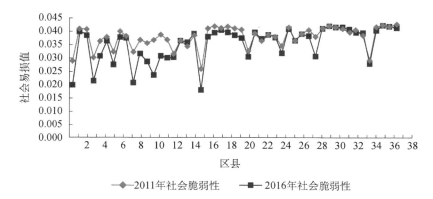

图 4-2　C 市 2011 年和 2016 年灾害社会脆弱性对照图
注：横坐标值代表 38 个区县

但是也有部分区县表现出上升的特点，具体可以总结为降中有升，幅度不一。所谓降中有升是指全市大多数区县的灾害社会脆弱性呈现出下降趋势，但有部分区县的灾害社会脆弱性呈现出上升趋势，占总体区县总数的 18.5%。所谓幅度不一是指各区县灾害社会脆弱性下降的程度不一，个别区县下降幅度明显，大多数区县下降幅度较小。

灾害社会脆弱性的这一降中有升的趋势，显然直接体现了 C 市灾害治理有效性不足的严重性。但更为严重的是，为进一步探讨灾害治理社会脆弱性的形成及应对，本书以 C 市为基础，对 C 市灾害社会脆弱性进行地理空间和社会群体分布研究，发现灾害明显地表现出向脆弱地区和人群集中的特点。显然，这在明显地暴露出当下我国的灾害社会脆弱性问题的同时，把灾害治理的有效性不足问题也凸显出来。

一、灾害向社会脆弱性地区集中

本书首先选取已有的对灾害社会脆弱性研究成果中的重要指标，基于 C 市 2011—2016 年的相关数据进行主成分分析；同时，应用 GIS 技术对 C 市灾害社会脆弱性进行区域分布分析。

首先，本书对 C 市灾害社会脆弱性进行了主成分分析，灾害社会脆弱性的指标和变量操作如表 4-2 所示。

表 4-2　变量操作表

项目	变量指标
X_1	农业人口比例（%）
X_2	女性人口比例（%）
X_3	产值密度（万元/km²）
X_4	社会保障补助支出（万元）
X_5	卫生机构床位数密度（张/万人）
X_6	城镇社区服务设施率（个/万人）
X_7	人口密度（人/km²）
X_8	公路密度（km/km²）
X_9	最低生活保障人数比例（%）
X_{10}	建筑密度（m²/km²）

　　鉴于各初始数据的标准互有差异，故本书首先需运用 SPSS 软件对初始数据进行标准化处理。在现有所选指标中，X_1（农业人口比例）、X_2（女性人口比例）、X_7（人口密度）、X_9（最低生活保障人数比例）、X_{10}（建筑密度）与灾害社会脆弱性呈正相关，因此在计算过程中给这 5 个指标取正值；其他 5 个指标与灾害社会脆弱性呈负相关，因此给它们取负值。数据经过 SPSS 软件进行标准化处理后，本书又通过 SPSS 软件计算了各指标间的相关系数，以此为基础分析了各指标对灾害社会脆弱性的影响（表 4-3，表 4-4）。

表 4-3　各指标特征值与贡献率

指标序号	特征值	贡献率（%）	累计贡献率（%）
1	5.9312	59.312	59.312
2	1.7696	17.696	77.008
3	0.8292	8.293	85.301
4	0.6668	6.668	91.969
5	0.4092	4.092	96.061
6	0.2482	2.482	98.543
7	0.0948	0.948	99.491
8	0.0481	0.481	99.972
9	0.0026	0.026	99.998
10	0.0002	0.002	100.000

表 4-4　C 市灾害社会脆弱性主成分负荷表

指标	主成分		
	1	2	3
X_1	0.926	0.294	0.002
X_2	−0.782	−0.430	0.066
X_3	0.804	−0.576	0.066
X_4	0.395	0.482	0.766
X_5	0.951	−0.030	−0.045
X_6	0.653	0.275	−0.031
X_7	−0.829	0.542	−0.104
X_8	0.788	0.145	−0.399
X_9	−0.565	−0.515	0.217
X_{10}	−0.838	0.528	−0.097

从表 4-4 中可以看出，主成分 1 对灾害社会脆弱性影响最大，其中，X_1、X_3、X_5 和 X_8 在这一成分中的负荷值较大，同时影响值也表现为正值。这说明农业人口比例、产值密度、卫生机构床位数密度、公路密度这 4 个指标对 C 市灾害社会脆弱性的影响比其他指标要大得多。根据这些指标与因变量的正相关关系，农业人口比例越大的区域，其灾害社会脆弱性也越大，农业人口因此也明显表现为灾害社会脆弱性人群；同样，产值密度越大，灾害造成的经济损失也就会越大；卫生机构床位数密度和公路密度不达标也会强化相关区域的灾害社会脆弱性。

从总体来看，C 市共 38 个区县，本书采用 10 个指标对每个区县进行考量。本书在主成分分析的基础上，利用主成分的累积贡献率构建综合评价指标 F_j，即以 ak 为权重对 Z_{jk} 求和，第 j 个样本的综合评价值即为 $F_j \left[F_j = \sum_{k=1}^{3} (ak \times Z_{jk}), j=1, 2, \cdots, 38 \right]$，根据 F_j 分值大小，C 市各个区县灾害社会脆弱性分级结果如表 4-5 所示。

如表 4-5 所示，F_j 的分值大小代表 3 个不同的主成分对灾害社会脆弱性的贡献率，正值越大说明灾害社会脆弱性越大；负值越大则灾害社会脆弱性越小。从 3 个主成分得分情况看，主成分 1 和主成分 2 的得分很相近，这两个成分得分排在最前面的区县有 CK 县、PS 县、YUN 县、LP 区、WX 县、DJ 县、FJ 县、KZ 区、WL 区、YY 县，这些区县距离主城区相对较远，其农业人口比例、产值密度、卫生机构床位数密度、公路密度、最低生活保障人数比例都相对较低；而主成分 3 的得分分布和前 2 个主成分有较大区别，YY 县、PS 县和 NP 区 3 个区县在这一成分中得分较高。值得注意的是，在这 3 个主成分中，主成分 1 和主成分 2 主要偏向救灾能力衡量，得分越高的区域，救灾减灾能力越弱，灾害社会脆弱性就越大；第 3 个主成分偏向经济密度和社会保障方面，经济密度指标越高，灾害社会脆弱性越大；社会保障投入指标得分越高，灾害社会脆弱性越小。

表 4-5　各主成分的区县得分

区县	主成分 1 分值	排名	区县	主成分 2 分值	排名	区县	主成分 3 分值	排名
CK 县	5.355 32	1	CK 县	1.962 44	1	YY 县	1.347 37	1
PS 县	5.162 94	2	PS 县	1.682 62	2	PS 县	1.174 80	2
YY 县	5.108 46	3	YY 县	1.451 23	3	NP 区	1.134 36	3
TN 区	4.305 68	4	LP 区	1.369 08	4	JL 区	0.800 55	4
WX 县	4.303 33	5	TN 区	1.365 21	5	DD 区	0.770 44	5
KZ 区	3.962 79	6	DJ 县	1.251 51	6	RC 区	0.552 88	6
FJ 县	3.818 44	7	KZ 区	1.184 09	7	SZ 县	0.356 18	7
LP 区	3.694 26	8	WX 县	1.093 67	8	BS 区	0.316 11	8
WL 区	3.670 24	9	WL 区	1.055 37	9	WS 县	0.265 81	9
YUN 县	3.607 50	10	FJ 县	0.927 12	10	TN 区	0.187 90	10
DJ 县	3.576 90	11	QI 区	0.882 47	11	QI 区	0.169 62	11
WS 县	3.517 82	12	YUN 县	0.879 94	12	JB 区	0.125 74	12
FD 县	3.206 01	13	FD 县	0.837 13	13	XS 县	0.109 82	13
QI 区	2.874 11	14	BN 区	0.785 01	14	Z 县	0.106 68	14
HC 区	2.743 84	15	WS 县	0.700 44	15	LP 区	0.037 48	15
XS 县	2.504 68	16	Z 县	0.646 91	16	BB 区	0.031 52	16
Z 县	2.494 62	17	HC 区	0.629 51	17	WX 县	0.004 12	17
SZ 县	2.400 82	18	XS 县	0.483 15	18	YB 区	0.003 07	18
BN 区	2.053 80	19	YZ 区	0.471 08	19	FD 县	0.041 62	19
JJ 区	1.829 30	20	SZ 县	0.448 38	20	YC 区	0.051 21	20
NC 区	1.700 66	21	DZ 区	0.439 95	21	YUN 县	−0.105 56	21
DZ 区	1.537 02	22	BS 区	0.401 11	22	DJ 县	−0.107 22	22
CS 区	1.414 70	23	YC 区	0.387 03	23	FJ 县	−0.108 42	23

续表

| 区县 | 主成分 1 | 排名 | 区县 | 主成分 2 | 排名 | 区县 | 主成分 3 | 排名 |
	分值			分值			分值	
QJ 区	1.228 08	24	NC 区	0.254 11	24	NC 区	−0.139 83	24
BS 区	1.001 62	25	CS 区	0.251 34	25	WL 区	−0.152 96	25
YC 区	0.815 01	26	JJ 区	0.200 57	26	CK 县	−0.157 11	26
RC 区	0.335 09	27	RC 区	−0.006 40	27	DZ 区	−0.181 92	27
YB 区	0.140 04	28	QJ 区	−0.020 03	28	BN 区	−0.189 43	28
WZ 区	0.060 15	29	FL 区	−0.439 11	29	KZ 区	−0.194 82	29
FL 区	0.002 29	30	YB 区	−0.690 26	30	WZ 区	−0.208 13	30
BL 区	−0.664 46	31	WZ 区	−0.894 35	31	QJ 区	−0.268 08	31
BB 区	−2.654 78	32	BB 区	−1.012 65	32	CS 区	−0.278 47	32
JL 区	−5.795 85	33	BL 区	−1.171 40	33	FL 区	−0.291 81	33
SP 区	−7.211 02	34	JL 区	−1.733 67	34	JJ 区	−0.300 39	34
DD 区	−7.710 45	35	JB 区	−2.152 95	35	HC 区	−0.442 93	35
JB 区	−8.214 93	36	DD 区	−2.880 89	36	YZ 区	−0.537 26	36
NP 区	−8.690 07	37	NP 区	−3.023 75	37	BL 区	−0.613 28	37
YZ 区	−27.361 52	38	SP 区	−4.354 42	38	SP 区	−31.979 21	38

其次，在主成分分析基础上，本书应用 GIS 技术对 C 市灾害社会脆弱性进行区域分类，得到 C 市灾害社会脆弱性的空间分布图。具体来说，以 C 市行政区划图为基础，依托 3 个主成分给 C 市 38 个区县的得分值赋予相应属性，得到基于 3 个不同主成分的 3 个空间分布图；再利用 Arc Map 软件，把 3 个空间分布图转换成栅格图格式，并按照 F_j 的计算公式，对栅格图进行空间叠加计算，最后在计算结果的基础上进行重分类计算，得出 C 市灾害社会脆弱性总体分布图。

总体分布图表明，C 市 38 个不同区县依据其灾害社会脆弱性高低被划分为 5 类区域，且 3 个主成分指标重叠越多的区域（PS、QJ、YY 3 个区县），在图中显示为灾害社会脆弱性极高的区域。具体说来，5 个不同的灾害社会脆弱性分级区分别为：一是极低灾害社会脆弱性区，主要是 SP 区、YZ 区；二是低灾害社会脆弱性区，主要是 HC 区、BB 区、BL 区、JB 区、JJ 区、QI 区、BN 区、WZ 区、CS 区；三是中灾害社会脆弱性区，主要是 TN 区、DZ 区、YC 区、YB

区、NC 区、WL 区、FD 县、KZ 区、YUN 县、FJ 县、FL 区、DD 区；四是高灾害社会脆弱性区，主要是 WS 县、CK 县、LP 区、Z 县、SZ 县、DJ 县、XS 县、RC 区、WX 县、BS 区、JL 区、NP 区；五是极高灾害社会脆弱性区，主要是 QJ 区、PS 县、YY 县。

总体来说，C 市灾害社会脆弱性区域主要集中于中部、东部以及西部不发达地区，这些区域的社会保障投入较低，公路密度较小，导致救援力、卫生机构的投入等明显低于其他地区，因此成为灾害发生可能性较大和损失更为严重、恢复更为困难的灾害社会脆弱性区域。这些灾害社会脆弱性区域的总体特征大致表现为以下几点。

第一，居民收入水平低，灾害社会恢复力低。本书除了利用 2011—2016 年官方统计数据外，还从生产生活运转角度调查每户家庭收支是否平衡，以此来衡量各户的贫困程度。问卷调查显示，灾害社会脆弱性集中区域的家庭都有极大的亏空，总体来说，26.1%的灾害社会脆弱性区域家庭月收入在 1000 元以下，而 23.8%的家庭总支出却在 6000 元以上。它再现了这些灾害社会脆弱性区域大部分居民的收入仅能维持温饱水平这一现状。同时，这些区域基础设施相对落后，非农产业相对落后，灾害社会恢复力不高。

第二，地理位置偏僻，远离城市中心带，经济发展及社会保障程度低，基础设施和公共服务设施落后。从灾害社会脆弱性的空间总体分布图看，灾害社会脆弱性多集中在 C 市地理位置偏僻区域。PS、QJ、YY 等区县作为极高灾害社会脆弱性区域，偏居整个 C 市边陲，其基础设施和公共服务设施在主成分分析中也体现出明显的落后。问卷调查数据从另一个侧面对这一结果形成了佐证：截止到 2015 年 12 月，在灾后恢复中，这些区县被访者认为前 5 个需要解决的问题是缺钱、没住房、恢复和发展生产不易、生产生活用水难、交通不便，其后依次是信息不通、外出务工难、就医难。即使是处于高灾害社会脆弱性区域 LP 区，就其地理位置来说，也极为偏僻，处于 C 市西北方向 39 千米的山区，位于整个 C 市边缘。调查数据显示，LP 区防灾基础设施已超过 10 年没有更新换代，公路建设和卫生设施近 5 年也没有明显改善与跟进。其下辖的 L 村由于 2011 年地震后就一直没有进行基础设施更新，呈现出非常严重的灾害社会脆弱性问题：一是全村各组堰塘在地震后被毁坏，无蓄水能力，导致区域旱涝不一；二是村里公路建设滞后，只有一条村级水泥路，影响救灾效力；三是村里很多由 2011 年地震造成的危房未能及时整修，村里空巢家庭的老人、部分残疾人等还居住其中；四是村里没有基本的医疗服务设施和起码的村级卫生所，也没有具有医疗常识的常设医护人员。

第三，文化水平低且风险意识不高。对 38 个区县的问卷调查表明，文化水平低且风险意识不高的区域，灾害社会脆弱性比较集中。如处于极高灾害社会脆弱性区域的 PS、QJ、YY 等区县，其居住人口的文化程度在小学和文盲层次的占总人口的 47.6%。低文化水平使他们难以对风险和灾情进行合理的认识，在接受相应的应灾知识和技能时，也难以进行较为理性的思考，这很容易增加当地灾害发生的可能性，并加剧其损失程度。

第四，灾害损失相较于其他区域更为严重。即 C 市灾害社会脆弱性集中于救灾、减灾能力薄弱的 PS、QJ、YY 等区县。调查结果显示，基于城乡灾害治理资源分布差异的结果，仅就地震而言，C 市 LP 县在 2008 年地震中受灾人数达5000 多人，287 人死亡，186 人重伤，18 人失踪；共计 1638 间村民住房倒塌，占该村总住房的 89.2%，耕地受损 2063 亩[①]；全村道路交通一度中断，其中乡级公路损毁 18 千米，村级公路受损 24.7 千米；饮水工程受损 2700 米；经济损失总计 70.8186 亿元。不仅如此，地震结束后的两年中，LP 县又连续发生了两次特大泥石流，不少灾民还没有从上一次灾害中恢复过来又再一次陷入灾害之中。因此，当地防灾基础设施修建和完善一再被拖延，自 2008 年地震后就一直没有得到更新和修缮，频繁的大型灾害使其旅游资源的开发和经营也受到很大影响，地区经济收入水平和就业弹性也因此降低。

第五，次生灾害严重。无论是 PS、QJ、YY 中的哪一个区县，都在 2008—2012 年不同程度地遭遇了地震，QJ 区更是 C 市历史上有名的地震区。由于前述几点中提到的各种灾害社会脆弱性，地震在这三个地区引发了更多的次生灾害，比如 2012—2016 年，这三个区县因地震产生的次生灾害包括约 1.5 万起泥石流、滑坡和崩塌事件，还有火灾、爆炸、煤气泄露等事件。因此，计入地震的损失中约有 1/3 是由这些次生灾害造成的。

第六，灾后恢复困难。突发性灾害往往给受灾者日常衣、食、住、行都带来极大的损害，很多灾民失去最基本的生活保障，因此灾后生计重建成为受灾者最

---

① 1 亩 ≈ 666.67 平方米。

基本也是最迫切的需求。在这 38 个区县中，极高社会脆弱性和高社会脆弱性区域在灾后生计重建中面临着更大的困境。一是这些地区民众对参与式发展的理念和途径还缺乏了解，客观上更倾向于从外界获取生计支持，81.5%的被调查者对参与式发展并不理解，参与的积极性也不高，自主恢复力差。当然，这与这些区域就业结构比较单一也是有关的。这些区域多以农业为主，旅游业及与之相关的服务业较少，受灾者灾后就业、医疗、生计压力都很大，居民返贫现象比较突出，要实现自主性的灾害重建显然有很大难度。二是这些区县政府救灾的社会动员力相对较差，难以聚集更多的社会资源用于救灾。一些发达区县往往会借助社会组织引入外界社会资源来解决本地资源不足问题，或者有些地区可以通过项目招标等方式将重建项目让渡给企业去建设和经营，对于这些相对落后的区县，政府直接支援和对口支援是主要的方式，但 QJ、YY、PS 这些极高灾害社会脆弱性区域都没有这些资源作为依托。当地政府的封闭性影响了其救灾资源的动员力。三是这些区县灾害救助体系薄弱。一方面，社会保障投入不足，灾害补偿及救助流程也比较长，政府补助往往很难及时到达灾民手中，或者只能维持较低水平，加上这些地区慈善事业和社会组织服务发展滞后，因此 90%以上的灾害损失是由灾民自己承担的。另一方面，这些地区保险业的覆盖严重不足，因此保险在其中的灾害补偿作用还未发挥出来，保险补偿在这些地区的灾害损失补偿中所占比例不足 2%。四是这些区县灾后重建意识薄弱，其灾害社会恢复力因此也相对低下。在这些地区，很多当地政府机构没有明确的灾后重建意识，也未能意识到所在区域的优势，本土知识和能力难以发挥出来；对灾后民众心理上可能存在的问题更未有足够重视，这些隐患对灾后民众身心及生活的恢复都是极大的障碍。这些现实性的问题进一步削弱了这些区域灾后社会恢复力，增加了这些区域的灾害社会脆弱性。

二、灾害向社会脆弱性人群集中

灾害社会脆弱性的主成分分析和 GIS 分析结果显示，灾害明显地向社会脆弱性区域和人群集中。对 C 市 38 个区县进行问卷调查的结果也显示，受灾害影响最大、损失最为严重的人群在整个国民收入分配系统中处于更为底层的位置，他们的收入水平、受教育水平都较低，拥有的社会性资源也较少，整体抗灾能力较差，损失更为严重，其灾害社会恢复力也较弱。大致来说，灾害向社会脆弱性人群集中的特点主要表现如下。

首先，低收入人群的受灾损失大。调查显示，在 C 市 38 个区县中，虽然无论是高收入阶层还是低收入阶层，灾后家庭净资产都严重下降，但受灾损失最严重的多为低收入人群。那些表示多次遭受灾害袭击、受损又最为严重的人群中，有 65.3% 的人收入都在 2000 元/月以下；在受灾程度和频次一致的情况下，损失相对最低的人群中，有 82.3% 为收入在 6000 元/月以上的相对高收入人群。那些收入在 2000 元/月以下的低收入人群不仅损失严重，而且在灾后为恢复其基本生计，尤其是住房的重建和修缮，最大的可能或常用的方式就是压缩其医疗和日常生活开支，甚至动用所有积蓄，即使如此，他们还是很难凑够住房重修所需的费用，因此灾区居民在修缮和重建灾后生活的过程中，其资金来源结构大致为：家庭存款（32%）、亲友借款（27%）、信用社重建低息贷款（14%）、政府补贴（13%），还有一部分来自建材商和装修工人劳务赊账（12%）以及信用社的非低息贷款（2%）。显然，他们的大部分资金还是来源于家庭存款及亲友借款，他们手上的可支配收入因此急剧减少，且其负债数额从几万元到十几万元不等，这不仅造成这部分低收入人群有极大的经济压力，也使其不安全感极大攀升，大大增加了其日常生活的风险，也降低了他们的抗灾能力和灾后自我恢复能力。

其次，受教育水平较低、风险意识低的人群在灾害中的损失更为严重。调查显示，85% 以上更多受到灾害袭击、损失更为严重的为受教育程度更低的人群，其中 71.8% 的人受教育程度在初中以下，这妨碍了其防灾、避灾和灾后恢复能力的提升。由于受教育程度低，低收入群体的风险意识也受到影响。调查显示，受灾严重的人群的风险意识多处于较低和很低这个五维调查尺度的最低端，占比大约为 83.7%。这种低风险意识使人们在日常生产生活中很难对风险及灾害有最起码的防范意识和应对措施，这也很容易在生产生活中制造风险。

最后，社会性资源少的人群受灾损失大。弱势群体之"弱"是这一群体的本质特征，这种"弱"主要通过社会性资源的占有量来衡量。当遇到突发性灾害时，在社会性资源占有量上处于弱势地位的人群所掌握的能主宰自己命运的资源更少，相对于上级阶层来说，他们遭受损害和伤害的概率要大得多，成为灾害的最大牺牲者。本书考察选取各区县的城、镇、乡（村），发现那些远离灾害、受灾损失较小或者灾后恢复力较强的人群在社会网络资源上的弱关系更为丰富，这使其在遭遇灾害后，除了亲缘关系外，可以求助更为丰富的社会关系网络，如同学、同事及其相关的社区互助系统。在整个社会中，低收入人群，尤其是农民则更多地只能依托亲缘、地缘关系。为进一步明确这种现代网络与传统网络的区别，本书以 QJ 区的 LW、WZ 二村为例。

LW 村是典型的传统农村社会，村民依靠农业生产维持基本生活，由于地处偏僻，与外界的联系也极少，他们在灾害恢复中更多地依赖本地社会关系，一旦遇到灾害，LW 村的村干部通常就自觉地把村里的壮劳力组织起来，开展救灾互助活动。同时，由于平时住得近、互动多，邻居成为该村村民遇到特殊情况时可以守望相助的不可或缺的社会支持。甚至有时候，邻居比"亲人"还亲。该村村民 X 女士就提到过这一点。

> 我老公身体一直不好，娃娃也不在身边，指望不到。多亏了隔壁邻居一家，我们经常在一起做活路（做农活），平时经常在一起，有什么事我总是找他们，有些事情他们的老公还是很有经验的，能帮到我。我家里有什么好吃的，都会叫他们，他们也是有什么事都喊我，大家处得像一家人一样。（访谈对象 XXL）

当问及"当您最缺钱、最无助的时候一般会求助于谁"时，LW 村村民都把配偶、子女、父母等具有血缘关系的兄弟姐妹以及邻里关系作为首选，村长及村委会也被视为可以依赖的对象。具体调查结果为，亲人和邻居的支持所占的比例分别为 49.8% 和 41.2%，共占比 91.0%；村干部占比 4.5%；同学和同事分别占比 2.3% 和 1.2%，共占比 3.5%；外来人口占比 1.0%。

这一调查结果显示，LW 村的社会关系结构相对单一。虽然这种关系紧密又可靠，不过，在遭遇严重的灾害冲击时，整个村落基本上都受到冲击，LW 村的村民所依赖的社会关系涉及的人群都面临着生活困境，事实上，他们彼此难以真正在物质上给予对方支持。加上他们极少与外界互动，所以面对灾害时，LW 村的灾害社会脆弱性明显高于 WZ 村。

WZ 村与 LW 村有很大区别，它在很大程度上已经实现工业化，已经不是完全意义上的传统村落。该村有比较丰富的矿产（磷矿）和旅游资源，吸引了很多外地企业进驻，其中有一家企业在国内制造业有较大的影响，其员工地缘结构比较丰富，本地村民中有不少人在这家企业中谋取到了工作岗位。同时，也有一部分村民依托村里的旅游资源做些餐饮、住宿之类的营生，这使 WZ 村在灾害应对中，除了依赖地缘和血缘关系外，还可以依赖一起工作的同事、朋友关系获取社会支持。需要注意的是，WZ 村虽然有较为丰富的社会关系支持网络，但它也面对与 SP 区等城区比较一致的问题，就是邻里关系比 LW 村疏远，邻里关系在灾害应对中并没有表现出比较明显的强支持作用。这使该村村民与 LW 村相比，在灾害中遇到困难时更愿意求助村委会而不是邻居。

> 好多时候没办法，我们就只好找村干部帮帮忙，看他们能不能想办法给搞（贷）点儿钱。（访谈对象 LQH）

对 WZ 村的调查数据显示，该村在灾害中依赖的社会性资源表现为：亲人和邻居各占比 35.7% 和 27.8%，共占比 63.5%；同学和同事分别占比 13.6% 和 13.3%，共占比 26.9%；外来人口占比 3.5%；村社干部占比 6.1%。这种社会性资源来源的丰富性，使 WZ 村在面对大型灾害时具有比 LW 村更好的社会支持网络。

总体而言，本书以 C 市为典型区域，结合了实地观察、访谈和问卷调查，并集中对 C 市三种不同类型的灾害治理主体的治理理念策略进行了考察，发现目前灾害治理在理念和策略及其治理效果上都呈现出明显的灾害治理的社会脆弱性，并导致各治理主体治理能力的不足和良性互动的缺乏。尤其是从 C 市灾害社会脆弱性的空间总体分布图中，我们发现灾害的发生和损失都向脆弱地区和群体集中；而治理理念及策略的研究又表明，灾害资源是按照"相对优势法则"来分配的，即那些在社会中拥有更多社会性资源的人，在灾后恢复中得到社会支持的可能性远远大于社会资源占有量较少的人群，脆弱地区和群体在整个社会系统中占据极为不利的位置。显然，这种差异本身也从治理效果的角度展示了灾害治理的社会脆弱性。在灾害发生时，这种灾害治理的社会脆弱性往往才会暴露无遗。在灾害治理完善发展的过程中，这些相关的社会脆弱性问题是必须要重点考量之所在。

第五章

灾害治理社会脆弱性生成的社会根源

　　通过前述对典型区域灾害治理社会脆弱性表现的综合考量，并结合灾害治理各主体的灾害治理实践，本书发现，灾害治理的社会脆弱性既包括灾害治理理念、策略的问题，也包括灾害治理主体互动合作的体制问题，当然也包括由此引发的灾害治理有效性问题，具体来说：一是灾害社会脆弱性在量上有所增加，在质上有所深化；二是灾害社会脆弱性呈现出向脆弱地区和人群集中的结构性问题。灾害治理社会脆弱性的形成显然也绝非由单一因素引致，它既是风险文化和风险制度共同作用的结果，也是多种灾害治理主体共同作用的结果。另一个需要注意的社会事实是，在风险全球化的时代，除了本土的现实情况外，影响一国风险文化与风险制度的还有世界性的趋势，即使从国内看，我国灾害治理社会脆弱性也是一个本土机构与国际机构彼此互动的结果，灾害治理社会脆弱性分析因此表现出明显的世界秩序问题。

第一节　风险文化滞后：人类面临时代价值困境

文化是指一个社会中人们在精神领域内的某种价值共识，是一个社会中人们行为的共同基础。它"如同一个活的细胞膜，将共同体和个体与世界的其他部分联系起来，并使他们有了作为该共同体和个体的身份"（罗伯特·贝拉，1999）。文化滞后是指非物质文化对其所处的物质环境尚未完全适应，因而形成社会各组成部分差距、错位，甚至造成社会问题的状况（威廉·奥格本，1989）。由于文化与人的生存和发展密切相关，它不仅是人的行为的共同基础，更是维系共同体最根本的力量，正是通过文化，人们将自己组织起来，创造出一定的意义系统，形成秩序和安全感，因此任何一个国家和个人的生存和发展都离不开自己的文化。但任何一种文化都是在一定的社会基础上经过长期演化才能逐渐稳定下来的一种社会整体意识，它一旦形成，在短时期内很难发生根本性改变。当前，我国风险文化与整个高风险社会的不适应影响了灾害治理发展的文化驱动。回溯我国古代灾害治理传统，它之所以在古代社会成为轴心文明之翘楚，很大程度上是因为它立足于当时的社会文化秩序，形成了以儒家为主导、兼顾道、佛、墨家思想的多元一体的灾害治理理论与实践体系。在当前非传统安全社会下，与人工自然迅猛发展相适应的现代风险文化并未形成，风险的急剧高涨与风险文化滞后的巨大落差集中体现到灾害治理中来，其负面结果集中表现为灾害社会脆弱性。

从全球范围看，与现代社会风险文化相关的核心概念是现代性。现代性主要的和基本的特征是"大写的理性""大写的人"。理性中心和主体至上是现代性所环绕的轴心，并构成了现代化的灵魂（庄友刚，2008）。黑格尔也用主体性原则作为现代性的标志（尤尔根·哈贝马斯，2002）。现代性为人类创造了数不胜数的享受安全和有成就的生活的机会，但现代性也有其阴暗面，这在 21 世纪变得尤为明显（安东尼·吉登斯，2000）。尤其是随着科学技术的迅猛发展，现代性甚至成为物质生产飞跃发展的根本依赖性工具，科学技术的发展也被限定于这一目的。更重要的是，科学经由技术和工程与经济混淆起来，现代性在发展过程中更是逐渐蜕变为技术理性。它试图以线性的、机械的和确定性的思维和逻辑追求一种所谓"客观"的自觉方式。当技术理性盛行并在社会中行僭越之事时，它必然以霸权话语甚或意识形态的控制方式在社会中发挥作用，不断祛除社会中的人文因素，并在各个领域展开其控制力，使整个社会由此陷入"理性的牢笼"，体现为"理性化的经济生活、理性化的技术、理性化的科学研究、理性化的军事训练、理性化的法律和行政机关"（马克斯·韦伯，1987）。以效率、增长、进步为追求的运行理念在社会不同领域成为主导，政府治理的确定性思维因此不断面临风险社会不确定性的冲击。尽管自19世纪以来，人类社会对现代性的反思不断跟进，但启蒙时代以来的进步观念所驱动的人类对理性的自信，还是使在工业革命以后相当长的一段时间内所表现出来的一种"能干什么就干什么"的技术无政府主义，以及一种"技术能够解决一切"的技术乐观主义在客观上助推了技术理性的僭越（熊小青，2009）。加上在国际竞争中，很多国家为了获得竞争优势，放纵并助推了这种以"发展""效率"为目标的技术理性思维在公共权力机构中的泛滥。它使人类社会在创造了难以计数的、在古人看来不可思议的财富和奇迹的同时，也进一步确立了技术理性在社会中的统治地位，社会发展方式日益偏离社会的内在价值和根本目标，甚至僭越了"大写的人"的理性本身，人的主体性逐渐丢失。

在西方话语和与之相关的技术理性获得全球主导话语权的背景下，我国传统思想和文化却未能基于反思性思维合理地吸收现代性的正面要素，其原有的实用的功利逻辑与西方盛行的技术理性相契合，现代性的负面作用得以扩张。这既不断加剧了现代社会的风险，也加深了现代风险文化的滞后性，迭加了灾害治理的社会脆弱性。

一、技术理性僭越："自然的终结"与社会的围困

技术理性也称工具理性，马克斯·韦伯（1997）将之定义为将外界情况和他人期待作为条件或手段，来实现自己目的的理性。一方面，技术理性表现为一种认知方式，马尔库塞（2006）把它界定为一种理解世界的方式或处理理论知识的方式。从特征上来讲，它是一种机械的、线性的和确定性的知识体系。

另一方面，作为一种思维原则，技术理性最主要的特征就是强调科学技术作为实现眼前利益的手段实用性，追求操作过程的客观性、精确性和最大功效性，与此相关的社会发展方式重视确定性思维的引导，注重从事关注外部目标和效果的，以追求效率为主的"科学管理"行为，忽略了人的价值和意义。由此，与灾害治理密切相关的自然观、社会观都被异化，甚至人本身都被异化，失去其作为人的独特性，灾害治理面临着"自然的终结"、社会的围困的多重困境，灾害治理的社会脆弱性问题因此日益凸显。一是技术理性导致自然观异化，自然的内在价值失落，人与自然对立的价值观使灾害治理行为本身演变为各种灾难；二是技术理性使与社会发展目标价值相关的社会公正价值和人的价值都受到威胁，整个社会开始忽视社会公共性和长远价值的重要性，只顾眼前利益、局部利益和表面利益的治理行为不断出现，排斥非政府机构和社会力量进入灾害治理体系的问题也较为多见，由此引发的社会的围困进一步深化了灾害治理的社会脆弱性。可以这样说，现代社会的风险正是在自然和社会的决定权失去"无限效力"的情形下产生的风险。在这一社会中，人们对技术的盲目信仰、对技术理性的盲目遵从甚至导致了风险意识的终结，风险本身成为这个社会中不太受欢迎的词语，难以真正为社会所认知和把握。"自然的终结"与社会的围困显然使灾害治理所依托的健康的自然观和社会观失落，灾害治理社会脆弱性迭加。

（一）技术理性僭越导致"自然的终结"成为可能

自然的本意是自己、本己的状态，它和人为、人工的概念相对，包含两重含义：一是自然事物的总和或聚集；二是事物的本然状态或非人为、非人工的状态。技术理性的长驱直入使人工自然得以扩张和发展，各种人造系统，机器和技术产品充斥于我们的生活中，它使身处其中的个体在思维和情感上对技术产生盲目的依赖、信任甚至信仰，人与自然因此出现了深层次背离，"自然的终结"的时代悄然来临。所谓"自然的终结"指的是人与自然的天然和谐关系被改变，自然不再以不可知、不可控制的方式设定人类命运，相反，它受到了人类社会化的入侵（安东尼·吉登斯，克里斯多夫·皮尔森，2001）。这种"自然的终结"集中表现为自然内在价值的失落、人与自然的深刻对立。

1. 自然内在价值的失落

古代社会，在强大的自然面前，人们认为万物皆有情。亚里士多德甚至认为，自然界及其中的存在物都有自己的目的，自然界的运动变化有其内在秩序与规律，自然在这里展示出其初始的含义："事物在其自身的权利中具有生长、组织和运动的天性。"（亚里士多德，2016）那时，人对自然保持着最起码的敬畏。技术理性的僭越使技术几乎无所不能、无孔不入，机械自然观逐渐占据统治地位。工业革命以来的历史更是人工自然借助技术理性迅猛扩张的历史。所谓人工自然，是人类在实践活动中重组天然自然而形成的各种自然物的总称，是作为自然进化产物的人类所创造的人工自然物和人工自然界的总和。它作为技术的产物和人的延伸，是人通过实践改造天然自然的过程和结果，是有鲜明人类烙印的自然，它从一开始就表现为人类认识和改造自然能力的提升。从工业文明的角度看，人类文明的发展也正是人类与天然自然关系趋向弱化，与人工自然紧密相拥的过程。人工自然的扩张使人类由天然自然阶段进入人工自然阶段，传统的自然在很大程度上成为人工自然，自然因此被物化，失去其既有的内在性，成为人予取予求的工具。背离内在理性的自然观仍然是这个时代自然观的主体，它昭示着自然价值的沦落。

第一，机械自然观盛行，自然被物化。自然在技术理性逻辑下不再是一个有机的生命体，而是一架机器，它按照确定的力学规律而运行，具有因果上的必然性却无所谓的目的性，甚至连人体也不过是一架机器。由此所形成的机械自然观背离了自然的内在理性和内在价值，深深地影响了近现代以来人们对自然的态度。尽管后来出现的生态自然观的核心也是强调自然有内在的价值，自然界具有与人平等的关系，人与自然应协调发展，但这种自然观并没有真正广泛地深入民众，并没有建立起一个时代的秩序。

第二，人工自然的发展使自然既有的多样性和联系性被破坏，自然被简单化，成为外在于自身的异化物。人工自然通过大面积的人工养殖、破坏、剔除和再植，使自然本身的多样性和联系性被破坏，自然被简单化，自然规律被扰乱。例如，转基因生物被大规模地释放到自然环境中，使自然作物生长失控，危害其他生物，而且物种的异化和病毒的扩散等都在很大程度上冲击了原有的自然系统，既有的自然规律被破坏，自然平衡被打破，自然成为自然本身的外在物。同时，人工自然虽然是人类行为的结果，但与之相关的自然背离内在理性，人们尊重人类生命的原则未能得到体现。它使人类在改造自然和建构人工自然的过程中往往出现目的与结果的背离，最终反而危害了人自身的发展。如食品工业化的过度推进带来一系列食品安全问题，矿产开发过程中为获取丰厚的利润而忽视了对工人生命安全的保护，环境污染特别是已经侵害生命安全的污染问题直到目前也未能完全真正解决，很多人对环境污染危害性的认识也还有待提升。显然，人类在很大程度上已经无法掌控他们自己一手制造的这个新的"人工自然"，人工自然事实上成为外在于人的物。自然既有的多样性和联系性被破坏，生态的原有自然规律被搅乱，大量的灾害衍生于这一我们还未能把握其特征和规律的人工自然，灾害治理的社会脆弱性因此增加。

2. 人与自然的深刻对立

技术理性的僭越使技术几乎无所不能、无孔不入，它在促使人工自然扩大、自然价值失落的同时，也异化了人对自然的认知。它解构了传统中国社会"天人合一"的人与自然和谐相处的自然观，新的自然观又没有及时建立起来，由此产生了较为严重的自然观的偏离。尤其是技术理性的发展，使自培根、笛卡儿时代以来的机械自然观逐渐占据统治地位，人与自然深刻对立的二元论自然哲学盛行。

首先，人工自然的扩张是以自然界和人的退化为代价的，它强化了人与自然的对立。如前所述，人工自然是作为自然进化产物的人类所创造的人工自然物和人工自然界的总和。人工自然的发展固然给人类带来了一系列的财富和社会便捷，但技术理性僭越带来人工自然的扩张，自然在人的眼中不免被物化，成为人类发展所需的"取之不尽"的资源库和"容量无限"的废弃物收纳库。其中隐含着人与自然的深刻对立，它在无形中助推了盲目地大肆掠取自然资源和忽视自然规律的工业排放行为，使之在当前社会中多有体现。这种人与自然的深刻对立通过各种方式表现为人与自然的"斗争哲学"，从而引发人对自己创造出来的人工自然的失控，使人工自然偏离其服务于人的目的，变为一种外在于人的、异己的能力。因此表面看来，目前人工自然相对失控，人与自然的关系处于矛盾之中是由一些外在的经济、社会、政治因素等导致的，但实际上问题的根源都指向人内在的自然观问题。这种人与自然深刻对立的自然观显然使人工自然成为外在于自然的系统，因此，当人工自然这一系统进化时，与之对应的自然界与人都会表现出退化的特征，表现在现实层面即人工自然的进化造成了众所周知的危机（王续刚，吕乃基，2009）。

其次，技术理性使人将自然视为被改造和征服的对象。随着技术革命的持续推进，科学经由技术和工程而与经济混淆起来，工业社会大踏步迈进，人工自然得以扩张和发展，各种人造系统、机器、技术产品充斥着我们的生活。它在使人们享受方便、快捷、高品质生活的同时，也使人类盲目相信科学技术，一种"技术无所不能"的观念使"人定胜天"的认识逻辑盛行。人们日益将人与自然的关系看作一种人对物进行改造和征服的关系。正是这种不恰当的认知及理念使人与自然相互对立的紧张关系以一种稳定的心性结构固定下来，它在破坏自然和人类和谐生态关系的同时，也破坏了人生存和发展的前提、基础，促使现代社会出现各种灾害。

最后，技术理性驱使下的过度生产与过度消费导致人与自然关系严重失衡并日趋紧张。一方面，基于功利主义的发展观，不顾一切地掠夺资源获取利益的福特主义生产方式盛行。福特主义生产方式是一种批量的过度生产方式，它认为只要保持生产，就能保持物质财富的增加，这种盲目地追求财富增加的取向成为人与自然失衡的重要根源。这里的"过度生产"显然不同于维持人类必要生存和发展的生产，贝克称之为"生产力的过度发展"。他认为这种过度的生产力发展在现代化进程中使越来越多的破坏性因素被释放出来，即便人的想象力也难以招架（乌尔里希·贝克，2004a）。这里所谓的"过度"包括两层含义：第一层含义是指生产的根本目的和轴心不是人类的生存与发展，而是资本的增殖和财富的占有，物质财富的增加和利润的获取因此被片面地凸显，成为物质生产所要关注的唯一中心问题；第二层含义是人对自然的征服、物质财富的创造被片面地突出，忽略了化解物质财富生产过程中的"有害副作用"（庄友刚，2008）。过度生产的目的和轴心是资本增值，因此科学技术被资本者盲目崇拜，他们认为只要掌握了先进的科学技术及其成果，就能基于更高效率的生产赢得更丰厚的利润。这种过度生产导致严重的灾害社会脆弱性：一是生产的无限扩张趋势，表现为对自然资源的无节制的索取、过度的工业废气被无限量的排放、过度开垦、过度放牧以及与此相关的生态失衡问题越来越频繁地出现在媒体上，甚至成为很多人的日常行为；我们也越来越频繁地疲于应付各种因此而生的风险及作为其结果而被释放的危机。二是过度生产使财富增加的目标被过分强调，财富增加和风险后果这两个密切联系的因素被割裂开来，只有前者被鼓励并被片面地关注，后者则被忽视。其后果是二者的平衡被打破。人们逐渐忽视了物质财富的增加在一定程度上虽然能对有效规避和应对同一实践的风险后果有积极意义，但它并不足以制衡全部风险后果；人类获取物质财富能力的提高并不必然意味着防范和化解风险后果的能力的提升。在这种状况下，人类实践活动的风险后果反而被强化，灾害社会脆弱性因此被进一步强化。

另一方面，过度生产需要过度的消费来刺激。与福特主义生产方式下过度生产相伴生的是以消费主义为主导的过度消费的发展。这种消费主义正如让·鲍德里亚（2001）所指出的那样，"消费的真相在于它并非一种享受功能，而是一种生产功能"，它制造出一种破坏人与自然和谐相处的"消费主义"的生活方式，一系列的环境污染问题、生态失衡问题、能源危机和精神危机问题借助这种生活方式"一路高歌"，现代社会的人们因此"生活在文明的火山上"（乌尔里希·贝克，2004a），整个社会的灾害社会脆弱性急剧增加。显然，现代社会人与自然的关系以及由此引发各种灾害，在某种程度上就是这样一种现代"掠夺式"的物质生产模式和享受式的消费主义生活方式双重因素相互作用下的结果。

综上，人工自然的扩张使人类由天然自然阶段进入人工自然阶段，自有文明以来的人与自然和谐相处的自然观至少在目前都表现出难以适应当前现实的困境。很多人并没有意识到自然界已经发生了这些深刻的变化，但是与人工自然和技术理性迅猛发展相对应的文化滞后不仅无法应对相应的危机，反而迭加了新的风险，并在更大范围、更大程度上引起了混乱，很大程度上导致了"自然的终结"。不断探索新型的、与时下现实相适应的自然观是提升灾害治理水平的应有之意。

（二）技术理性导致了社会的围困成为可能

什么是社会？政治学家所说的社会一般指与国家分离且互动的公民社会。米格代尔所说的社会稍有不同，它是国家与社会的彼此影响和融合（乔尔·米格代尔，2013）。社会学家用多种隐喻方式来表达社会的本质与内涵。孔德、帕森斯等结构功能主义者将社会视作"生物机体"，韦伯把社会当作科层制"机器"；冲突论者则把社会表达为不同利益群体的"战争"场所；交换论者则将社会当作

"市场"；后现代主义和后结构主义者眼中的社会则被描述为"话语体系""文本"（何雪松，2002）。马克思和恩格斯认为，社会在本质上是生产关系的总和，"是人们交互活动的产物"（中共中央马克思恩格斯列宁斯大林著作编译局，1995）。

本书所指的社会是依靠社会道德、社会信任等社会资本约束的经济、伦理和社会生活共同体（白贵一，2011）。社会在本质上是互助、合作的，它指向的是公平公正的和互助合作的价值目标，社会发展的根本性的目标则是人的发展。但技术理性的高歌破坏了社会互助、合作的团结机制，社会存在的目标价值受到威胁，社会成为一种异化人的存在。正如胡塞尔（2001）说的那样，"现代人的整个世界观唯一受实证科学的支配……单纯注重事实的科学，造就了单纯注重事实的人"。由此导致的结果是社会发展偏离人的目标价值，社会公平公正和人的价值期许偏离，社会面临被围困的危机。以"天灾"形式表现出的"人祸"正是社会围困结果的再现。

1. 技术理性的扩张使与社会目标价值密切相关的人的价值受到威胁

在贝克看来，相对现代性在不断增长，人其实是一种在"自我危害的现代性阴影中繁荣成长的无知动物"（乌尔里希·贝克，2004b）。正是技术理性的僭越使现代性中应当包含的人的主体性并未得到彰显，人作为人的独特性得以消弭，人的价值被异化。它使社会偏离其属人的发展目标，灾害治理很难基于人的逻辑展开，各种外在于人的价值甚至在灾害治理中成为主导逻辑，最终加剧了灾害治理的社会脆弱性。

首先，技术理性使技术从人类使用的单纯工具异化为统治人、支配人的一种异己力量，使人异化为"单向度的人"。在技术理性主导下，人们迷信技术并制造出以此为基础的人工自然，一厢情愿地认为只要制造出强大的人工自然界，就能获得幸福的生活，抵抗一切可能的风险。遗憾的是，人类在享受人工自然大范围扩张带来的丰富物质成果的过程中，却在有意或无意中将技术理性内化为自身的思维、情感和行动取向，其思维和行动表现出理性化、机械化、标准化、程序化特征，人的个性、创造性受到束缚，人甚至成了技术的延伸，变成"单向度的人"，人的主体性基本上陷入失落之境。"人是机器"不再停留为话语，人在这种背景下，在现实中演变为可以分割、重组的对象，这一点在现代医学中体现得尤其明显，人赖以存在的独特性和合理性因此备受质疑。

其次，网络社会的发展使人深陷技术理性的桎梏之中，甚至使其在一定程度上沦为碎片化的个体，人作为人的独特性被进一步消弭。网络社会是指以网络信息技术为基础发展起来，并由社会认同权力型构出来的扁平化的、去中心的新的社会形态。它建立在基于人的价值认同这一真正的社会认同基础上，有利于社会结构趋向"扁平化"，能在一定程度上促进人的"自由"，但网络社会的技术性特质使其本质上仍是一个受技术理性支配的社会，人的思维的碎片化、平面化现象日趋严重，它消解了人的思维的深度、长远性和内在性，随之而来的是人类引以为傲的理性本身也面临前所未有的、深刻的危机，新的蒙昧主义产生，那种"随时使用，何必拥有"的价值观被人们广泛接受。在这种背景下，人的内在性失落，人们对社会问题的内部审视意识淡薄，因此人们对网络社会也是风险社会的本质认识不够，网络社会交往的不确定和抽象性进一步消解了人的主体性。基于网络社会交往对象的不确定性、多变性等特征，网络社会交往表现为一种手段性和抽象性交往，基于手段性交往，公平原则降格为交往双方实现自身需要的物质手段，人的尊严和价值被漠视；基于抽象性交往，人与人的交往变成一种标准化的交往，人的内在情感和人作为人的独特性被消解（侯玲，2015）。

最后，技术理性强化了属于技术的而非人的文化。技术理性的僭越创造出属于技术的人工自然体系，它深入地渗透到人们的日常生活中，使人在潜移默化中成为"技术的人"，其思维标准化、程序化现象日益严重，人失去对技术风险的最起码的反思力和应对力，它使真正基于价值理性的科学和人文精神都难以深植于当下社会，人类失去对现代技术最起码的反思力，难以真正形成应对技术风险的现代风险文化。因此，技术从发展人的本质力量中分离出来，人变成物的依赖者，甚至干脆被物化。技术理性的这种僭越由此强化了属于技术的文化，而不是人的文化，在新的层次上导致了技术对人的全面控制。它威胁着人类自身的生存和发展，灾害治理所追求并依托的人的价值目标由此被消解，其社会脆弱性由此深化，表现在以下三个方面。

其一，真正的科学精神难以深植于技术理性盛行的社会。科学的基础是理性，它的基本特征是创造性、功能潜在性和不确定性，但技术理性的僭越使技术开发管理的理念和原则被应用到科学研究管理之中，本来用以规范技术和工程开发的政策和伦理规范却被用来规范科学研究，它使功利主义与实用主义在科学界盛行，使自由探索的科学精神难以深耕。由此引发科学、技术对短期发展成果的追求与沉迷，科学研究甚至迷失了对人类社会的根本目标价值追求，"有用即是善"的观念深入人心，技术滥用的现象盛行，即使是中性的技术也给人类带来了难以预测的不利影响。

其二，人文精神难以深植于社会。社会是由个体的人组成的，私人利益与公共利益并不必然具有对立的形式。技术理性僭越导致实用价值、二元对立观念盛行，事实取代了价值，功用替代了理念，人文精神世界轰然坍塌（海尔格·诺沃特尼等，2011），技术和技术理性的强制性的主导地位更加显著和突出。它遮蔽了价值，人从目的变成了工具。异化了的人因此难以坚守和践行人的价值和属人的社会互助特性，人类的公共利益诉求被瓦解。尤其是二元对立观盛行，它使私人利益与公共利益成为深刻对立的两端，由此引起的私人利益与公共利益的分裂造成整个社会人文精神的失落，风险决策和管理中的管理主义及科学主义盛行。它使技术官僚透过专业治理直接或间接掌控、影响灾害治理的运行机制。由此形成的专家治理模式已经呈现出严重的"见物不见人"的弊病，其决策的正当性和公正性也受到质疑，难以真正应对日益严峻的不确定性风险的冲击。

其三，技术理性导致科学研究逐渐远离了人的日常生活和精神世界，并主动选择价值无涉，片面追求物质利益与功利价值，科学难以真正转化为人类认识自我、认识自然、改造自然的能动性和创造性力量，人在面对现代技术风险时往往束手无策。尤其是随着人工自然的扩张和现代技术成果的开发和应用，我们所赖以生存的生活设施、工作场所都打上了技术的烙印，人们因此过于注重技术对自然的改造与掌控，缺乏对现代科学技术风险最起码的认知力和应对力，其既有风险反而被忽视了，甚至在应对技术风险时也往往只能通过技术手段来实现。这种思维和路径反而迭加了新的风险，在更大范围和更大程度上引起混乱。与这种混乱相反的冷静和理性才能让我们侧目。

显然，技术理性使人们在日常生活中往往倾向于借助技术手段来代替人脑的认知和思维方式，其结果是人的内在性、批判意识下降，人的认知力和选择力弱化，其行为方式的机械化、标准化和程序化特征明显，人基于创造性、主体性的独特性也趋向消解。人的价值因此被异化，属于技术的而非人的文化不断得以扩张，整个社会属人的价值难以在灾害治理中得以彰显，灾害治理面临目标困境。

2. 技术理性的僭越使社会公正目标价值观受到威胁

社会本质上是一种社会互助关系，而非互害关系。按这种社会内在理性原则来讲，公平原则是现代社会发展的一个标杆，它强调"与他人共在"的一种责任，个人与社会制度都可以通过这种公平原则的建制性发展塑形和构建自己，从而形成一种整体的社会互助、合作的精神资本积累。这意味着个人的这种责任是对存在意义上的"他人"的负责（艾玛纽埃尔·勒维纳斯，1997）。社会公正的目标原则其实意味着一种人性的发展，意味着个人在实现公共性中追求的那些属人的优秀品质和德性，如正义、智慧、节制等。它们是个人在社会生活中追求人类自我实现的目标期许，它指向的是人类福祉的增进。技术理性的发展使技术在给整个社会带来高效率发展条件的同时，也孕育着一种思维趋向，传达着一种价值观念，即以理性形式追求目的性活动的效果与效率正在成为生活的轴心（陈振明，1992）。它奉行"有用即是善"的观念，以效用作为公平的主要评价标准，那些对权利、自由、责任和分配的长期的社会发展规划由于无关效用通常被忽视，短期的、功利的社会发展规划成为主导。以效用代替公平原则的功利主义发展观盛行，它以物质丰盈的话语体系遮蔽了社会资源的结构性匮乏，资源分配的不平等对人形成了挤压，必然会导致人与人关系的不和谐，社会互助作为社会的本质属性被破坏，社会公正的目标价值观受到威胁。爱因斯坦因此也批判性地认为，"务实"的思想习惯造成人类相互体谅的宽容精神的窒息（阿尔伯特·爱因斯坦，1979）。显然，功利主义的发展观只关注实际效用，把发展转化为各种物化的指标，社会内在的人文精神被忽视，它排斥和吞噬着价值理性，人的价值反而被忽视。它在使无处不在的风险得到进一步深化和扩张的同时，也使人类社会内部人与人之间的关系陷入紧张状态，社会团结的瓦解，甚而社会目标价值的备受冲击都作为社会围困的表现和结果日益凸显出来。

（1）功利性发展目标深化了社会不平等

以技术理性为驱动的功利主义发展观重视短期的发展目标和效应，与人类平等、互助相关的社会建设相对滞后，这在新的形式下深化了社会不平等。

第一，技术理性主导下的科层制信奉依托专家系统的精英民主，忽视了社会力量的重要性，对公众能力有所怀疑，影响了社会参与的积极性和创造性，这会使社会决策容易成为少数人意志的体现，社会民主、公正的目标价值受到一定程度的威胁。

第二，对权力及平等等长远社会建设的忽视导致社会财富及收入分配的不平等问题突出，风险分布不平等。风险分布在一定程度上遵循着财富逻辑，即财富越多，人们防范、规避和化解风险的物质基础越扎实，也越容易在风险对抗中处于优势，那些在财富和收入上处于劣势的群体则会因为缺乏防范和化解风险的能力和条件，成为灾害损失的主要承担者。社会建设的相对滞后使现有财富分配仍有较大的落差，它进一步增加了风险分布向脆弱地区和群体集中的可能性。前述基于 GIS 等技术分析显示的 C 市灾害社会脆弱性及其分布正展示了这一逻辑：财富较少的人承担着更为集中和严重的风险后果。当然，这种灾害与风险的分布也是公共产品配置不公的结果。这种情势使社会互助作为社会共同体的本质属性受到破坏，在风险分布上的不平等是风险社会对个体影响最突出的一种不平等表现。

（2）教育公共性不足，精神不平等持续深化，权利贫困问题较为严重

精神不平等已经成为时代最大的不平等（侯玲，2016a），由此教育公共性不足引发了更为严重的权利贫困问题。今天的社会虽然仍存在着物质财富分配不均等的现象，但机会平等对物质资本的依赖性已大大降低。今天，平等主义发展所面临的最严重的威胁都与精神资源的分配不平等有关。福格尔（2003）总结了对个人实现来说最重要的精神资源，包括机会认知力、目的感（他认为这是最重要的）、感到自己是工作和生活的主人、团结精神和包容心（强烈的家庭观念、集体感、有能力与各种各样的群体和谐相处、仁慈观）、与职业相关的劳动观、纪律性（最重要的是要有自己的目标以使自己的精神高度集中，并能抵御享乐主义的诱惑，忠于自己的承诺）、自我教育的能力（对知识的渴求、品质鉴赏力、自信心）。而且精神资源不像物质资源，它不能转让，个体是否拥有这些资源决定了其能否拥有平等的自我实现的机会。换句话说，精神资源是否平等地分布于社会成员中，社会成员是否平等地享有精神资源决定了其是否拥有真正的权利平等，也决定了其生存与发展能力的高低。精神不平等显然已经成为时代不平等的重要标志。

技术理性主导下的教育一方面存在着教育资源分配的不公平问题，另一方面更为重视知识而忽视人文精神教化，它使弱势群体很难借助教育来积累积极的精神资源，其权利贫困问题进一步严重，弱势地位被进一步强化。这显然伤害了社

会互助和合作精神，导致了人与人之间的关系紧张，社会个体化现象也日趋严重。社会因此缺乏共同认可的价值标准，德性的追求成为私人行为。个体化的人失去公共生活的志趣和理想后，人与人之间休戚与共的价值纽带断裂，社会公正的互助价值面临着瓦解的威胁。这使得现代社会可以通过各种手段实现对个人的社会控制，其结果是人自身很难获得合理的生存与发展。

（3）公共产品及服务供给内在结构失衡，风险分布的不公平深化

技术理性的扩张使社会公共安全产品和服务供给偏向物质性服务，风险分布的不公平深化。社会公共安全产品和服务是人类加强自身抗风险能力的关键，它应当包含服务与设施、物质与精神意识多层面的内容，并且这些内容应当在社会中被公平分配。但技术理性的扩张使人们过于重视短期实用的服务，忽视了对公众风险意识教育的供给，公共产品和服务的供给缺乏整体性和长远性。具体表现为：一是公共安全服务过于重视物质基础建设，忽视相关的精神意识建设，尤其是安全意识的教育，69.3%的被调查者表示，他们基本没有接受过任何关于风险意识的培训和指导；二是长远性考虑不足，重视公共安全服务的事后供给，预防性服务明显不足，关乎社会生存安全的灾害救助更是未能得到合理的重视；三是风险教育和预防性服务资源更偏向发达地区和人群，社会断裂的深化使人们难以基于一个整体的社会共同体应对当前风险社会的挑战，这无疑增加了灾害治理的社会脆弱性。

（4）公民参与灾害治理的公共意识与能力不足，影响了社会公正目标的实现

现代社会的各种风险和灾害已完全超出单个生命个体的力量，只有具备公民意识和公共意识，才能真正形成一种积极的风险文化，以此加强社会整体的灾害应对力，实现灾害治理的公共性诉求。随着社会的发展和进步，我国公民参与社会治理的主动性和积极性都有所加强，但技术理性及以此为基础的科层制整体来说在公民公共意识、风险意识的培育上还是多有不足，也缺少对社会组织的信任，目前公民参与灾害治理的公共意识和行动能力都相对缺乏。

首先，公民意识不足。判断一个人是否具备现代公民意识，首先要看他是否能从权力或某种外在力量的依附性角色中解脱出来，自觉地认识到自己在社会生活中的主体性角色。就现有情况来说，我国公民中还有相当一部分人的独立意识不强，对权力机构有意或无意的高度依赖也使其人格相对萎缩，使其缺乏社会参与的主体能力。具体地讲，这种公民意识的缺乏主要表现为以下四点：一是权利

意识的缺乏。权利意识是公民意识的核心（张凤阳等，2014），但调查中有69.3%的人并不明确地知晓自身的权利，不知道如何独立、主动、积极地参与公共事务。二是自由意识的缺乏。在现代社会，公民的权利与自由是密不可分的，在法定的合理范围内，公民有独立自由地决策并行动的权利。但调查显示，公民对自由的理解和应用显然并不足。79.4%的被调查者意识到自由是有界限的，但是同样有高达81.3%的被调查者对如何在现实中处理好权利与自由的关系并没有明确的认知。三是平等意识的缺乏。平等意味着，在不违背法律的前提下，各主体应有同等的权利去获取机会并谋求发展。调查显示，在93.7%的被调查者的意识中，正是平等的意识使他们强化了竞争意识，而不是平等互助的精神。四是参与意识的缺乏。在现代社会，公民是一个积极的参与者，而不是被动的"臣属者"。权利、自由和平等意识最终将落实为实际的社会参与行动。但是，67.7%的普通公众对公共事务没有足够的兴趣，"为自己而活"的个体化生活态度盛行。这个比例在经济较为落后的地区更高，在部分地区达到87.6%。显然，实际情况是，公民的参与意识薄弱，参与积极性乃至参与层次也不高。

其次，公民参与的能力和积极性都相对缺乏。对C市这个近年来多次发生地震的地区的调查表明，大部分人对地震的知识、对震中及震后逃生知识的掌握几乎为零。很多人因对应急避难存在误解而丧失了逃生的机会，而且大部分公民对社会参与持消极态度，他们认为"不知道怎么参加，也没人叫我参加，即使参加了估计也没什么用"（访谈对象JYW）。反过来，长期缺乏社会参与的生活也削弱了公民参与灾害治理这一公共事务的内在理性，因此，即使他们参与到灾害治理中来也多是被动的，或是"积极地"来凑热闹。从参与意识和积极性来看，以汶川地震救援为例，此次救援行动作为我国有史以来最大的一次救援行动，从政府到民间，除了军队、武警等国家救援力量之外，众多的志愿者和社会组织都以最快的速度冲到了抗震救灾的第一线。但即使是这样一个大规模的近乎全员参与的灾害救援行动，它所体现的公民参与意识不足的问题也十分明显。这里涉及公民参与意识的几个标准：一是公民参与的主要群体是青年学生还是成年人；二是公民参与主要是断面式的还是全程式的；三是公民参与是分散性的还是组织性的（侯保龙，2013）。以调查的实际数据来看，在这次灾害救援中，参与者以青年志愿者居多，大学生及高校教师在其中占据了重要的组成部分。参与方式也比较松散，多是以个体或自愿的方式，基本上不依托任何社会组织的志愿者救援行为十分多见。而且这种志愿者救援行为在灾后并没有成为一种持续的行为，因此更多地表现为应急救人的断面式参与。同时，我国灾害救助的社会参与不足，对社会捐赠款项的监管力度不够也是社会参与不足的表现。如果说现场志愿者救援行为并非灾害救援的常态行为，那么救灾捐款行为却应该是救灾活动的常态行为。就我国现有慈善捐款行为来看，捐款数额都是随着灾害的发生而上升，灾害过后就骤降，这表现出社会捐赠参与行为持续性不高的问题。当然，除此以外，公民对救灾捐款也缺乏监督意识和能力，长期以来的体制内监督的局限性也并未得到克服。

最后，我国公民灾害治理参与的层次低。现有公民参与主要表现为参与渠道的单一和参与形式的被动。按照 Arstein（1969）提出的公民阶梯理论，根据公共决策时所能发挥影响力的程度，按照公民在其中是否完全主导，将公民参与分为 8 个层次：①操纵；②治疗或教育；③给予信息或公开宣布；④咨询、调查；⑤安抚；⑥合伙；⑦授权；⑧公民控制。Barber（1986）提出直接民主有 12 种途径：村民大会、乡镇集会、公民教育、补充性机构（如市镇代表会议）、全国创制与投票程序、电子投票、抽签选举（依序与轮替）、公共选择的总换券与市场途径、全民公民资格与共同行动、地方选举、工作场所民主气氛的营造、邻里公共空间的改造。Connor（1988）提出了新公民参与阶梯理论：教育、信息反馈、咨询、协调、诉诸法律途径、解决/预防冲突。无论从公民参与的哪种维度考察，目前，我国公民灾害治理社会参与的形式和途径都停留在较低层次，难以真正对灾害决策起到积极影响。同时，公众在灾害发生后通常难以基于灾区的实际需求产生积极的响应行动，即使有响应，其响应的内容和技术也显示出较低的品质。

综上，技术理性的僭越使现在与过去相比，人类社会更多地受功利主义驱使，导致掠夺性的生产与生活方式甚至与此相关联的社会发展方式盛行，导致人与社会"在某些基本方面变得十分具有威胁性"（乌尔里希·贝克，2014），社会发展目标价值都受到威胁，"作为一个物种，我们的生存已不再有保证"（乌尔里希·贝克，威廉姆斯，2001）。正是在这个意义上，超越技术理性，实现人的内在理性和社会公平公正原则的践行，是提高灾害治理水平、降低灾害社会脆弱性的核心。

二、本土理论自觉缺失：我国现有灾害治理思想的反思性不足

正如前面所说，灾害的发生和发展都表现出较强的地方性特征，灾害治理因此更多的时候表现为地方性的综合事务，它需要充分结合本土实际情况采取应对措施。在前述文献中我们也发现，西方人本主义的灾害治理理论正是因为深植在西方理性与基督教传统中才不断发展并发挥积极作用的；我国古代社会的灾害治理思想也正因为适应了本土社会文化的等差秩序和总体性社会特征，才在当时形成了良好的官民互动的灾害治理体系。显然，任何一种灾害治理理论要想在现实中发挥积极作用，必须与其所在的社会文化秩序相契合。但需要注意的是，由于时代不同，我们今天所面对的自然与社会已经发生深刻的变革，我国灾害治理理论要真正适应现代社会的发展，既不能完全照搬西方，也不能完全因循旧路，必须要对西方社会的灾害治理范式和中国传统灾害治理思想进行深入反思，才能真正立足现代社会的发展趋势与本土的社会文化秩序，形成基于本土文化自觉的灾害治理理论与实践体系，并由此实现现代风险文化转型。事实上，也正是由于目前在灾害治理思想形成过程中，我们缺乏对传统与西方现代治理思想的反思，灾害治理的社会脆弱性才不断迭加。

（一）中国灾害治理思想对西方现代性反思不足

伴随西方价值的渗透和西方主导价值的深入，二元对立的认知范式和科学认知范式长驱直入，它解构了中国传统的"和而不同"的认知范式，甚至使中国传统的"灵性"思维被贬低为异类，这在很大程度上解构了中国传统文化的合理性甚至合法性，"只要是西方的就是好的"这种荒谬结论一度极为盛行。西方价值因此无限扩张：一是它使国人无法真正跳脱出西方二元认知范式的制囿以应对当前肆无忌惮的技术理性入侵；二是我国现有灾害治理理论难以真正基于我国传统的"和而不同""天人合一"的思维范式整合现有灾害治理思想的优秀元素，实现我国灾害治理思想反思性的现代性，我国现代风险文化滞后于现代风险社会的发展。在这种背景下，西方现代灾害治理范式瓦解甚至销蚀了传统中国人"天人感应""天人合一"的生活情怀，打破了中国人实现心灵世界和现实世界和谐发展的实践理性基准，中国人难以基于自身文化自信和自觉真正超越西方二元认知

范式以应对西方技术理性的入侵；同时，也正是在这种意义上，不安全已经渗透到了人们的生活结构中，让人产生了无法忍受的恐惧、焦虑、无望和无力等不安全感。甚至基于较低的安全感，人们会无意中放任风险的"污名"化，因为害怕、恐惧等不安全感会大大降低人们对事故和风险的怀疑，但它的代价是风险可能被我们完全屏蔽在自身的认知范围之外。现代社会，我国灾害治理思想的反思性不足显然是风险文化滞后的重要表征。

第一，中国传统的"灵性"思维在西方"科学"范式的强势影响下被贬低为异类。中国传统的认识范式与以理性为基础的"科学"范式不一样，是一种以"灵性"为基础的认识范式。它不仅包含了客观认知层面上的知识、方法，还包括直觉的方法、体认的方法（庞金友，2014）。这对形成具有反思性的、系统性的灾害治理思想显然大有裨益。但随着西方科学技术的迅猛发展，在西方社会中，"科学"更是有超出一般认知范式的地位。随着西方价值的深入，西方理性的"科学"范式也成为中国文化中重要的甚至是唯一的认识范式，它深刻地影响了中国人认识自己思想和文化的方式和视角，传统中国自身的理性和"灵性"结合的认知范式——智慧——则逐渐失落。越来越多的中国人读不懂自己的文化，他们以理性为标杆，将中国文化中的"灵性"思维贬低为有待科学化的"异类"。这种认识范式的西方化显然容易产生更为严重的自我异化效应，中国传统灾害治理思想难以基于文化自觉与西方灾害治理思想中的现代元素形成融合效应，风险文化滞后于时代需求。

第二，西方二元对立的思维方式解构了中国传统的"和而不同"的认知方式。西方以理性为基础的认知方式更多地表现为一种二元对立的思维方式。所谓二元对立指的是"一种事物与另一种事物的对立"（C.恩伯，M.恩伯，1988）。如他者与自我、鬼与神、东方与西方等，它们的关系是，后者是中心、权威，是判断前者的标准和准则。这种二元对立的思维是西方人认识、理解事物的基本思维，它是西方灾害治理思想赖以存在和发展的社会文化土壤。这种非此即彼的二元对立思维随着西方文化的渗透深入地影响了今天中国人认识问题的视角，它使人类关于灾害治理的优秀思想很难集合为整体和传统。与此同时，这种二元对立的思维强调东方与西方具有本体论的差异，东方在此代表着低劣、落后、野蛮和贫穷（爱德华·W.萨义德，2009）。因此，很多西方学者以启蒙教化和拯救中国文化为己任来进行中国研究，很多国内学者也有意或无意地盲目追求与国际接轨，不自觉地迎合西方标准，甚至将之内化。因此，中国传统文化在我们自己的视域下也被归入落后文化。对传统文化过多的批判和指责所导致的中国人对中国文化不自信、不喜欢、不理解甚或排斥的现象盛行一时，大量以国际为基准的异化知识充斥于我们的时代，它甚至从内部瓦解了我们对中国文化的自信和情感认同。在这种情况下，我们很难基于自身文化自觉对西方以技术理性为主导的灾害治理范式进行反思性融合，风险文化的滞后因此成为题中之意。

（二）我国灾害治理思想形成过程中对本土传统反思不足

传统意味着过去，它是祖先积累而成的宝贵精神财富，它赋予人的生活以方向和意义，是人类灵魂最不可或缺的滋养。现代以来的中国文化的发展是伴随着去传统化开始的，它固然使中国文化发展出现代性维度，但在引入西方现代文明的同时，由于过度的去传统化，我们也曾一度几乎中断了对中国传统文化的现代传承，西学逐渐成为主流。那些寄托着"天人合一""俯仰天地"的宇宙情怀在去传统化背景下与西方文化这个他者相遇后，遭遇了"两千年未有之变局"。裹挟着西方价值观的西方文化思潮与市场经济在激活并顺应了彼时中国人对物质生活的追求与向往的同时，也遮蔽甚至取代了中国人对自身传统的反思和发展，西方文化中的重利倾向和个体利益至上的观念激活了我们文化中实用的、推己及人的功利逻辑，使灾害治理的公共性逻辑难以发挥重要作用。

传统社会治理理念的核心是推己及人的"仁本"思想，是与我国等差社会秩序相契合的。相较于西方社会治理传统，中国古代传统灾害治理思想不仅自成体系，而且体现出较强的超前性和早熟性，较早地确认了"人为贵"的思想和社会治理的国家责任框架。它与西方灾害治理传统最大的不同在于它更重视责任和推己及人的等差秩序，但也显示出权利缺失和选择性服务的一面。

首先，我国传统的治理思想强调家国同构的儒家思想，将大同社会建立在统治者"不忍人之心"①上，认为"恻隐之心，仁之端也"②，将济贫救弱视为国君和家族不可推卸的责任。同时，它强调家庭先于国家，国家是家庭、家族、宗族伦理扩大的产物和结果，即所谓"天下之本在国，国之本在家，家之本在身"③。"孝道"

---

① 《孟子·公孙丑上》。
② 《孟子·公孙丑上》。
③ 《孟子·离娄上》。

则稳固了家庭在整个治理体系中的基础地位。我国的政策法规更是基于本土家国同构的社会文化基础，一再强调国家和家庭在社会治理中的重要地位和作用。

其次，中国传统治理思想强调"老吾老以及人之老，幼吾幼以及人之幼"①的"亲亲人伦""推己及人"的基于同情心的等差治理理念。它与西方基于爱人如己的无差别的、平等博爱的治理理念显然有极大差异。它更主要地仍是从人的自然的消极权利出发，仅把治理行为当作同情、宽容和"善行"来对他人实施救济。

再次，基于传统中国治理思想中浓厚的"五伦"思想，官民等差互动的关系体现为传统治理思想中政府与民间社会明显的权力与地位的不对等关系。

最后，前文我们提到，基于儒家"仁者爱人"的"仁爱"思想，"人最为天下贵"的"爱人"原则被视为"仁"的必备条件，它表现为自我完善式的"君子以振民育德"②"修己以安百姓"③的家国情怀。它使中国士大夫致力于社会治理的行为多少带有个人功利性的目标。到宋明理学，士大夫高度的责任感和使命感被进一步彰显，家国天下的情怀和使命被提高到与宇宙处于同一高度，所谓的"为天地立心，为生民立命，为往圣继绝学，为万世开太平""博施于民而能济众""仁民爱物"的家国情怀更是自此滋养了一代代中国人，使其在情感、思维和行为模式上都程度不一地表现出强烈的基于完善自身的家国责任感和使命感。显然，中国传统治理思想重视儒家思想中强调的为政者的道义与责任以及道家思想中强调的自力更生的思想，使我国现代社会治理思想更多强调政府乃至个人的责任，甚至于这些治理行为被视为一种外力的恩赐，表现出较强的伦理色彩。较之于西方治理思想更多地强调社会权利，它表现出权利缺乏现象（彭华民，2009）。

自 1840 年鸦片战争以来，中华大地开始西学东渐，中国人在引入西方社会自由平等，吸收西方天赋人权等现代思想的同时，中国传统社会治理思想表现出自由、平等、重权利的现代意识；与此同时，马克思主义理论的传入与中国传统治理中的大同理想所内含的反对剥削和压迫的理念契合，中国人在接受马克思主义理论时，通常以"大同"来指称社会主义、共产主义（方克立，1998），试图达成无阶级、无剥削、无压迫、无私有财产的物质文明与精神文明高度发达的"大同"世界。但由于中国传统文化在现代社会发展过程中缺乏

①《孟子·梁惠王上》。
②《周易·蛊》。
③《论语·宪问》。

自觉性，其本身秉持的重国家责任的传统与西方重个人权利的思想发生冲突，难以形成一个完整的理论体系，在中国传统治理思想影响下，我国最重要的社会资源都基于"推己及人""我为人人，人人为我"的差序格局，按"自家人"原则进行分配。它造就了某种以血缘、地缘和等级地位为基础的差序人格和差序价值观（谢志平，2011）。这种以血缘、地缘来定亲疏的价值观将个人的社会责任与义务仅仅局限于自身认定的"自己人"网络之中，容易将之更多地变为一种内在人情关系的合理投资，表现出明显的功利性和现实性（谢志平，2011）。我国传统灾害治理基于中国文化秩序规约，与西方"爱人如己""无差别"的治理理念显然有很大差异，表现出一种外生性的策略性适应行为，具有明显的功利性。

首先，受中国传统的推己及人的治理理念影响，重功利的治理模式多少体现在 C 机构治理活动中。C 机构灾害治理活动的工具性目的明显。一方面，在对外合作中，它强调风险最小化原则，并以此来安排自己对外合作活动。在政府购买上倾向于使用"自己人"，或干脆培养自己的"帮手"，一些机构政府购买服务的形式化现象极为明显。虽然依据 2012 年《关于政府购买社会工作服务的指导意见》的规定，政府购买服务是政府基于市场契约原则向社会组织购买社会工作服务的一项重要制度安排，但 C 机构依托政府购买实施的救灾活动带有一定的工具化倾向。在对国际机构的态度上，虽然它可能在专业性上需要国际机构的专业外援，但它仍基于意识形态的政治安全考虑追求风险最小化原则，尽可能用"自己人"。另一方面，在对内管理中，作为政府机构，C 机构又基于组织的部门利益与救助者的个体自我利益，未完全按照灾害治理的服务目标行事。

其次，我国民间机构扎根于中国传统，其灾害治理理念更是深受本土传统治理思想的浸染，尤其是中国传统治理思想中的士大夫的使命感和责任感、传统儒家推己及人的思想以及由此引起的以己为中心的理念思维，深深地影响着民间机构灾害治理理念和策略的形成。在民间机构与政府及其他社会组织的互动中，这种理念思维使其在处理与政府和其他社会组织的关系中表现出一定的功利性。在面对国际机构时，为了政治安全、实现风险最小化，B 机构绕开国际机构，另辟蹊径，选择中国香港地区的机构作为国际机构的替代或中介，向其寻求专业性借鉴和支持。

最后，国际机构在服务中国受灾者的过程中，在对其服务对象的文化和社会处境进行适应的过程中亦呈现出权宜性的一面。作为国际机构，基于其来源国内生的自由主义救助理念，L机构在我国开展灾害救援活动的过程中奉行的是平等博爱的、无差别的理念和原则。它重视受助者的权利（权益），试图建构救援者、受助者与利益相关者的平等协商关系。但显然，它与我国深入文化肌理、上下有序的等差原则存在着一定的差异，通常在救灾活动中由于文化的不适应性导致了救灾困境的产生。因此，它试图采取不断试点、员工本土化等策略来不断了解和适应本土的灾害治理的社会文化处境。值得注意的是，这些适应性的策略的目的不在于适应，而在于改变受助者的认知及行为。

显然，我国灾害治理理论形成过程中对自身传统、西方现代理性的反思不足，未能基于深入的反思实现灾害治理观念的内在转型，难以应对西方技术理性范式的僭越，也使传统灾害治理思想中的功利逻辑成为可能。在这种背景下，我国现代灾害治理思想发展的社会文化滋养不足，整个社会暴露出相对风险社会迅猛发展而言的风险文化发展滞后，由此出现灾害治理的社会脆弱性。

第二节　灾害治理制度公共性不足：灾害治理面临实践困境

在多主体参与灾害治理的格局下，要实现灾害治理目标，不同治理主体制度化的有序参与到灾害治理中是十分重要的。长期以来，我国灾害研究领域的主导话语权归属自然科学与工程技术研究传统，这导致灾害治理的理念与策略都表现出严重的技术理性倾向。这种基于技术理性的传统治理范式及其相关的治理结构是伴随工业革命、工业化大生产而产生的。工业社会中最核心的概念就是效率，它也尤其注重对效率的追求，它使以技术理性为导向的、注重工具性效率而忽视内在价值理性的灾害治理范式盛行。它高度依赖专业化的知识和信息，依此形成灾害治理重视专家管理而排斥民主参与的现象，不同主体之间的互动协作关系也难以形成。它与我们所讲的治理多主体参与的公共性是相违背的，这种技术理性的治理范式因此可以被理解为极端的现代主义，它使灾害治理理念日渐偏离公共性，表现为明显的计划性体制和碎片化规范，由此形成的灾害治理制度迭加了灾害治理的社会脆弱性。

一、灾害治理计划性思维明显：各主体合作机制遭到破坏

在多主体共同介入灾害治理的社会格局中，只有彻底打破政府单一治理主体的现状，倡导并整合更多的社会力量参与灾害治理，才能基于多主体的合作治理真正实现灾害治理的公共性目标。现有灾害治理理念及与之相关的制度依托具有明显等级制原则的行政结构开展，其灵活性要比其他主体低一些（康保锐，2009）。其突出的不足之处在于，它依托"知识-权力"的技术理性逻辑，倡导以功绩为基础的计划性治理体制，表现出对行政权力的重视和对社会力量发展的限制。这使国家在政策法规导向上对灾害治理主体及其关系的理解简单化，灾害治理主体之间的关系被视为一种线性的而非网络的协作关系，政府未能真正意识到自身动员社会力量参与社会服务的功能定位，灾害治理规范与体制显示出一定的计划性和简单化特点，灾害治理偏离其既有的公共性价值取向，灾害治理的社会脆弱性日益明显。

（一）国家对民间机构的管理规范和体制表现出计划性

1. 国家通过政策法规实现民间机构民生服务的制度化

从国家（政府）角度看，从事社会服务的民间机构的专业能力和经验其实比想象的更重要。因为民间机构长期扎根基层，并能专注某一领域展开持续的服务，有较强的专业性，能较好地实现民生目标。政府在给予其指导和支持的同时与其积极合作，对中国社会服务事业的发展大有裨益（王思斌，2005）。与此同时，因为受到各种稀缺资源，包括资金、组织合法性、官方媒体、活动许可、影响决策的机会等制约，民间机构会出现服务目标偏离的现象，这不利于民生目标的实现。因此，国家通过法律法规的制定和实施来试图引导民生服务导向。目前，国家支持民间机构参与社会服务的法律法规包括三类：专门法、相关法和配套法（图5-1）。

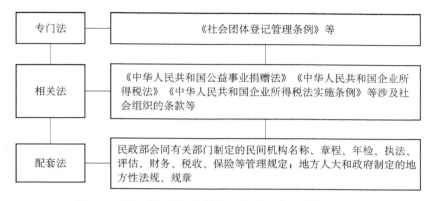

图 5-1 国家支持民间机构参与社会服务的法律体系图

其中，主要的专门法及配套法如表 5-1 所示。

表 5-1 民间机构主要管理办法汇总表

序号	政策、法律法规名称	发布日期
1	《社会团体登记管理条例》	1989 年 10 月 25 日
2	民政部关于印发《民政部主管的社会团体管理暂行办法》的通知	1998 年 6 月 12 日
3	《社会团体登记管理条例》（1998）	1998 年 10 月 25 日
4	《民办非企业单位登记管理暂行条例》	1998 年 10 月 25 日
5	《社会团体设立专项基金管理机构暂行规定》	1999 年 9 月 17 日
6	《社会团体分支机构、代表机构登记办法》	2001 年 7 月 30 日
7	《基金会管理条例》	2004 年 3 月 8 日
8	《中共中央关于构建社会主义和谐社会若干重大问题的决定》	2006 年 10 月 11 日
9	《民政部关于促进民办社会工作机构发展的通知》	2009 年 10 月 12 日
10	财政部 民政部关于印发《中央财政支持社会组织参与社会服务项目资金使用管理办法》的通知	2012 年 9 月 7 日
11	《国务院办公厅关于政府向社会力量购买服务的指导意见》	2013 年 9 月 26 日
12	《民政部关于进一步加快推进民办社会工作服务机构发展的意见》	2014 年 4 月 9 日
13	《民政部 财政部关于规范全国性社会组织年度财务审计工作的通知》	2015 年 2 月 25 日
14	《民政部关于探索建立社会组织第三方评估机制的指导意见》	2015 年 5 月 13 日
15	《行业协会商会与行政机关脱钩总体方案》	2015 年 7 月 8 日
16	《财政部关于做好行业协会商会承接政府购买服务工作有关问题的通知（试行）》	2015 年 9 月 6 日
17	中共中央办公厅印发《关于加强社会组织党的建设工作的意见（试行）》	2015 年 9 月 28 日
18	《民政部关于加强和改进社会组织教育培训工作的指导意见》	2015 年 11 月 3 日

序号	政策、法律法规名称	发布日期
19	民政部办公厅关于印发《2016 年中央财政支持社会组织参与社会服务项目实施方案》的通知	2015 年 12 月 17 日
20	《慈善捐赠物资免征进口税收暂行办法》	2015 年 12 月 23 日
21	《关于公益性捐赠税前扣除资格确认审批有关调整事项的通知》	2015 年 12 月 31 日
22	《国务院关于修改部分行政法规的决定》	2016 年 2 月 6 日
23	《财政部、民政部关于进一步明确公益性社会组织申领公益事业捐赠票据有关问题的通知》	2016 年 2 月 14 日
24	质检总局 国家标准委关于印发《关于培育和发展团体标准的指导意见》的通知	2016 年 2 月 29 日
25	《关于公益股权捐赠企业所得税政策问题的通知》	2016 年 4 月 20 日
26	《关于改革社会组织管理制度促进社会组织健康有序发展的意见》	2016 年 8 月 21 日
27	《中华人民共和国慈善法》	2016 年 3 月 16 日
28	《中央编办 民政部关于加强事业单位和民办非企业单位登记管理工作中信息共享与业务协同的通知》	2017 年 1 月 20 日
29	民政部办公厅关于印发《2017 年中央财政支持社会组织参与社会服务项目实施方案》的通知	2017 年 2 月 7 日

资料来源：根据国家公开政策文本整理

这些法律法规通过四种策略引导民间机构的服务导向：一是通过税收优惠等支持民间机构心无旁骛地专注于服务。二是通过政府购买服务促进民间机构的服务导向。它发端于 20 世纪之初，2008 年逐渐开始进入制度化探索阶段，2013 年，《国务院办公厅关于政府向社会力量购买服务的指导意见》使政府采购正式以制度化的方式确立。正是以此为契机，民间机构的专业性得到极大发展。三是建立民间机构发展孵化机制，在促进民间机构发展过程中加强管理、设立民间机构发展基金、对新成立的民间机构予以扶持，这些策略指向的都是民间机构的服务性及其专业化。四是通过加强社会工作专业化和职业化来加强民间机构的专业性和服务性。这四种策略中，制度化程度最高的是税收优惠，发展得最快的是社会工作专业化和职业化。

第一，税收优惠。目前对民间机构的税收管理、执法和纳税救济都与企业相同，并都按照《中华人民共和国税收征收管理法》《中华人民共和国税收征收管理法实施细则》和其他相关法律法规的相关规定执行。与税收优惠相关的主要法律法规和政策文件包括《中华人民共和国企业所得税法》《中华人民共和国公益事业捐赠法》《国务院关于加强预算外资金管理的决定》《财政部 税务总局关于非营利组织免税资格认定管理有关问题的通知》等。2016 年颁布的《中华人民共和国慈善法》（以下简称《慈善法》），明确表明，"慈善组织及其取得的收入依法享受税收优惠"，对税收减免赋予了法律意义。当然，目前对民间机构的税收优惠的提法还相对宽泛，民间机构具体如何享受优惠的政策清晰度还不够高，专门针对民间机构的税收制度也尚待完善。

第二，社会工作专业化和职业化的推进政策。2006 年，党的十六届六中全会提出的"建设宏大的社会工作人才队伍"成为我国社会工作专业化和职业化发展的新起点；2009 年，《民政部关于促进民办社会工作机构发展的通知》则使社会工作专业介入民间机构服务获得制度性的支持；而 2014 年，《民政部关于进一步加快推进民办社会工作服务机构发展的意见》的颁布则为社会工作服务机构的加速发展提供了进一步的制度保障；2017 年，民政部、财政部、国务院扶贫开发领导小组办公室联合出台的《关于支持社会工作专业力量参与脱贫攻坚的指导意见》则进一步明确了社会工作在社会治理中的定位。

通过国家的这些政策和法规，民间机构参与社会服务的民生导向逐渐以制度化方式体现出来。

2. 国家通过双重管理体制实现对民间机构的行政约束

尽管有一系列民间机构的支持性政策出台，但双重管理体制表现出的行政吸纳社会的效应仍然很强。事实上，自 1998 年有关社会团体管理的两个文件颁布后，一直到 2013 年 3 月，国务院正式启动民间机构管理体制改革，双重管理体制一直是我国民间机构管理体制的基石。

改革开放 40 多年来，国家对民间机构实际采取的管理方式有很大改变，体制建构上也不断完善，政策上从最初的"清理整顿"到"规范管理"再到"培育发展与建管并重"，经历了一个逐步放松的过程，具体策略也有所调整。但是，国家对民间机构管理策略的基本框架至今仍体现为对其登记注册、日常管理采取登记管理机关和业务主管单位双重负责的双重管理机制。这一双重管理体制于1989 年 10 月经《社会团体登记管理条例》提出，2004 年 3 月《基金会管理条例》的出台使其得以进一步完善。自此以后，双重管理体制一直深植于我国民间机构管理框架之中。2016 年 9 月 1 日，《慈善法》正式施行，相关的配套法规也陆续出台，但双重管理体制仍是基本的管理框架。其实质是通过设立高门槛和多限制的策略，使不符合规范的民间机构无法正常注册，以此营造一个纯洁的公益环境。这种体制从总体内容上讲，一般又可以归纳为"一体制三原则"。"一体制"即双重管理体制，"三原则"包括分级管理原则、非竞争性原则和限制分支原则。它使民间机构服务呈现出较强的计划性特征，包括组织成立、日常管理、服务的开展以及资金、资源筹集等环节，都在一定程度上呈现出计划性特征。

首先，准入控制使民间机构的合法性受制于指令性的计划和资格审核。根据双重管理体制要求，民间机构要在民政系统获准登记，先后要经过业务主管单位的许可批准和登记管理机关的许可登记。在这种双重管理体制下，任何民间机构合法性的获得显然必须受制于指令性计划和严格的资格审核。

其次，分级管理及非竞争性原则使民间机构的社会服务活动体现出明显的计划特征。①分级管理是对民间机构的社会服务范围和级别进行分级登记和管理。这一原则方便了政府管理部门的监督，却在一定程度上限制了民间机构之间的竞争，使其社会服务序列中的位置更多地取决于国家资源的配置，而非自身专业性和服务的有效性，这事实上也降低了民间机构自身乃至整个社会资源配置的效率。②限制竞争原则原意是指为避免民间机构为了生存和获取资源采取各种措施陷入恶性竞争并偏离其公益性目标，因此禁止在同一行政区域内设立业务范围相同或相似民间机构的政策①。但事与愿违，事实却呈现出两种突出现象：一是很多民间机构服务大而全，政府购买什么样的服务，它们就开展什么样的服务，"一窝蜂"现象严重；二是民间机构着眼于技术化服务手段的发展，项目设计与运作能力、对多样化需求的回应能力十分弱小，很难基于社会选择自律效应形成专业服务品牌优势，很难呈现出国际机构专而精的专业服务态势。

最后，行政自我赋权进一步约束了民间机构社会服务活动的自主权。一直以来，我国民间机构管理奉行的是双重管理机制，其总体特征是典型的计划性。这种计划性特征体现为，在灾害治理的社会服务实践中，行政部门可以对民间机构

---

① 1990 年的《国务院办公厅转发民政部关于清理整顿社会团体请示的通知》中提出，对于不符合社会需要、重复设置、不具备基本活动条件的社会团体，要予以撤并。1998 年的《社会团体登记管理条例》第十三条规定，在同一行政区域内已有业务范围相同或者相似的社会团体，没有必要成立的，登记管理机关不予批准筹备。第十九条也规定，社会团体的分支机构、代表机构是社会团体的组成部分，不具有法人资格，社会团体不得设立地域性的分支机构。

的人才流动、活动聚集中心乃至隐性的社会权力网络进行制度指挥和重心调配，民间机构被一种占据中心位置的行政权系统切断了与其他相关服务机构的直接联系。在这种情势下，民间机构难以"跨过"行政体系并与其他社会部门发生更为"直接"的联系，它被塑造为一个封闭、断裂的服务体，其活动被固定在一定的"轨道"和"格子"里，其人员、资金和其他资源的流动都必须经过居中控制的行政体系来实现，其社会服务活动的自主性权利受到限制。如与税收优惠相关的申领捐赠票据问题就比较严重。在 2016 年 11 月的广州市慈善项目推介会上，B机构工作人员参会返回后就提到民间机构从业人员聚在一起说得最多的就是"一票难求"的问题，大家的总体感觉是，民间机构的资金募集可能会因为无法开出捐赠票据而变得更为困难。因为捐资的企业和其他组织在没有捐赠票据的情况下享受不到优惠政策。同时票据和募集资格都不好申请到，许多民间机构的纳税待遇与企业几乎无异，显然这影响了机构发展（访谈对象 BSY）。

> 我们现在可能面临一个更大的难题，就是很少有企业或群体愿意给我们捐款，因为我们没有办法给捐款的企业开出捐赠票据，他们也就没法享受到税收优惠。这些资源现在都集中到行政（部门）那了。（访谈对象 HLC）

基于这种计划性的民间机构管理理念和策略，政府对民间机构的培育和扶助效果受到影响，民间机构在缺乏制度化的灾害参与渠道的同时，其服务的自主能力也不尽如人意。例如，基于过渡安置时期安全秩序的维护，地方政府在灾区设置准入门槛，很多民间机构由于资质上难以满足条件而难以进入灾区服务。

> 那些有官方背景的机构更容易进入灾区服务，我们这些民间机构，还有那些分散的志愿者，想要进到灾区（服务），就要等着当地政府的分配。再不然，就只能靠（我们）平时建立的个人关系或其他社会资源进去。（访谈对象 LB）

显然，民间机构参与灾害治理活动的合法性仍然欠缺，那些没有获准登记注册的民间机构就更难介入灾害救援中来。为了获得灾害治理活动的参与，它们通常采取三种方式：第一种，走联合的道路。其中，最简单、最容易的方式就是发表联合声明。第二种，通过红十字会参与救灾。第三种，独立行动。有一定专业技能和资源的民间机构一般会自发前往灾区开展救援工作（赵曼，薛新东，

2012）。当然，即使进入灾区参与救灾服务，在灾后过渡安置期，民间机构通常也会被劝退，它们通常被视为"门面装点"，而非真正有用的合作者。与民间机构密切相关的志愿者通常被明确劝退，很多地方管理者认为，"志愿者很多都是盲目热情、盲目行动，救灾和灾后重建期间最好还是控制过多人群进入灾区，不然很容易出乱子"（访谈对象 LY）。

3. 国家以社会主义意识形态规约民间机构

按照 2000 年民政部颁布的《取缔非法民间组织暂行办法》的规定，取缔非法民间组织，由违法行为发生地的登记管理机关负责。这里的非法组织，指的是违反我国宪法、法律，反对社会主义四项基本原则的组织①。以此为依据，国家对民间机构的社会主义原则及意识形态的规约得以成形。目前，国家规约民间机构社会主义意识形态最重要的策略是限制民间机构的合法空间及资源获取渠道、形式。

除此以外，国家还试图从组织约束的角度加强其社会主义意识形态及原则对国内民间机构的引导作用。在党的十七大进一步强调社会管理的"党委领导、政府负责、社会协同、公众参与"体制原则基础上，《民政部关于社会组织成立登记时同步开展党建工作有关问题的通知》及相关配套法规明确要求，新成立的民间机构在登记注册时应提交《社会组织党建工作承诺书》《社会组织党员情况调查表》，同步开展党建工作，它试图通过组织约束来实现国家对民间机构的社会主义意识形态规约。

> 我们已经成立了党支部，最开始在执行的时候会遇到一些问题，事实上，这个规定的配套说明还是实际可行的。比如，凡有三人以上正式党员的都应当成立党支部。没有三名党员的，或者与其他机构一起建立联合党支部，或者从理事、兼职工作人员、志愿者中找党员，建立功能型党支部。这里的理事、兼职工作人员和志愿者可以保留其在所属单位党支部的身份，并在所属单位党支部和民间机构党支部两边同时参加活动，而党费只需缴纳一份即可。功能型党支部只能开展活动，并不具备发展党员的功能。还有一种

---

① 1981 年，中共中央、国务院《关于处理非法刊物非法组织和有关问题的指示》提出，被取缔的"非法组织"指的就是那些"违反宪法和法律、以反对四项基本原则为宗旨的……组织"。

就是实在没有三名党员的，可以由主管单位"空降"指导员，到组织内先发
展党员，再成立党支部。而指导员则可能来自组织所在地的街道、业务主管
单位和民政部门的党支部。建立党支部的同时要指定一名"党建联系人"，负
责与上级党组织联系，包括定期汇报党支部开展的活动并传达上级关于党建的
文件等。我们并不排斥这一设置，觉得有很多益处，比如加强与上级机构的联
系，争取更多的资源。更重要的是，很多时候，它会提醒你（政策）界限在
哪儿，哪些该做，哪些不该做，我们也不想影响组织（生存、发展）。（访谈
对象 LY）

显然，国家通过政策法规、双重管理体制对民间机构的社会服务活动进行规
范、指导和管理，国家安全秩序在整个管理中占有极为重要的位置，但民间机构
在此过程中自主能力发展相对不足妨碍了它以真正合作治理的方式参与到灾害治
理目标实践中来。

（二）国家对国际机构采取资金和意识形态的双重规约

国际机构在灾害治理上具有丰富的经验，而且能够调动和集聚一些经验丰富
的救援人员和物资，其救援设备和技术也较为先进，甚至其救灾理念都有颇多值
得借鉴之处。但基于国家安全考虑，我国对国际机构始终持十分谨慎的态度，并
通过资金及体制双重规制的方式体现出来。这种双重规制使那些拥有特定意识形
态背景的国际机构在救灾资源筹集、组织及项目运作方面必然受到制约，表现出
明显的计划性、行政性特征。

1. 意识形态规约

首先，社会主义意识形态的合法性规制。基于国际机构在灾害治理方面长期
的专业积累，我国虽然一方面担心国际机构以某种不良动机谋取政治利益，对其
持有戒心，但另一方面，国家也认为国际机构能在灾害治理事业上对我国多有助
益。表 5-2 中的相关政策法规的流变大致体现出我国对国际机构态度的变化。

表 5-2　国际机构管理的主要政策法规汇总表

序号	法规名称	发布日期
1	《中华人民共和国国务院关于管理外国企业常驻代表机构的暂行规定》	1980 年 10 月 30 日

续表

序号	法规名称	发布日期
2	国务院办公厅转发外国投资管理委员会关于执行《中华人民共和国国务院关于管理外国企业常驻代表机构的暂行规定》中若干问题的说明的通知	1981 年 8 月 3 日
3	《外国企业常驻代表机构登记管理办法》	1983 年 3 月 15 日
4	《中华人民共和国外国人入境出境管理法实施细则》	1986 年 12 月 27 日
5	《外国商会管理暂行规定》	1989 年 6 月 14 日
6	《中华人民共和国红十字会法》	1993 年 10 月 31 日
7	《中华人民共和国公益事业捐赠法》	1999 年 6 月 28 日
8	《基金会管理条例》	2004 年 3 月 8 日
9	《外国专家来华工作许可办理规定》	2004 年 9 月 30 日
10	《介绍外国文教专家来华工作的境外组织资格认可办理规定》	2004 年 9 月 30 日
11	《民政部、外交部、公安部、劳动和社会保障部关于基金会、境外基金会代表机构办理外国人就业和居留有关问题的通知》	2007 年 11 月 24 日
12	《卫生部业务主管境外基金会代表机构管理规定》	2008 年 3 月 27 日
13	《国家外汇管理局关于境内机构捐赠外汇管理有关问题的通知》	2009 年 12 月 25 日
14	《外国企业常驻代表机构登记管理条例》	2010 年 11 月 19 日
15	《中华人民共和国境外非政府组织境内活动管理法》	2016 年 4 月 28 日

　　《中华人民共和国宪法》第一章第一条①就规定了中华人民共和国的社会主义国家性质，明确禁止任何组织或个人破坏这一制度。《中华人民共和国国务院关于管理外国企业常驻代表机构的暂行规定》第十三条规定：常驻代表机构不得在中国境内架设电台，对于业务需要的商业性电信线路、通信设备等，应当向当地电信局申请租用。《基金会管理条例》第四条规定：基金会必须遵守宪法、法律、法规、规章和国家政策，不得危害国家安全、统一和民族团结，不得违背社会公德。《中华人民共和国保守国家秘密法》更是对国际机构的信息传递底线做出了规定。地方政府层面，如云南省，则通过部门之间的沟通联动、信息报送等方式来掌控信息，并对国际机构灾害救援活动进行引导、规范。此外，该地民政部门也明确要求国际机构的业务范围必须限定在公益事业之内；在注重制止个别机构违法行为的同时，也注意清理和控制其不同形式的合作。L 机构自 2007 年

————————

　　①　中华人民共和国是工人阶级领导的、以工农联盟为基础的人民民主专政的社会主义国家。社会主义制度是中华人民共和国的根本制度……禁止任何组织或者个人破坏社会主义制度。（《中华人民共和国宪法》第一章第一条）

进入中国以来，就一直未能在民政部门登记注册成功，最终在工商部门以企业形式注册登记。《境外法》则将公安机关作为境外非政府组织的登记管理机关，国际机构被纳入了国家安全管理视角，这进一步强化了我国社会主义意识形态的指导理念。它明确了国际机构在国内开展业务活动的范围[①]，并指出其活动受法律保护，但不得危害中国国家安全统一；不得从事政治活动，表现出国家对国际机构的意识形态指导倾向仍然十分明显。其中，比以往更严厉的条款要求是国际机构必须拥有官方的"业务主管单位"；同时国际机构如果意欲在次年开展活动的，必须在头一年11月30日以前由业务主管单位批准。如未能遵守这些规定，国际机构及其国内合作方将受到刑事处罚。显然，它的目的不是监管，而是限制与外国"不良"影响有关的国际机构从事不合宜活动。在这样的政策规约之下，国际机构境内服务活动依法享受税收优惠、政策咨询、谋求合法性社会空间和资源等方面的努力都多少面临着一定难度。

2. 资金限制

对国际机构，我国以政策法规表现出的双重管理体制，对其实施灾害救援活动、获取资金和服务项目资格的渠道也进行了较大限制，其中最突出的是对资金的限制。对照表5-2，需指出的是，尽管在"三不"时期，我国没有直接的法规对国际机构活动进行直接规约，但三部主要行政法规可以对在我国开展活动的国际机构起到直接管理作用，包括1989年10月25日国务院颁布的《社会团体登记管理条例》，1989年6月14日国务院颁布的《外国商会管理暂行规定》和2004年3月8日国务院颁布的《基金会管理条例》，它们共同对包括L机构在内的国际机构实现了与民间机构类似的双重管理机制约束。这种约束固然涉及国际机构在华的活动范围、活动空间及形式，更重要的是它实现了对国际机构进行严格的资金来源约束。

《基金会管理条例》第一次允许国际机构在找到业务主管单位的条件下可以在中国注册办公室，且只允许国际机构在华从事公益项目，不能在华进行筹资和接受捐赠。《境外法》颁布和实施的一个重要目的是阻止"敏感资金"进入我国。它要求国际机构具体的活动执行要在业务主管单位和登记管理机构的监督、

---

① 境外非政府组织依照本法可以在经济、教育、科技、文化、卫生、体育、环保等领域和济困、救灾等方面开展有利于公益事业发展的活动。(《境外法》第一章第三条)

指导下进行，人员招聘、志愿者人数、资金账户等均受到限制，这意味着国际机构即便能够在国内登记注册，其活动空间也极其有限，其资金来源将受到更多的限制。同时，《境外法》规定限制国际机构在本地筹款①，这意味着国际机构只能将外国的资金用于我国，而不能用我国本土的资金养活自己。在国内外资金来源受限的情况下，国际机构面临着新的资金困境。具体来说，《境外法》明确规定国际机构在国内开展临时活动，需与中方单位合作，并由中方单位在临时活动开展前 15 日向所在地登记管理机关提供相关材料方可获准备案；同时，临时活动期限确实需要延长期限，且期限不超过一年的，应重新备案。每年 12 月 31 日前，国际机构的代表机构则应将下一年度活动计划，包含项目实施、资金使用等情况报备到业务主管单位，经其同意后，十日内再报登记管理机关备案。遇到特殊情况、需调整活动计划的，则要及时向登记管理机关备案，其活动也需在登记地区及范围内开展。除了灾害救援活动范围和内容受到行政限定外，《境外法》对其资金来源进行了严格限定，不允许国际机构在我国境内募捐，其资金来源仅包括境外合法来源资金、中国境内银行存款利息及合法取得的其他资金。同时，《境外法》规定国际机构的合作单位的选择需经过国家机关确定，方可依法办理审批手续②。这一规定表明，国际机构的合作对象有相应的遴选标准，显然是为了更好地保证资金流向和活动执行的预期目标。

与《慈善法》相关的《境外法》，由于强化了国家安全话语诉求，在很大程度上使民间机构从国际机构获取资金以及与其合作的可能性降低，也使国际机构获取资金的渠道受到限制。

显然，无论是《境外法》发布之前，还是《境外法》发布之后，我国都是通过国家权力对国际机构显示出应有的社会主义意识形态和社会资源运用的双重规约，由此保障国际机构社会服务能真正服务于我国社会。但部分国际机构的服务理念仍然难以真正与我国社会相适应，其就灾活动因此也难以通过我国国家行政

---

① 境外非政府组织在中国境内活动资金包括：（一）境外合法来源的资金；（二）中国境内的银行存款利息；（三）中国境内合法取得的其他资金。境外非政府组织在中国境内活动不得取得或者使用前款规定以外的资金。境外非政府组织及其代表机构不得在中国境内进行募捐。（《境外法》第三章第二十一条）

② 境外非政府组织未在中国境内设立代表机构，在中国境内开展临时活动的，应当与中国的国家机关、人民团体、事业单位、社会组织（以下称中方合作单位）合作进行；境外非政府组织开展临时活动，中方合作单位应当按照国家规定办理审批手续，并在开展临时活动十五日前向其所在地的登记管理机关备案。（《境外法》第十六、十七条）

权力这一中介有效展开，它们因此也难以通过我国国家机构强有力的社会支持真正实现有效的社会动员。现有灾害治理运行机制存在以下几个突出问题。

第一，民间机构与政府部门彼此之间缺乏信任。从现有政策法规和体制中，我们可以看出，目前国家对社会组织的规定较多，这使政府与社会组织之间难以基于信任与合作形成合力。事实上，政府机构、民间机构和国际机构在此背景下，彼此之间难以实现有效的沟通、协调，这显然降低了紧急状态下救灾行动的效率。正像戴维·埃尔伍德（1989）所说："人道福利从未成为现实，因为太多怀疑和冲突嵌入该制度了。"

第二，政策操作性有待加强。由于灾害治理的计划性特征，一些相关政策的针对性和操作性有待加强，例如，民间机构募款和接受捐赠的资格问题不明确，在犹疑中，其往往错过了参与救灾的最佳时机。再如，对民间机构和志愿者参与救灾的正式渠道缺乏有效的指导意见，民间机构在关键的救灾阶段往往不知如何发挥自己的作用。如何将社会力量有序纳入灾害治理体制之中，显然需要进一步制定具有针对性和可操作性的政策法规。

综上，国家通过政策法规、双重管理体制对包括民间机构和国际机构在内的社会组织进行规约。从整体上来看，相关的规范及体制对国际机构和民间机构等社会组织的管理还是以管控为基调的政治思维代替了社会治理思维的综合性特征。虽然在后期，整个规范有一个逐步放松的过程，具体策略和技术多有调整，但整体上，民间机构和国际机构都因置身于双重管理的计划体制下，在资源筹集、组织运作方面带有很强的行政指令烙印，呈现计划性特征。从诸多灾害应对的事件来看，C市和很多地方政府一样，有时有意或无意地将民间机构和国际机构等社会组织的发展视为某种意义上的形象工程，有些甚至出现有偿发展它们意图实现责任分散的现象，一些社会组织因此面临着资金困难和服务空间狭窄的生存危机，它们有时不得不将员工收入和工作开支降到某种极低的水平，虽然维持了基本生存，但在团队规模、业务范围、待遇竞争力等方面也被迫长期采取自我挤压、自我限缩的基本策略，游走于行业的角落空间和底线水准，并且，面对行政力量和商业逻辑，竭力保持其社会性和自主性的机构越是"自力更生"，就越是深陷困境不能自拔。

显然，政策设置或者政策执行过程中的社会组织，被一种占据中心位置的行政权切断了其与其他社会组织的直接联系。民间机构或国际机构要想更好地参与公益活动，就必须间接地经过行政权的资格许可和管理，而且民间机构和国际机构作为社会组织，其组织章程必须载明其设立宗旨及业务范围的限制，其作为组织的基本方向和业务也应受到严格限定。这些规定本意是更好地实现社会组织的服务预期，但由于民间机构的自主性不足，国际机构的背景多元，社会组织在社会服务过程中往往出现一家机构横跨多个议题、不同类型的社群相互联动配合的横向网络难以产生的现象，这些社会组织因此也只能在预先设定好的单向轨道上机械地前进。社会系统之间的人员、资金和其他资源的流动，在此过程中就往往形成需要经过居中控制的行政体系实现的客观事实，这使这些社会服务资源难以真正实现自主循环，影响了其服务周期和服务效率。同时，在有些政策设计中，如社会组织设置规约的指导性意见中，"财产"被放置于"服务"之前，社会组织活动目标规约易被误读为其"资合性"超过了"人合性"。不少民间机构面对新规范下重新洗牌的新格局，由于难以适应，采取一种权宜行为，这使其致力发展的公益行业可能只能维持为一种"职业共同体"，而非社会服务行动导向的共同体。如何加强民间机构的自主能力，显然是新时期的重要议题。当然，由于自主性不足，我国民间机构参与灾害治理的合法性不足也是一个亟待解决的问题。譬如，当前很多个体参与救灾过程中绝大多数情况下是以志愿者个人的身份开展相关工作的，一些民间机构虽然很想积极参与到救灾之中，却由于手续不全，不能立即参与救灾；同时，大量民间机构和志愿者纷纷赶赴灾区，但其并不具备救灾的组织资格。与此同时，一部分民间机构虽然在一定程度上具备了参与救灾组织者的身份和资格，但在参与救灾过程中却并没有呈现出事实上的社会组织的公益性价值取向和行动。

更有甚者，一些地方政府对包括民间机构和国际机构在内的社会组织抱有一定的戒备心理，缺少对其专业服务能力和素养的信任。即使在大型的灾难，如汶川地震中，某些地方政府对民间机构的筹资筹款作用的认识还有相当大的局限。因此，目前社会组织发展空间受到了一定限制，整个灾害治理体系更多地表现为国家与治理对象的直接对接，未能呈现出多中心治理机制。这种治理机制的简单化处理，客观上也在一定程度上使社会组织自主性难以得到更好的发展。就目前来说，我国参与灾害治理的社会组织虽然从类型上来讲分为官方组织、民间组织，但客观上讲，实际都没有真正的独立自主性。它们缺乏服务的主动性、创造性和灵活性。这显然使得灾害治理难以形成多中心治理模式。灾害治理组织结构和服务机制的这种简单化格局，最终使政府和社会组织都难以在灾害治理中发挥其既有优势，它们应有的积极作用因此也没有得到最大发挥。

二、灾害治理规范碎片化：灾害治理的系统性不足

受技术理性的影响，当前的灾害治理忽视了治理对象的系统性，也忽视了灾害治理内在的目标诉求，灾害治理规范基于专业化意识主导更是显示出严重的分工取向和条块分割特征，它遵从了技术的标准，却忽视了其目标指向；同时，它对灾害的发生、影响及其应对的系统关联性关注不足。碎片化的规范设置显然难以实现灾害治理服务于人的目标，因此，人类应对风险不确定性的能力难以得到提高。

（一）灾害立法对灾害治理对象的综合性关注不足

首先，从灾害治理对象的综合性来看，目前的灾害立法主要针对自然灾害，针对社会灾害的立法相对不足。

20 世纪 80 年代以来，我国颁布了《中华人民共和国水土保持法》《中华人民共和国水法》《中华人民共和国抗旱条例》《中华人民共和国水文条例》《中华人民共和国防洪法》《中华人民共和国防震减灾法》《中华人民共和国草原法》《中华人民共和国防汛条例》等 30 多部防灾减灾或与防灾减灾密切相关的法律法规。国家发布了 5 项自然灾害类突发公共事件专项应急预案。其中，《国家突发公共事件总体应急预案》《中华人民共和国突发事件应对法》《国家自然灾害救助应急预案》等成为全国应急预案体系的总纲。它们明确了各类灾害的分级分类体系以及与此相关的预案框架体系，规定了国务院应对特别重大突发公共事件的组织体系、工作机制，是指导、预防和处置各类突发性灾害的重要规范性文件。其中，2007 年 8 月 30 日颁布的《中华人民共和国突发事件应对法》将自然灾害、事故灾难、公共卫生事件、社会安全事件都纳入了社会突发事件中，涉及了一些社会灾害，但它显然也对社会灾害的类型、内涵及重要性的关注不足。具体来说，现有的灾害应急法律法规主要针对自然灾害展开，包括以下各项（表 5-3）。

表 5-3　国家相关灾害政策法规表

类别	法规名称	发布时间
宪法	《中华人民共和国宪法》（2018 年修正）	2018 年 3 月 11 日
相关单行法	《中华人民共和国防洪法》	1997 年 8 月 29 日
	《中华人民共和国森林法》（2009 年修正）	2009 年 8 月 27 日
	《中华人民共和国公益事业捐赠法》	1999 年 6 月 28 日
	《中华人民共和国气象法》	1999 年 10 月 31 日
	《中华人民共和国防沙治沙法》	2001 年 8 月 31 日
	《中华人民共和国水法》	2002 年 8 月 29 日
	《中华人民共和国传染病防治法》（2004 年修订）	2004 年 8 月 28 日
	《中华人民共和国突发事件应对法》	2007 年 8 月 30 日
	《中华人民共和国防震减灾法》（2008 年修订）	2008 年 12 月 27 日
	《中华人民共和国保险法》	2009 年 2 月 28 日
国务院行政法规及规范性文件	《森林病虫害防治条例》	1989 年 12 月 18 日
	《水库大坝安全管理条例》	1991 年 3 月 22 日
	《人工影响天气管理条例》	2002 年 3 月 19 日
	《破坏性地震应急条例》	1995 年 2 月 11 日
	《蓄滞洪区运用补偿暂行办法》	2000 年 5 月 27 日
	《地质灾害防治条例》	2003 年 11 月 24 日
	《军队参加抢险救灾条例》	2005 年 6 月 7 日
	《中华人民共和国防汛条例》（2005 年修订）	2005 年 7 月 15 日
	《国家突发公共事件总体应急预案》	2006 年 1 月 8 日
	《汶川地震灾后恢复重建条例》	2008 年 6 月 8 日
	《自然灾害救助条例》	2010 年 7 月 8 日
	《国家自然灾害救助应急预案》（2011 年修订）	2011 年 10 月 16 日
	《中共中央、国务院关于推进防灾减灾救灾体制机制改革的意见》	2016 年 12 月 19 日
	《国家综合防灾减灾规划（2016—2020 年）》	2016 年 12 月 29 日
国务院部门规章	《救灾捐赠管理办法》	2008 年 4 月 28 日

资料来源：根据现有公开资料整理

此外，目前我国灾害立法对脆弱地区和人群的关注不够，导致在农村，突发性灾害治理往往无章可循，甚至无法可依。依托这些政策法规，C 市也形成了一套地方性政策法规。这些政策法规，就目前来说，无论是从立法体系还是从法规执行层面来讲，自然灾害立法都处于主导地位，而对社会灾害的关注相对不足。城市灾害立法相对完善，农村灾害立法相对不足。

（二）立法体系存在政策法规条块分割现象

从现有灾害治理相关政策法规的内部关系来看，这些法规内部条块分割现象较为严重，没有形成一个系统，这也影响了法规应用的整体效应和预期目标的实现。

首先，目前我国减灾单行法较多，综合性立法相对缺乏，表现出一定的条块分割现象。我国现有灾害治理的相关单行法包括《中华人民共和国防洪法》《中华人民共和国防震减灾法》《中华人民共和国气象法》《中华人民共和国突发事件应对法》等。除此之外，从行政应急制度的角度看，C 市和其他各地区一样，都以《中华人民共和国突发事件应对法》《国家自然灾害救助应急预案》为基础，遵循并制定大量的行政法规、部门规章和地方性法规。目前，我国已经有 25 项应急专项预案和 80 件部门预案，初步形成了全国应急预案体系。地方政府的慈善立法数量则更多，相关规范性文件有 340 余件。但相关法规之间的系统性不足，难以实现预期目标。

其次，法规本身的连续性有待加强。2008 年汶川大地震后，国务院及其相关部门、地方政府出台了大量有针对性的灾害应急法，尤其是面对慈善"井喷"，一系列的捐赠法规、规章或规范性文件相继出台，如《国务院办公厅关于汶川地震抗震救灾救灾捐赠资金使用指导意见》《国务院办公厅关于加强汶川地震抗震救灾捐赠款物管理使用的通知》《民政部关于汶川地震抗震救灾捐赠资金使用有关问题的意见》《汶川地震抗震救灾资金物资管理使用信息公开办法》《审计署关于汶川地震抗震救灾资金物资审计情况公告》等。但这些法规的法律效力比较低，且仅针对"5·12"地震的捐赠活动，其系统性和持续性不足。

再次，专门法内部的系统性也有待加强。例如，我国对救灾捐赠管理制度进行了规定。最直接相关的法规是《救灾捐赠管理办法》。作为慈善捐赠的一部分，这部分的法规还涉及募捐和受赠组织资格、税收优惠、款物使用监督管理等多个方面，因此，救灾捐赠法还涉及慈善事业领域的其他法规。目前，全国人民代表大会常务委员会通过的《中华人民共和红十字会法》《中华人民共和国个人所得税法》《中华人民共和国公益事业捐赠法》《中华人民共和国信托法》《中华人民共和国民办教育促进法》《中华人民共和国企业所得税法》等 6 部法律中都有部分条款涉及慈善组织的监督管理、组织规范和免税办法等制度。国务院各部门也出台了《基金会年度检查办法》《基金会信息公布办法》《财政部 国家税务总局关于公益救济性捐赠税前扣除政策及相关管理问题的通知》等 14 部相关部门规章和 270 余件相关规范性文件。但是，综合性的立法仍然不足，其实际执行的效力也相对不足。

最后，专案和预案之间缺乏联动效应。目前根据应急管理相关规定，我国在县级以上各级政府成立了应急办公室。这些都对 C 市自身的灾害治理行动开展有所规约和启示。但值得注意的是，虽然我国减灾工作设置了相应的综合性规划，如国务院办公厅印发的《国家综合减灾"十一五"规划》，但事实上，目前国家整体上并未形成一个综合性的减灾法或减灾条例，各专案和预案之间缺乏协调性和整体性，难以形成联动效应。

（三）灾害立法层次较低，条文衔接机制和可操作性不强

在灾害治理领域，目前来说，我国灾害立法层次较低，在规范性文件的立法与执行之间还缺乏衔接机制，政策法规的可操作性还有待加强。

首先，自然灾害救援体系逐渐形成，但面对灾害类型的逐渐丰富以及发生形式和影响的新变化，它还亟待完善。2005 年，国务院办公厅首次印发了由民政部牵头编制的《国家自然灾害救助应急预案》（以下简称《预案》），2010 年 9 月 1 日施行的《自然灾害救助条例》明确和规范了我国自然灾害救助体系。2011 年，我国对《预案》进行了修订，试图实现国家减灾委员会（以下简称"国家减灾委"）各成员单位的配合与联动，形成抗灾救灾工作合力，降低灾害社会脆弱性，但《预案》在执行过程中也面临一些新问题。因此，2016 年 12 月 19 日，中共中央、国务院印发《中共中央、国务院关于推进防灾减灾救灾体制机制改革的意见》；2016 年 12 月 29 日，国务院办公厅印发《国家综合防灾减灾规划（2016—2020年）》；2016 年 3 月 10 日，《国家自然灾害救助应急预案》新的修订稿颁布，各级地方政府也相继出台了新的地方性法规，我国自然灾害救援体系也初步确立。但它所存在的问题也较为明显：一是立法对社会灾害的应对和预防关注不足，这与我国现有的灾害社会脆弱性问题形成反差，2011—2015 年，我国各类灾害年均造成全国 3.1 亿人次受灾，直接经济损失达 3800 多亿元（民政部，2016）；二是今天灾害发生及影响推进的特点出现新的变化，同时面对今天日益深化的灾害治理多主体的现实，以自然灾害和国家单一主体为主的《预案》及相关立法急需完善。

其次，我国针对救灾物资和资金的筹集、使用等发布了一些法律法规，但还

没有出台专门针对救灾资金监管的法律法规，《关于加强对抗震救灾资金物资监管的通知》也只是一个临时性的通知，没有上升到立法层面。同时，现有有关救灾物资和资金的筹集的相关法规也还未能形成一个健全的法规体系，涉及落实层面时还需要具体的细化办法。因此，我国在救灾实践中出现了一系列问题。一方面，救灾物资发放过程中存在物资浪费严重的问题。2011 年，在 C 市 LP 区地震后，大批救灾物资和资金涌入灾区。但由于灾区物资协调、发放不力，大量救灾物资被闲置和浪费；同时，另一些区域的灾民极其缺乏帐篷、饮用水、医药品之类的应急救灾物资，却由于交通中断、信息传达不便，这些物资不能按时、按量、按需到达灾区，社会物资浪费严重（访谈对象 LYS）。另一方面，挪用、截留救灾物资的现象层出不穷。我国救灾物资主要采取的是由上至下的逐级拨付模式。在层层下拨过程中，由于监督机制难以真正生效，挪用、截留救灾物资的现象比较突出。以汶川地震救援为例，非灾区接受的捐赠资金有较为严重的上缴或拨付灾区不及时的问题，资金结存量相当大。对 C 市来讲，救灾资金的截留和损耗问题也未能避免。调查过程中，2011—2016 年，C 市陆续发生比较大型灾害的 5 个区县的相关负责人都提到，由于资金使用信息披露难以做到及时、公开和透明，事实上，到他们手上的救灾资金在层层下拨过程中的安全性很难得到保障，资金逐层缩水的问题已经成为一个大家都能"接受"的问题。此外，国家层层下拨的救灾资金也有很多被截留，并未能真正有效地到达灾民手中（根据 5 个县区的访谈对象所述整理）。

最后，还有一个比较突出的问题是，救灾物资和资金的募捐和接受捐赠的界限不清。在历次救灾中，政府通常都是通过临时性的规范性文件规定只有政府民政部门和红十字会、慈善会可以进行募捐或接受社会捐赠，其他民间机构均不得开展募捐活动，甚至不可以接受社会捐赠。迄今为止，很多地方的慈善会实际上只是民政部门的一个处室（科室）。这就是说，救灾时，除了红十字会外，只有民政部门可以募捐或接受社会捐赠。而且，民政部门可以以两种不同身份进行募捐或接受捐赠。2008 年 4 月，民政部出台了《救灾捐赠管理办法》，具有救灾宗旨的公募基金成为唯一具有合法资格的募捐主体。然而，在现实操作过程中，公募基金仍然很容易被排斥在外，很多地方政府通常出于安全考虑，只允许民政部门、红十字会等接受捐赠，而禁止本地区其他公募基金会进行募捐和接受社会捐赠。更加突出的问题是，《救灾捐赠管理办法》虽然明确了救灾募捐主体和受赠主体，但对于二者之间的差别与界线并未进行清晰界定。尽管如此，根据《救灾捐赠管理办法》，政府民政部门是救灾受赠主体，而非募捐主体。根据《基金会管理条例》，非募捐主体不可以开展义演义卖活动，不可以在公开媒体上发布募集广告或募集消息。作为非募捐主体的民政部门是不可以在公开媒体上发布募集广告及其信息的。然而，很多媒体在灾害发生后每天滚动公布的、接受社会捐赠的恰恰是政府民政部门、红十字会和慈善会。另外，《救灾捐赠管理办法》规定县级以上人民政府民政部门接受捐赠款物，根据工作需要可以指定社会捐助接收机构、具有救灾宗旨的公益性民间组织实施。但是这一规定同样存在有待澄清的问题：第一，确定哪些民间机构是具有救灾宗旨的公益性组织的认定标准是什么？第二，通过组织自身网站或在某些特定场合（如会议）散发宣传资料，公布组织的救灾方案和账号，获得社会捐赠，这算是接受捐赠，还是募捐？应该说，现有的规章制度并未解决这些问题，无论是作为管理者的政府，还是具体运作的民间机构自身都难以在其中把握好这个尺度（根据 3 个不同性质机构的管理者访谈内容整理）。

（四）灾害治理活动规范体系的系统性和规范性不足

依据灾害治理活动自身的系统性，我们可以将救灾的基本内容归纳如下：一是预防与监测，包括灾害教育；二是人民生命财产和国家、集体财产的抢救；三是控制次生灾害和灾后疫病；四是动员、组织国际、国内救灾力量和资源实现互助互济；五是灾后恢复重建，包括生计重建和精神重建。生计是谋生的方式，是建立在能力、资产（包括物质资产和社会资产）和活动基础之上的。灾害重建要注重可持续生计（Chambers，Conway，1992）的重建，这种可持续生计应坚持以人为本的理念，首先关注的是人的发展（赵曼，薛新东，2012）。因此，加强人类生产过程所创造出来的物质资本，包括房屋、基础设施、生产工具和设备的建设，以此安置灾民，解决灾民吃、穿、住、医、就学等生计问题；恢复灾区交通、通信、水电等物资供应秩序，并维护好灾区治安、物价、人员流动等应急秩序，加强人们在恢复生计过程中的社会资本重建，是可持续生计的应用主义。不过，就目前来说，灾害立法对救灾基本内容的涵盖不够全面，灾害重建的可持续生计发展体系的系统性和整体性还远远不够。

1. 灾害恢复重建的立法不足

目前的灾害治理立法主要针对应急管理展开，对于将灾害重建纳入灾害治理立法体系的考虑不足。

首先，灾害评估方面的立法不够。灾害评估包括灾后损失评估、专项评估，还有民意工作调查评估。它是灾后重建的基本依据，甚至是重要依据。损失评估旨在基于丰富的历史与现实灾害数据资料，运用统计计量分析方法，对灾害可能造成的、正在造成的和已经造成的人员、财产或利益损失进行定量评估；专项评估则包括对灾害事故区进行人口分布、地质环境、基础设施、长期减灾防灾机制保障相关内容的评估；民意工作调查评估则主要针对灾民重建的意向进行调查。灾害评估的这些内容显然对加强灾害重建的人本取向有重要意义，也只有基于此，才能真正有效基于灾民的需求完成灾害重建规划。但目前来说，无论是国家层面还是地方层面，在此方面的立法和建章是明显缺乏的。

其次，精神重建和社会关系重建考虑不够。灾害给受害者带来的显然不只是物质上的损失，更重要的是精神创伤和社会关系的破坏。事实上，在灾后重建过程中，除了物质救助外，精神救助和社会关系重建是其中极为关键的部分。但目前，关于灾后精神重建和社会关系重建的立法明显不够。

一方面，精神重建方面的立法不够。灾害固然会带来物质上的损失，但突然遭受严重灾难、重大生活事件或精神压力，当事人通常会陷入痛苦、不安状态，并且常伴有绝望、麻木不仁、焦虑和行为障碍等精神危机。调查组对 1000 人的调查表明，有 342 人在灾后会表现出心理应激性障碍，其中，轻度精神病患者有 112 人，其中焦虑症 50 人，强迫症 14 人，神经衰弱症 18 人，恐惧症 5 人。他们常常控制不住地去回想灾害中的经历，那些丧亲之痛、那些灾害过程中出现的各种景象都会使其情绪紧张、焦虑甚至失眠、抑郁。同时，在四川灾后 9 个月（2009 年 2 月）和 18 个月（2009 年 11 月），有学者针对四川理县和汶川县重建期居民心理状况和心理援助进行实地调查，他们主要通过使用创伤后应激障碍自评量表（posttraumatic stress disorder self-rating scale，PTSD-SS）来搜集资料。实证结果显示，在 2009 年 2 月和 11 月，重建期震区农民的创伤后应激障碍的中度异常者分别占被调查者的 35.6% 和 32.1%，症状自评量表的阳性率分别达到 50.9% 和 66.7%（乔东平，陈丽，2011）。创伤后应激障碍的发病率为 20.9%，精神病的发病率为 39.8%（Chen，et al.，2007）。针对这种存在于灾害发生中的严重的精神危机，我国一直以来在精神重建上进行了持续的努力。1985 年，中国《精神卫生法》立法工作启动，自此，数易其稿，经过长达 20 年才形成征求意见稿；1992 年，中国心理卫生协会危机干预专业委员会成立，北京、南京、杭州等城市陆续成立了政府财政支持的灾后精神干预中心；1994 年克拉玛依大火后，北京大学精神卫生研究所的专家应邀对死难者家属及一些伤员开展心理救援工作，这是我国首次开展的灾后心理创伤干预工作尝试，我国这次由自身探索形成的心理干预尝试为以后的灾害心理救援提供了宝贵经验。之后，我国经历了 1998 年长江流域特大洪水、1998 年张北地震、2000 年洛阳火灾、2002 年大连空难等灾害。2004 年，国家出台了《关于进一步加强精神卫生工作的指导意见》，明确了灾后的心理救援工作的目标和要求，这为心理危机干预提供了法律上的保障。2008 年 6 月 8 日，国务院发布了《汶川地震灾后恢复重建条例》，这是中国首次在灾后恢复重建中将心理援助提升到法制化层面，明确规定了地震灾区各级政府应当做好受灾群众的心理援助工作。2008 年 9 月 19 日，国务院发布的《汶川地震灾后恢复重建总体规划》将精神家园的恢复重建作为汶川地震灾后恢复重建的模块之一，赋予精神重建与基础设施、公共服务、产业重建、生态环境等生活重建同等重要的地位，尤其强调了精神家园的恢复重建。尽管如此，我国灾后精神重建的法律法规仍然相对缺乏，灾后精神重建面临一系列问题：①社会精神救助意识缺乏。调查表明，89.1%的被调查者都表示对灾害精神重建（救助）的概念和内容并不了解，被调查者表示，"基本上很少甚至没有接触到过（灾害）精神重建或救助方面的东西，好像是听说过，但了解很少"（访谈对象 LSW）。造成此种现实的原因在于，一方面，我国对灾后精神重建的理论和实践研究都还处于比较初级的阶段，灾后精神救助的宣传和教育力量储备不足；另一方面，专门进行社会化教育的学校以及负有教化功能的大众传媒，甚或与人们生活息息相关的社区，在宣传和教育中都缺乏明显的灾害精神危机意识。②精神重建实践持续性弱。调查表明，现有灾后精神重建（救助）基本上都集中在大型灾害以后，主要是地震灾后，但也基本上集中在地震发生后的前 3 个月，在此前后，与精神救助相关的建设活动基本上都极少，甚至没有；开展灾后精神重建工作的人员水平也参差不齐，有的甚至无法与受助者展开有效的沟通，最终难以有效缓解灾区民众的精神危机。更有甚者，有的人员由于缺乏专业知识和安慰不当引发灾区群众更严重的心理危机（访谈对象 LYS）。

另一方面，社会关系重建方面的立法不够。社会关系是社会学最古老而传统的话题之一。灾害会导致灾民原有社会关系网络遭到极大破坏。甚至可以说，在灾害带来的伤害中，杀伤力最持久、最难修复的便是社会关系中断、断裂等。唯其如此，社会关系及其在灾后重建中的重要性一直备受关注。一方面，基于社会关系的研究，迪尔凯姆提出了机械团结和有机团结的概念，帕森斯对特殊主义与普遍主义进行了区分，马克思提出了"人是一切社会关系的总和"的著名论断。格兰诺维特则认为社会关系研究是社会学研究的核心。他把社会关系分为强关系、弱关系和无关系，并认为强关系多存在于封闭的小团体内，团体成员相似度高，因此，相比较而言，弱关系在信息传递和增加社区凝聚力方面比强关系具有更大的优势，它具有信息"桥"功能（Granovetter，1973）。另一方面，社会关系研究也是灾害研究的"宠儿"，不少学者致力于灾后社会关系重建研究（王卓等，2014；林聚任，2008；李宏伟等，2009；佟新，2008；孙志丽，2009）。但总体来讲，我国灾害立法对灾后社会关系重建的研究和行动展开都相对兼顾不足，仍然将更多精力放在了物质性重建上，影响了灾害治理的公共性预期。

最后，灾害保险立法不够。我国是一个幅员辽阔、灾害相对多发的国家，灾害治理的经费完全由政府承担并不现实，因此，灾害保险的立法显得尤其重要，但目前我国对灾害保险立法显然不够，这影响了灾后重建的效果。前述灾后重建中陷入债台高垒的脆弱性人群，可以说也是灾害保险立法不足的结果之一。灾害保险是指对于特定原因可能引起的损失已进行预先补偿的法律制度。它是一种补偿意外损失的社会互助性质的经济补偿手段，是国家财政后备和人民生活福利的必要补充。同时，它也是一种根据当事人的合意或法律的直接规定而发生的法律关系，其实质是以损害赔偿为核心内容的债权债务关系（毛德华等，2011）。它包括以下三个要素：一是主体，即灾害保险的双方当事人；二是客体，即主体的权利与义务所共同指向的对象，在灾害保险中指财产和人身等实在的本体；三是内容，即主体的债权和债务。保险是按照有关规定，运用商业化经营原则，在合同规定的责任范围内，对保险对象给付保险金的一种社会后备行为。它不同于国家财政救济，具有补偿程序简捷、责任明确和及时赔偿的优点，因此在灾害发生后能很好地对国家财政救济形成补充。但由于当前立法不能动态地从救灾过程的角度综合考虑灾害保险立法内容，因此，在实际救灾过程中，人们难以真正灵活选择合适的保险类型和救助方式。调查中，很多受灾者表示，在灾害重建过程中，他们没有灾害保险这个概念，平时也缺乏灾害保险意识（访谈对象 LYH）。更有很多受访者表示不了解灾害保险要到哪里去投保，哪些投保机构又是可以信任的，有哪些保险可以投，又怎么在灾后获得相应保额（访谈对象 ZHC）。

2. 重应急轻预防

目前来说，我国在灾害治理立法设置中重应急轻预防的现象还比较严重。

首先，从组织运作的角度来讲，灾害应急工作体系在现有灾害治理体系设置中处于越来越重要的位置。目前，我国救灾工作可划分为多个工作系统[①]，具体包括：①以国家减灾委为核心的组织指挥体系；②依托于国家减灾委，由中央各灾害信息管理部门组成的中央月度灾情会商机制和应急预警机制；③应急预案系统；④应急响应系统；⑤减灾办与总参作战部、军队和地方的联合行动机制；⑥救灾物资储备与救灾装备系统；⑦灾害救助的社会动员系统；⑧全国恢复重建工作管理系统；⑨冬春困难群众救助管理系统；⑩国家减灾组织指导系统和救灾与减灾的科技应用推广系统。其中，指导系统包括国家减灾委和民政部国家减灾中心，在科技应用推广系统设置中，虽然灾害应急与预防都有涉及，但是应急处于更为主要的位置。值得注意的是，这些工作系统设置明显地体现出重应急轻预防的特点，即使涉及了灾害预防的相关立法，也更多地凸显为预警或应急预案。

其次，灾害预防系统自身的立法相对滞后。现有灾害预防系统立法包括2005 年国务院首次颁布的《国家自然灾害救助应急预案》及相关的部门预案，还有各省、市、县以及基层的乡村、工厂和学校的应急预案，但在灾害预防上仍有诸多与实践需求不符之处。同时，根据《国家自然灾害救助应急预案》，突发性自然灾害根据危害程度等因素可划分为 4 个应急响应标准：一级响应［特别重大自然灾害，国务院副总理（国家减灾委主任）］、二级响应［民政部部长（国家减灾委副主任）］、三级响应［民政部主管救灾副部长（国家减灾委秘书长）］和四级响应［民政部救灾司（国家减灾委办公室）］。2006 年 1 月，国家颁布 5 项针对自然灾害突发事件的专项应急预案，包括《国家自然灾害救助应急预案》《国家地震应急预案》《国家突发地质灾害应急预案》《国家处置重、特大森林火

---

① 王振耀于 2009 年 3 月在清华大学公共管理学院的演讲稿：《汶川大地震灾害救援与转型中的国家行政管理体制》。

灾应急预案》《国家防汛抗旱应急预案》，通过这些灾害预警立法，我国灾害预警机制逐步进入法制化轨道。但这四级响应机制在突发性灾害爆发时的预警响应机制上存在不足。与此同时，立法对灾害类型的丰富性考虑显然不足，整个灾害预防立法依然未能真正将社会灾害提到应有的位置上，对新型灾害的关注不足；同时，整个灾害预防系统在立法设置上依然带有明显的应急处置特征，前期预防和综合预防意识明显不足。

最后，我国自然灾害预警设施虽大有发展，但仍存在一些问题。我国在灾害遥感检测体系上成功发射减灾小卫星 A、B 星，卫星减灾应用系统初具规模。就专门灾害预警设施而言，我国地震监测预报系统也日益得到发展，截至 2017 年 8 月，我国建成 937 个固定测震台站，1000 多个流动站，实现了对中国三级以上地震的准实时监测；建立 1300 个地震前兆观测固定点，各类前兆流动观察网 4000 余测点；初步建成国家和省级地震预测预报分析会商平台，建成由 700 个信息节点构成的高速地震数据信息网，开通地震速报信息手机短信服务平台，已建群测群防制度的地质灾害隐患点 12 万多处（赵曼，薛新东，2012）。三峡库区滑坡崩塌专业监测网络和上海、北京、天津等市的地面沉降专业监测网络也基本建成。这些预警设施对自然灾害的发生提供了有效的监测，为防灾、减灾决策提供了重要依据。但它仍存在问题，一是自然灾害预警系统皆为单一型，其内部技术系统互不相关，各自为政，整体监测预警效果不理想。例如，我国卫星技术、气象预报技术、地球遥感技术、地震灾害监测技术等已比较先进，部分技术甚至位居世界领先地位，但这些技术系统互不隶属，各自为政，尽管每个单项监测预警工作成绩都十分突出，但自然灾害预警系统的整体效果目前并不理想。二是灾害预警系统在覆盖范围上并不均衡，灾害信息往往不能有效地传达到农村。

总体来说，目前灾害立法的系统性意识不足，碎片化现象比较明显，灾害治理难以实现综合减灾效应，难以满足人们应对风险社会的实际需求，表现出灾害治理偏离其服务于人的公共性价值的问题。

三、灾害治理服务的社会公共性不足

在风险社会，信息已经成为基本性的社会资源。信息公开是公共性的重要原则之一。只有基于信息公开，灾害治理才能真正兼顾到灾害治理的公平、有效；

也只有基于信息公开，民众才能及时获取相关信息，积极地参与到灾害治理中来，或者至少在面临灾难时做出有利的生死选择。但显然，灾害信息系统仍然存在着结构性的分布不均问题，影响了灾害治理的公平性和有效性，偏离了灾害防治服务的公共性指向。

（一）信息基础设施分布不均

信息是管理决策者进行合宜灾害治理的基础。如果没有充分、有效的数据与信息，决策也不比猜想好，并且很容易出错。经济与社会数据有很多，也相对比较可靠与容易理解，但理解灾害与风险的数据与信息则要困难得多。一方面，灾害通常事发突然，且事关生死，因此对信息的综合性和及时性要求很高，灾害信息也十分稀缺，获取的难度和代价都相对大得多；另一方面，灾害决策是一项复杂性很高的工作，针对结构化决策与非结构化决策的信息数据要求也不一致。对灾害信息的占有是否充分决定了个体或组织的相关决策的科学性和有效性。但目前，我国灾害信息技术基础设施的覆盖不均衡，很难完全覆盖落后地区和脆弱人群。正如前述灾害社会脆弱性表现中描述的那样，有些落后地区近十年的灾害信息基础设施都没有更新过，这导致了灾害信息的延报甚或不报，因此，这些地区和相关群体的损失和伤亡显得更为突出和严重，暴露出较为严重的灾害社会脆弱性。这一点在前述第四章 C 市 38 个区县的灾害社会脆弱性分布中体现得极为明显。

（二）灾害信息报道存在盲区

由于信息技术基础设施分布的不均衡，媒体的报道经常集中在一些交通设施相对畅通、救援力量充足、被过多关注的受灾地区，相对忽视了那些救援力量与救灾物资匮乏、地理位置偏僻、容易被媒体忽视的受灾地区，灾害信息报道的盲区往往导致救援盲点。例如，比较典型的是 2011 年 C 市 LP 区地震灾害发生以后，LP 区的 S 镇的具体灾情是在 5 天后才出现在报端，救援力量才陆续前往，大大影响了当地救灾工作的展开和救灾的效果。与此对应的却是，有些区域存在救援资源过于集中、资源浪费、救灾资源分配严重不平衡的现象。另外，有些信息通常会选择性地被某些区域屏蔽，虽然很多时候这是无意的，仅仅源于决策者认为某些信息属于决策需要的信息，执行者和普通公众无需了解这些信息（访谈对象 CXC）。

　　总体来说，当前我国灾害治理呈现出较为严重的社会脆弱性问题，这是风险文化与风险制度共同作用的结果。一方面，我国现有风险文化难以对西方现代灾害治理理论以及我国传统灾害治理思想进行充分的反思，因此，它难以基于我国特有的社会文化背景，基于社会发展"人"的发展目标，在经历现代性洗礼的同时，融合我国优秀传统文化，催生出一套适宜本土的灾害治理体系；另一方面，受到技术理性的驱使，我国灾害治理陷入了计划性和碎片化的管理体制和规范之中，不同的主体难以基于自身自主权和自主能力的发展形成彼此合作的治理模式。由此，作为灾害治理结果的灾害社会脆弱性非常突出地表现了出来。可以这样讲，风险文化的滞后和风险制度的公共性偏离在不同程度上使风险个体化现象更为明显，人们共同对抗风险的社会共同体受到冲击，我国灾害治理的社会脆弱性因此表现得十分突出。

第六章

降低灾害治理社会脆弱性，
提高灾害治理水平

降低灾害社会脆弱性、提高灾害治理水平的能力在很大程度上反映了一个国家整体的社会治理水平。灾害治理本身是一项复杂且具有风险性的任务，在当前治理体系碎片化现象较为严重的情况下，我国更是需要整合性的解决框架。如前所述，长期以来，人们受技术理性的灾害治理范式影响，忽视了在当前社会环境下风险文化滞后危机，当前社会突出表现为灾害治理制度的公共性不足，灾害治理的巨大风险及其危害是风险文化滞后和风险制度公共性不足共同作用的结果。在全球化时代，跳出技术理性主导下灾害治理范式的单一理性化进路的困境，实现降低灾害治理社会脆弱性并提高灾害治理水平的目标，关键在于在对西方现代灾害治理思想和本土灾害治理传统进行综合反思的基础上形成反思性风险文化，提升社会的批判反思意识，吸收全人类的优秀文明成果用于灾害治理理论与实践的发展。同时，以反思性风险文化形成为基础，实现整体性政府和互助型社会的建设，真正落实"人救人"的灾害治理制度化，这是降低灾害社会脆弱性、提高灾害治理水平的关键。

第一节　文化养人：加强风险文化建设，实现灾害治理理念转型

现有灾害治理的范式更多受到贝克的风险责任理论的影响，这种理论认为整个社会机制的"有组织的不负责任"使风险得以系统地生产，并向全球扩张。基于这一理论的灾害治理范式本身深陷技术理性的窠臼中，在应对由技术理性带来的一系列危机时往往束手无策。风险文化理论基于对风险社会的内在性反思回应了当下灾害治理的绝对理性化进路导致的严重问题，将风险文化视为风险认知手段和保护方式，其目标在于打破目前的风险社会理论解释力不足的困局，构建一个新的风险文化社会。这一风险文化社会的建立意味着通过价值和信念的引导进行风险治理，实现灾害治理内在价值、理念的转型。

无论是从世界范围来看，还是从我国具体实际来看，灾害治理的公共性价值取向与整个社会倡导的公平、公正、平等、自由的理念诉求是一致的。同时，灾害社会脆弱性都呈现出向脆弱地区和弱势人群集中的现实，多主体的灾害治理日益成为事实，灾害治理结构的公共性也成为一种迫切的实践需求。如何加强公共性理论研究并持续开展对本土灾害治理优秀资源的深入挖掘，在反思性的基础上形成与我国社会文化秩序相生的反思性风险文化，对滋养真正具有反思意识和风险意识的人，建构反思性的、具有公共性的灾害治理制度，并以此提高灾害治理水平显然极为必要。

一、加强基础研究，真正让公共意识和主体意识滋养人

要应对技术理性作为一种文化、价值对灾害治理理念和社会内在价值的侵

蚀，加强本土灾害治理的基础研究、实现反思性风险文化的形成显然是首要任务。公共性理论的崛起是人的内在性和自我批判、反思力发展的结果，它是在人们不断追求社会公平公正的道路上不断反思所形成一种新的社会发展路向。反思现有世界整体趋势，针对本土灾害治理理念与策略以及由此引起的灾害社会脆弱性向脆弱地区和群体集中这一事实，加强灾害治理公共性也成为一种迫切的价值和实践需求。加强对风险社会的不确定性研究和公共性理论研究，是加强本土反思性风险文化的形成，提升本土公共意识而非功利意识的精神资本的关键。

（一）加强公共性理论研究，提升社会整体公共意识

公共性既是一种理念的公共性，也是一种能力的公共性。加强公共性理论研究，意味着同时对作为理念的公共性和作为能力的公共性进行深入探讨。在此基础上，才能形成公共性对技术理性所引起的功利价值和社会个体化的反思，并以此滋养人的内在反思性和批判性，提升社会整体公共意识。

1. 加强公共性理论研究

第一，作为理念的公共性强调公共理性和内在理性，包含人的公共性和社会公共性。它的发展水平在很大程度上取决于公共哲学发展和推广的程度。在公共哲学发展滞后的情况下，技术理性主导下的功利价值很容易在社会中大行其道，人们对公共行为及其后果的责任感难以形成，由此展开的灾害治理显然很难冲破技术理性迷思。基于人的主体性、内在性和社会公共性的公共哲学的发展，显然有利于我们在这个功利主义发展观盛行的时代真正基于人与社会的公共性，反思技术理性所带来的加诸于人的存在的各种异化。当然，要使公共哲学和与此相关的公共性思想大行其道，使其转化为人的公共意识，并落实为公共性的灾害治理理念与实践，还需要持续开展高屋建瓴的公共哲学研究，以此深化公共性理论研究。

第二，作为能力的公共性是公共行政的本质特征，它体现了公民权利、社会公正、公共利益和社会责任等价值（郑晓燕，2012），是指公共管理者、利益集团、民选官员和公民发现不断变化的民意的结构性互动模式（乔治·弗雷德里克森，2003）。它是公共哲学真正转化为事实的实践基础，按照这种公共性能力建构的灾害治理模式，每个人都是集体责任的承担者，政府是体现公共性的部门之

一（Bozeman，1993）。随着社会的发展，政府公共性的价值标准更是被凸显出来（丹尼斯·史密斯，2000）。时至今日，基于反思性思维，合法性是一个与传统政府的统治模式相关的概念，公共性才是体现政府治理逻辑的概念。即从规范性视角看，社会治理是公共性的展开和想象（孔繁斌，2008）。它要求社会治理符合以下标准：一是公共利益优先；二是与社会公正相关的自由、平等的内涵不断得以丰富，公民权利开始实现政治权利向社会权利的转型；三是多元主体参与。在现代这样一个倡导权力分享的世界里，多主体灾害治理的公共性能力研究有利于突破传统政府合法性与公共性割裂所带来的技术理性困局。基于公共性能力的研究推进才能真正使公共性成为一种社会存在、一种教养，从而滋养社会个体的公共性能力。

2. 提升社会整体公共意识

作为理念和能力的公共性理论研究的持续推进将有利于公共哲学作为一种社会意识得以滋养，以培育个体和相关组织的公共意识。所谓公共意识，是指人在与他人的整体性联系中形成的彼此间的共同联系以及在这种共同联系基础上确立的共同规则（贾英健，2009）。它指向的正是与技术理性截然不同的、长远的、内在的，并注重人文理念和公正原则的一种价值目标，它是"孕育于公民社会之中的位于最深的基本道德和政治价值层面的以公民和社会为皈依的价值取向"（谭莉莉，2002），"以利他方式关心公共利益的态度和行为方式"（李萍，2004），"是人的公共性存在方式的集中反映"（王雅丽，2015）。显然，以公共性为基础的公共意识强调个人或组织在维护自身利益的基础上，关注和维护社会公共利益和整体利益的态度和行为。它与技术理性指向的功利的治理文化和逻辑是相对的，是理性在内在性和公共性上的凸显，它有利于通过整个社会公共意识的积累实现对技术理性治理范式的反转；它意味着可以尝试通过公共性的研究思考治理革命的一些基本维度，实现社会及政府价值、能力的再造。

（1）治理前提的反思与重构：身份逻辑转向社会逻辑

在与灾害治理水平紧密相关的风险文化重构过程中，对社会治理前提的反思和重构是首要的。这一前提指的是社会治理的身份逻辑转向社会逻辑。按照现代契约社会的逻辑，人与人之间不应是一种依托特定身份的等级化关系，但是，目前我国社会治理结构背后的身份烙印仍然非常强大。要实现身份逻辑向社会逻辑转变，必须加强公共性理论的基础研究，以此滋养人的公共意识。借助公共性理论的深入研究和推进，人的反思性和批判意识得以提升，技术理性的诸多问题得以重新审视，社会治理的前提因此可以在此基础上得到重构，反思性的人由此又可以进一步得到社会与文化公共性的滋养。

要实现治理前提的重构，最重要的是要实现社会结构的开放，形成一个公开化、互动性的公共空间和公共性的社会，它可以在一定程度上弱化信息窄化导致的社会分裂以及由此导致的各种社会仇恨和攻击。正如乔治·弗雷德里克森（2003）说的那样，"平等的参与过程能培养出有教养的、积极的和有道德的公民……不仅创造出公共政策，而且还塑造了我们自己"。显然，基于共同的话题、任务和关心，公共性的社会能创造共同的记忆、经验和共同的进取精神，由此打造一种分享文化，提供一种社会黏性（蔡文之，2007）。在此过程中，以下几点尤其重要：一是社会资源分布均衡，加快社会流动；二是国家权力由支配性权力转为指导监督性权力；三是公民参与的程序公平化。

（2）治理理念的反思与重构：政府本位走向社会本位，管制走向服务

基于公共性理论的持续研究，对社会治理理念的反思与重构才可以成为可能，以此为基础促进社会治理由政府本位转向社会本位、由管制走向服务，这是提升社会公共意识的关键。

要实现社会治理理念的反思与重构，使之由政府本位转向社会本位、从管制走向服务，最重要的事情在于重新看待政府角色定位，反思政府治理的价值目标，将治理结构理解为一种社会本位的多元治理结构。在这一过程中，政府角色的设计必须坚持以下原则：一是政府治理必须基于人的内在发展要求展开目标设计，政府行为必须遵循人类社会和人类行为的内在发展规律；二是政府治理行为要满足区域、群体甚或代际的无偏性原则；三是政府治理注重社会力量的参与，保障"权力与各种社会功能以一种分散化的方式由众多相对独立的社团、组织和群体来行使"（Dahl，1963）的公开性、多元化原则。在这里，由政府本位走向社会本位、由管制走向服务是公共性理念实现政府再造的体现，它是社会公共意识形成的关键。

（3）社会治理路径的反思与重建：权力重建到社会重建

现代社会治理目前更多遵循的是一种管理主义的制度逻辑，要实现灾害治理模式的反思与重建，除了对治理的前提和理念进行反思外，更重要的是如何将治

理理念转化为实践。公共性理论研究有利于加强人们对人与社会公共性的认识，实现社会发展从权力重建向社会重建的转向。基于公共性理念的反思，我们发现以往的社会改革更多地把关注点单纯地放在了政府身上，忽视了社会建设的涵养和倒逼作用。而政府治理的目标事实上正是社会的发展以及社会所指向的人的发展目标。显然，现有社会治理改革中多少出现了手段和目的的倒置，社会治理路径的反思与重建意义显得异常突出，而社会治理从权力重建转向社会重建则是根本性的内容。

（二）加强风险社会不确定性的研究，促进人的主体意识建设

在观念层面上，加强风险文化建设要注重人的主体性发展，首要的问题在于加强人的反思性思维，实现人的思维方式的内在转型。作为一种反思性的动物，人特有的标识就是具有批判意识和反思意识。所谓人的批判意识和反思意识，是指"人会有意无意地去思考自己和社会的问题，并做出相应的评判，以此来指导社会生活"（侯玲，2016a）。也只有这样的人才能真正基于反思，基于人的真正智慧与需求应对全球化的技术理性冲击。这种反思性思维是与习惯性思维相对应的。习惯性思维强调简单的肯定与否定的线性思维，以熟悉性程度和与具体环境的关联性程度来判断对象的客观性和有效性，将偶然性事态和潜在性趋势排除在外，难以洞察表面现象背后的实质问题。反思性思维则强调深入客观对象的本质属性之中，以批判性思维洞察对象可能存在的负面效应。因此，要在肯定现代性变革成就的同时，对现有灾害治理已有以及可能存在的负面效应进行有效回应，必须要基于人内在的反思性思维，在批判性的反思性视野中洞见灾害治理的实质与可能走向。

1. 加强风险不确定性的研究和人的主体性研究

反思既有的社会以及与之相关的灾害治理模式，我们应对时下的风险社会的不确定性问题加以深入研究，并加强与人的反思力相关的人的主体性研究。

第一，我们必须对风险社会的不确定性以及由此造成的困境进行深入研究。尤其是对常规之外的"例外"的关注，将紧急状态作为社会治理的常规状态纳入治理体系，并对其进行深入的研究和探讨，争取确立多元的、动态的关系"相机治理"（Aoki，2001），以此强化对现有社会中因技术理性导致的确定性思维进行

反思的能力，并加强社会的风险应对力。

第二，我们需要加强人的主体性研究，重视人的反思性思维的发展，增强风险认知和应对力。加强人的主体性研究的关键仍在于对公共性的深入研究，因为公共性的本质在于其批判性和人的内在性。马克思立足于实践，强调实践是公共哲学的特性，只有在实践中才能进入现实生活并思考现实世界，这决定了批判性是公共性的出场路径。所谓批判性思维是指对某种事物、现象和主张发现其问题所在，并根据自身的思考逻辑做出主张的思考（钟启泉，2002）。它是培养个体批判性反思意识的关键。为此，要提升灾害治理的主体性，必须通过加强人的主体性研究，提升人的主体性，使整个社会能基于批判性思维加强自身批判反思意识，从而提高风险认知能力和应对能力。

2. 将人的主体性落实为"人救人"的灾害治理制度

在灾害治理中加强人的主体性，关键是要将反思性的人的主体性最终落实为灾害治理制度，真正实现从"技术救人"到"人救人"再到"人为贵"的制度救人的转向。这一意义上的制度救人是在传统的"人救人"反思基础上的提升，是对"人救人"治理取向的制度化表达。

中国传统灾害治理思想中的"以仁为本"倾向一早就认识到"人为贵"，并将国家作为灾害治理的主要力量，意识到了"人救人"，而非"神救人"的真意。西方社会在启蒙运动以后更是基于"大写的人"确立了西方灾害治理的现代性秩序，文艺复兴和宗教改革更是逐步建立以人而非神为中心的人文主义价值取向，人们开始为追求自身的现世幸福而努力。人们已从对人的崇拜发展到相信人类理性能够完美地了解整个世界（章士嵘，2002）。真正的"人救人"的人文主义灾害治理理念得以确立。它围绕着肯定人的价值和尊严展开，其核心内容则指向"自由、平等、博爱""天赋人权"和民主精神，人的个性得到解放，大写的"人"重新获得了尊严和光辉（陈乐民，周弘，1999）。它为现代灾害治理制度奠定了真正的基石。今天，面对在技术理性僭越下异化人与社会的"技术救人"治理思路，在反思传统与现代性的基础上，将"人救人"的灾害治理思路重新以"以人为贵"的制度化方式确立下来，显然尤其重要和关键。

当然，在此过程中，反思科学技术和制度的力量，跳出"技术救人""制度救人"的单纯理性化进路的灾害治理思路，是新时期将"人救人"落实为制度的关键。一方面，我们要注意到，风险可以因制度的合理化和新技术的导入而减少；但另一方面，我们也需要透视其背后的技术理性危机。具体来说，对单纯的"技术救人""制度救人"思路的反思要注意以下两点。

第一，反思技术本身的风险和危机。基于风险复杂性的研究和技术理性的危机，明确技术作为救灾手段之一也是有局限和风险的；而且从目前的情况看，技术不仅作为一种手段，它已经作为一种生活方式、思维甚至是意识形态和文化渗透到我们的生活中来，制造出一系列人为的风险。因此，斯科特·拉什（2002）认为，用技术手段来防范和化解风险、危险和灾难，必然会导致新的、进一步的风险，也可能会导致更大范围、更深层次的混乱，甚至会导致更为迅速、彻底的瓦解和崩溃。在这种意义上，如何加强灾害治理理念的研究，反思科学、技术及其相关的风险，对技术恢复其服务于人的特质显然是十分必要的。

第二，反思制度本身的危机和风险。制度本身对降低灾害社会脆弱性显然有所助益，很多国家推行的灾害治理制度在很大程度上降低了其灾害社会脆弱性，日本和英国就是例证，它们都曾在早期遭遇灾害袭击时表现出严重的社会脆弱性问题，但经过一系列制度化措施，两国国民在面对灾害时所表现出的冷静和理性让世人看到了制度的力量。2007年，英国地铁大爆炸时公民表现出的冷静和理性，2011年日本核爆炸中，日本灾民在面对突然的重大事件时表现出的冷静和理性，就归功于制度化的定期且持续的防灾训练。我国《中华人民共和国突发事件应对法》第十一条明确规定："公民、法人和其他组织有义务参与突发事件应对工作"，以此来倡导每一个社会成员在应对危机时，都应在不触犯公共社会以及他人利益的前提下，应在最大限度地实现对自我生命财产保护的同时，有效地配合政府的相关措施，参加灾害救援活动。但总体来讲，现有风险制度在世界范围内也面临着以秩序对应不确定性的迷思。我国目前更是还未能基于灾害的复杂性形成系统性的政策法规，传统法规体系实际上还是始终把"例外"当作"日常"，把灾害引发的集合行为视为组织行为加以对待，因此难以以此为基础建立一个合宜的灾害治理的综合性法规框架。与此同时，我国灾害治理的相关制度对公民风险意识教化的关注显然不足，受众仍然更多地表现为无组织的、分散的大众，而非具有主体自觉性的公众，这影响了灾害治理的预期效果。

总体说来，如何把灾害治理视为复杂的不确定性系统看待，并以人的标准和视角反思其既有的不足，真正在反思技术与制度局限的基础上实现"人救人"治理取向和行动的制度化，显然是重要并且必要的。

二、加强本土研究，形成基于本土文化自觉的灾害治理体系

要形成反思性风险文化，超越技术理性思维，加强本土灾害治理理论与实践体系的研究，挖掘中国文化中丰富的灾害治理资源，并整合、吸收优秀的现代性因素是其中的关键。也只有基于反思性形成的具有本土文化自觉的理论体系，才能有效地回应不同文化对话和多元文化社会认知冲突下的某些核心问题，促进不同灾害治理范式的相互理解，加强灾害治理理论与实践的公共性导向。

（一）充分挖掘本土灾害治理的优秀传统精神资源

挖掘本土灾害治理的优秀传统精神资源，事实上意味着中国传统灾害治理思想价值的再现和发展。如前述所说，传统灾害治理的优秀传统精神资源主要集中于人的取向上，也正是基于这一取向，它在长期的发展中形成了两个非常重要的处理人与自然、人与社会关系的重要路向：一是人与自然和谐发展的"天人合一"的传统；二是"和而不同""与人为善"的处理人与社会关系的传统。

第一，从人与自然关系的角度看，传统文化的核心理念是"天人合一"，认为人归属和统一于自然，人应该在尊重和保护自然的前提下认识和改造自然。老子提出，"人法地，地法天，天法道，道法自然"[①]，主张人在顺从自然规律的前提下实现人与自然的统一。庄子说，"与人和者，谓之人乐；与天和者，谓之天乐"[②]，认为人应该在与自然的肃穆和一致中实现"自性与逍遥"的最高境界，即"天地与我并生，而万物与我为一"[③]。儒家文化的早期代表孟子则明确提出天地万物共生的根本之道就在于"和"，所以他强调："致中和，天地位焉，万物育焉。"[④]张载在《正蒙·乾称篇》中则首次使用了"天人合一"的概念，提出"民吾同胞，物吾与也"的命题，即人类是我的同胞，天地万物是我的朋友，他

---

① 《老子》第二十五章。
② 《庄子·天道》。
③ 《庄子·齐物论》。
④ 《礼记·中庸》。

们本质上是一致的（转引自俞祖华，2005）。董仲舒将儒家理论与阴阳五行思想结合起来，将"和"提升到至高地位："和者，天地之所生成也""天地之美，莫大于和。"①这些敬畏自然、融入自然和爱护自然的传统是我们可以基于反思不断发展的价值准则。

第二，在人与社会关系上，我国传统文化倡导宽厚处世、和而不同，既主张以伦理纲常来协调不同个体之间的关系，化解利益冲突与对立，又主张尊重不同个体之间的差异，倡导"和而不同"，保持社会交往的活力。孟子将"和"的基础建立在道德仁常上，"主张以仁、义、礼、恭、宽、信、敏、惠、智、勇、忠、恕、孝等道德原则"（俞祖华，2005）来实现社会和谐，最后达至如《礼记》所构想的"鳏寡孤独废疾者皆有所养"②的大同世界。孔子主张"和而不同"，即"和"是差异性和多样性中的"和"，在人际交往中既要保持和谐友善的谦谦君子之风，又不要丧失独立的思想与人格，正所谓"君子和而不同，小人同而不和"③。这些"和而不同"的宽容思想是我们应对当今碎片化社会中风险密集化的重要精神资源，它有利于维护社会平衡，避免社会发展陷入功利性的发展困境中。

（二）加强中国传统灾害治理传统的深入反思

传统中国灾害文化显然受到了"天人合一""与人为善"的自然观和社会观的影响，对现代灾害治理具有很大的启示，但它毕竟是基于传统的总体性社会格局形成的，基于天然自然时代的灾害文化难以适应当下灾害治理的实际格局。要想使其真正在灾害治理中发挥作用，必须对中国传统灾害治理传统进行必要的、深入的反思，以此不断行进，实现基于传统反思的现代风险文化的建设，推动现代中国灾害治理理论体系的重构。

对传统灾害文化和与此相关的灾害治理传统的反思并非没有逻辑可循。在前述中，我们发现，无论是在中国还是在西方，传统灾害治理思想很早就形成了对人本身进行终极关注的人本传统，并且这种传统始终与它所在的社会文化紧密关

---

① 《春秋繁露》卷十六。
② 《礼记·礼运》。
③ 《论语·子路》。

联。换句话说，在不同国家和地区灾害治理理论或思想发展进程中，有两条主线非常清晰：一是人的逻辑主线始终贯穿其间。在这一点上，古代中国是超前于西方的，它最早跳脱出了早期的神本主义灾害治理逻辑，表现出"以人为贵"的"人救人"的治理思路。二是社会文化秩序的主线始终贯穿其间，即任何灾害治理思想只有与其社会文化秩序相契合，才能真正在灾害治理实践中产生切实有效的影响。基于东西方社会文化秩序的差别，中国古代基于"推人及己"的思想传统，形成了"以仁为本"的等差有序的治理模式，它与我们当时等级森严的社会秩序相吻合；而西方则基于理性传统与基督教传统形成了自由、平等、博爱的无差别的人本主义灾害治理模式，它契合了西方注重契约社会的传统。但无论是哪种灾害治理理念及其主导下的灾害治理模式，都基于"人救人"的逻辑契合了它们各自的社会文化秩序，因此，其理念及其影响下的灾害治理模式在整个灾害治理理论发展流变中交相辉映，在各自的社会秩序下很大程度上实现了其"救人"的治理预期。

总体来说，无论是中国还是西方，灾害治理的思想传统都指向人这一目标，也都基于自身的文化形成了有效作用于本土的灾害治理体系。加强本土灾害治理理论研究，除了挖掘本土传统外，还要正确地对待这些传统，以"和而不同"的辩证思路更好地吸收灾害治理现代性的优秀思想，丰富本土灾害治理理论内涵，形成打破二元论研究范式制囿的开放性研究体系。只有如此，我们的灾害治理的发展才能真正本着人与社会的目标，而不是受制于一些不必要的文化差异，陷入不必要的争端之中。

第一，注重灾害治理对人的目标的反思，基于现代性反思形成基于人的目标的灾害治理思想。任何一种文化都是在与异质文化的融合和碰撞中形成的，中国和西方灾害治理思想都在其发展进程中经历了不同程度的基于人的发展的现代性洗礼。也正是基于人的共同目标，中国灾害治理虽然一早就确立了"以人为贵"的思想体系，并且在社会现代化进程中，它不断吸收了诸如平等、自由、民主的西方灾害治理思想的现代性因素，由此不断得以丰富和发展。无论是康有为、孙中山、洪秀全等，还是中国现当代的很多政治家和思想家，他们都是这一努力和发展的见证者和践行者。但总体来说，我国灾害治理思想目前仍更多的是基于社会的等差格局形成的，现代性的权利意识相对不足，因此也没有基于对传统的反思形成吸收这一现代性因素的基于人的目标的灾害治理理论与实践体系。因此，进一步反思我国传统灾害治理思想及与其相关的中国文化中关于人的目标意味着要注重中国传统文化的现代性反思，真正在传统反思的基础上将灾害治理文化发展指向人的目标。显然，处理好传统与现代的关系尤为重要：一方面是要发展中国传统思想，坚持传统的人与人守望相助、互相扶持的价值，通过保留我们持续悠远的传统文化场景和资源，使之彰显出独特的中国传统文化意蕴；通过恢复、建设传统文化场景，建立中国文化稳定恒常的共同价值意义系统载体。另一方面是要重视中国文化质、文化丛的丰富性和完整性，在吸收西方优秀文化中蕴含着的科学民主精神、自由和个人主体的道德、人道主义精神的基础上，丰富本土文化结构，形成我国本土基于现代性反思的灾害治理思想。

第二，加强对本土文化秩序的反思。只有基于本土文化自觉的灾害治理理论体系，才能真正被不同治理主体内化为具体的理念或价值秉持，也才能在面对多种理论争端和实践问题时产生调节功能，使灾害治理主体在遭遇不可控制的突发性因素和在执行具体政策方案与实际政策出现偏差时，能自觉地采取各种限制措施进行纠偏。实现这种基于本土文化自觉的灾害治理理论的理论自觉的关键当然首先是对本土文化秩序进行反思，在反思的基础上形成文化自觉。尤其是在全球这个娱乐时代，文化的主流似乎还是倾向于话语的狂欢，而不是精神的皈依。由此呈现出的"文化枯萎"表现为两种形式：或者是奥威尔式的文化成为监狱，或者是赫胥黎式的文化沦为一场滑稽戏。无论哪一种，都使人失去了灵魂的皈依与自由。因此，对中国本土文化秩序的反思要处理好三种关系：①处理好我国推己及人的等差秩序与西方平等博爱传统中平等秩序的关系。要注意到不同理论背后的文化差异，不能盲目地根据以一种文化为基础的理论去否定和遮蔽另一种文化和理论。②基于人的目标逻辑，要处理好我国灾害治理思想中传统与现代的关系，真正处理好本土文化与西方现代灾害治理思想的关系，正确认识中国文化及他者化现象，真正在我国本土文化秩序反思的基础上重新审视中国传统灾害治理思想的独特魅力和当代价值。尤其是注意到中国文化重"向里用力"的精神追求，将这种注重内在性的文化真正发展到极致，以此来应对西方文化正面临理性难得寸功的危机。③基于文化的逻辑，要处理好文化与权力的关系。灾害治理思想最终将会落实为国家的政策法规，即它会依赖国家权力发生作用。而任何国家权力发挥作用的效力都是以尊重本土文化秩序和其内蕴的人的逻辑为基础的，正确处理好传统灾害治理思想在今天治理主体多元化格局中的适应性尤为重要。

综上，任何一种灾害治理理念本身是一定的人的逻辑与文化逻辑的双重作用和表达，因此要实现灾害治理理念的转型，必须要对其背后的人的逻辑和文化逻辑进行双重反思。人类社会过去曾以怎样的智慧为灾害治理开启了指向人的第一道曙光？它又是如何在后来的灾害治理的理论与实践的演绎中绽放、遮蔽、失落甚或凋零的呢？在今天这个时代，我们又该如何在人类文明的老树新枝中导向灾害治理更好的理论与文化自觉，最终指向人在当今这个时代更好的生存与发展？这些是我们在灾害治理理念及实践体系的建构过程中需要经由对传统与现代的利弊进行一再审视和反思的问题。

第二节　制度"救人"：灾害治理公共性理念的制度化

灾害治理理论及其实践在中西方社会中固然一早就显示出"人救人"的逻辑，但就我国传统而言，这种"人救人"的灾害治理思想因现代性反思不足，吸收的积极的现代性因素也相对不足，这使它的制度化体现也有所不足。要打破现有灾害治理体制中以管理主义和科学主义为主导的"见物不见人""有用即是善"的治理理念，打破风险治理决策中严重的专家治理的专业区隔，实现风险决策的正当性和公共性，必须促使不同的灾害治理主体在反思现代性的基础上不断自我反思，促进"人救人"灾害治理思想的制度化，对灾害治理的发展做出长远思考、统筹规划，关键在于实现灾害治理制度（模式）的重构。实现灾害治理制度的重构意味着要在反思性风险文化建设的基础上，积极反思"中心-边缘"的治理结构局限，在公共性价值框架下再造政府，重塑政府角色的价值和能力基础，建构整体性政府和互助型社会，并以此为基础实现"人救人"的灾害治理的制度化。

一、完成政府角色转型，形成整体性政府

治理概念原是指在公共事务的管理上并非政府的专责，公民社会也参与其

中，并与政府密切合作（格里·斯托克，1999）。治理主体既包括政府机构、民间机构，也包括各种企业，甚至公民个人也可以被涵盖在内。针对目前我国的灾害治理格局，要更好地将"人救人"的灾害治理制度落到实处，必须实现政府的角色转型，形成整体性政府。所谓整体性政府是指政府在灾害治理中承担主导作用，实现政府、社会（包括市场）机制的互相合作、互相依赖和互相补充。它是指一种通过横向和纵向协调的思想与行动，实现预期目标的一种政府治理模式。它包括四个层次的内容：排除相互破坏与腐蚀的政策环境、更好地联合稀缺资源、促成不同主体协作、为公民提供无缝隙服务（Pollitt，2003）。对于这种整体性政府的形成，政府角色转变是根本，合作治理机制的形成是关键。

（一）实现政府角色的转型

要以公共性再造政府，并使灾害治理"人救人"的制度落到实处，政府角色转型是首要的。

1. 政府要保持灾害治理的主导性角色

作为公共事务，灾害治理必须彰显其应有的公共性，而国家是实现公共性最权威的组织，政府则是实践这一职责的代理机构。在灾害治理中，政府和其他多个不同主体的角色是不一样的，它在灾害治理公共性目标的实现过程中应该扮演主导性角色。

第一，灾害治理公共性的实现不是自发的，需要将政府在其中的主导作用作为保障。公共性价值的重要表现就是公平与正义。约翰·罗尔斯（2000）认为，唯有这些政治价值才能通过公共理性对所有或差不多所有有关宪法根本和基本正义的问题做出理性的回答。传统政府治理通常将价值与事实相分离，并且这种倾向也反映在政府治理机制的设计中，将解决价值问题的过程与解决事实问题的过程分开，同时，用代议制和官僚制两种不同政府组织作为各自的组织架构形式（郑谦，2012），前者以价值为核心，后者以效率为诉求。政府行为价值与事实的分离导致政府治理公共性的缺失，这种缺失既体现为效率层面的公共性缺失，也体现为公平和正义价值层面的公共性缺失。古德诺（1987）出于协调二者一致的目的，提出政治要对行政适度控制。事实上，要实现政府治理价值与事实的一致，国家及作为其代理机构的政府在公共事务管理中应当是公共性最权威的代表。从逻辑上讲，治理的公共性不可能直接形成，要以公共性再造政府治理理念及其机制，显然不能仅仅将政府视为灾害治理中的几种主体之一，因为这种多元主体的多元无序的治理行动难以保证治理的公共性。尤其在我国，政府始终是一个举足轻重的角色。治理要求政府要为公共事务的供给提供公平公正的环境，它的出现因此也并不意味着政府公共治理责任的弱化，反而对政府提出了更高的要求，它要求政府超越专业技巧层面，更多地体现出对社会的道德努力，公务人员应承担公民美德的责任，即公共性的价值期许。秉持灾害治理公共性，实现政府角色转型，意味着政府必须采取开放性态度，合理利用政府决策权力，让自己从管理者变成协调者，引导多元主体不断加强自身服务能力，并使其参与到灾害治理中来。

第二，在整个治理体制的设计上，政府作为国家的代理机构，是规则的制定者和实施者。即政府作为国家的代理机构，需要激励不同的主体参与灾害治理公共产品和服务供给，做好利益集团利益的协调者，成为灾害治理主体的培育者和社会服务供给的监督者。具体来说，政府必须与其他灾害治理主体形成良好的合作关系，由此才能实现灾害治理的公共性。政府作为法规的制定者或者执行者，不再是服务的生产者，实现决策与执行分离，并发展与其他主体的合作性，才能真正使政府在灾害治理中的角色从经营转变到治理，从行政吸纳政治的逻辑转向社会建设的基本思路。其中，实现各主体间的良性合作是关键。这种合作机制的形成主要体现在以下三个方面：一是治理主体的社会协同，它要求明确政府的职责和权力，从而促进不同主体的有序参与；二是资源配置上的社会协同，以一整套制度规范作为前提，实现与灾害治理相关的人力、财力、物力等有形资源，以及如权力、权威、组织资源和信息资源等各种无形资源的均衡配置；三是实际运作中的社会协同，不同的主体能真正基于自身的优势在灾害治理中形成合力。

2. 政府履行灾害治理的公共责任要遵循社会逻辑

在治理中，政府除了需要实现其经济政治文化目标和保护社会公正秩序的职能外，还需要履行自身的公共事务管理职能。在灾害治理中，政府实现自身角色转型，除了需要进一步加强自身的主导性角色外，还需要遵循社会逻辑履行自身职责。

一般来说，政府的公共责任可以分为责任感和有效责任两类（Finer，

1941）。它们分别对应于主观责任和客观责任（张成福，2000），前者根植于公职人员对责任的内在信仰和感受，强调内在的角色和价值自主性；后者基于外在的法律规章、社会期待或上级要求，强调责任的外在强制性制约。一个政府要赢得民众的认同和支持，实现灾害治理的公共性，完成这两项基本责任是最基本的。基于灾害治理的公共性，政府要完成这两项基本责任，需要基于社会逻辑，围绕以下几项最基本的内容展开工作：①确定一个系统、完整的灾害治理的综合性法律法规体系，改变目前灾害治理政策法规碎片化的倾向。②保持经济社会发展的稳定，为加强灾害基础建设、服务投入的均衡性提供物质和社会支持。在这一点上，很多发达国家的经验值得借鉴，例如，日本政府除大力开展各种与灾害相关的研究外，每年还将大量的财政预算投入灾害预防事业中。根据 2006 年版《防灾白皮书》，以 1962—2004 年这 40 多年间的数据为例，日本对于灾害预防的财政投入一直占总预算的 6% 左右，特大灾害发生年间，其投入比例则会明显提高，如在 1995 年的阪神大地震中，其防灾财政支出占当年财政预算的 9.7%。③决策民主化，保障弱势群体也能参与到灾害治理决策中来，改变现有行政干预过强的灾害治理逻辑。④加强风险教育的整体规划和行动落实，实现灾害治理精神资本的储备，为实现灾害治理的主观责任奠定基础。

总之，在政府灾害治理角色转型过程中，为加强政府的公共性价值规范作用和提高其能力，必须加强政府在保障治理前提上的主导性作用，同时，实现其在履行职责时的社会逻辑转向。一般来说，基于公共性再造的政府既要遵循"中轴原理"，在灾害治理中发挥主导作用，使社会相对分散的各种力量得到整合，又要注意在履行公共责任时尊重社会逻辑，在此基础上保障多种主体发挥其自身的治理优势。

（二）整体性政府的形成

从政府结构层面，碎片化的政府结构使灾害治理面临着决策和执行的有效性不足的问题，同时，它制造出社会不公与怨恨的问题。这种碎片化政府不仅体现在政府与其他主体的横向关系上，也体现在纵向的中央与地方各级政府之间、政府与职能部门之间甚至政府与官员个体之间协作性的不足上。整体性政府的提出正是对碎片化政府及其问题的回应，它是指政府在灾害治理中承担主导作用，通过横向、纵向的相互联通，通过协调思想与行动来实现预期目标。它需要大量高智能的人力资本和相应的组织机制做支撑。整体性政府的行动能力固然在于政府自身主体能力的发展，但更关键的力量则来自政府广泛的横向和纵向的社会联系，通过有效扩大灾害治理的整体能力与能量、丰富新的治理工具与技术，使灾害治理的平台顺畅运作，整体性政府可以基于全局考虑有效地分配社会资源，并从全局角度引导社会力量有针对性地提供有效服务，从而提升整体性政府的灾害治理水平。

第一，从横向上看，整体性政府意味着国家与社会、国家与国家、政府与公民的互动协作。尤其是随着社会的发展，国家权力向国际权力发展，形成所谓的超国家形式（主要是指国际化组织，如世界银行、世界贸易组织等），它超越国家权力，这种权力虽然分享着传统国家的一些权力，却是传统的国家权力无法替代的。在整体性政府的形成过程中，灾害治理作为一种全球化问题，其治理也势必要求政府与这一权力的沟通协作，形成国际规范秩序、国际合作，因此全球的世界性治理势必"包括了所有国家的机构、法规、程序及其人民，为获得更稳定的社会秩序，去解决单个国家无法解决的跨国性问题"（巴瑞·卡林，2013）。

第二，政府的纵向协调和整合机制的形成十分重要。与国家权力向国际权力发展相伴随的是国家权力发生沉降，地方政府在公共事务上日益更多地分享权力，它们在灾害治理中依据自身的职能与优势扮演着不同的角色。有关这一方面，澳大利亚联邦政府和地方政府之间的关系可以作为参考。例如，澳大利亚将综合性和整合性作为其应急管理的基本理念，前者针对的是所有灾害和风险，后者则要求整合所有政府和相关组织的力量（Emergency Management Australia，2004）。其应急管理中心主要是依靠州政府和地方政府来发挥作用，联邦政府只是协助。从我国实际来看，处理好中央和地方的关系，关键是实现分权与集权相协调的统一领导，即治理的政治权力归属于上级政府乃至最高层级的中央政府；那些灾害治理中的具体事务，如实地的风险评估、预案编制、应急救援等具体的行政事务则由地方政府负责。

对于这种整体性政府的形成，政府角色的转变是根本，需要不断加强政府自身能力的建设，促成横向和纵向的合作治理机制的形成。

1. 加强政府协调力，形成综合性灾害治理力

治理理论虽然涉及政府、社会甚至市场等多种治理机制，但它们都是政府在

进行灾害治理时的制度设计和选择，是政府治理框架的一部分。传统政府仅利用自上而下的政府机制来动员一切力量实现治理目标，它在有效动员这些社会力量的同时，也基于科层制对其实行严格的控制与管理。它通常被称为社会动员模式，特别适合大规模的、极具危害性的灾害治理，例如，对大规模火灾、危险品泄露引起的爆炸事件、大型地震的处理等，政府在其中所起的不可或缺的核心作用体现无遗。但这种传统的社会动员模式显然难以应对风险的不确定性和全球化带来的全面挑战，因此，基于多元治理主体的合作治理模式呼之欲出。相对于传统政府治理模式，基于多元治理主体的合作治理模式表现出以下几个突出特征：治理的权威包括但不仅限于政府，其他社会力量也可以成为治理的权威或中心；权力运行是双向的，既包括传统的自上而下，也涵盖自下而上的新态势；不同治理主体在治理行动中良性互动。

整体性政府将社会动员模式和合作治理模式结合起来，重视横向和纵向的协作，强调多元治理主体共同追求灾害治理目标的实现。如果说传统的社会动员模式能有效地应对已经转化为现实的风险的话，那么合作治理模式则可以更好地应对可能性的风险。只有将它们充分结合，扬长补短，才能合理地应对不确定性的风险及其结果，实现当前社会背景下的灾害治理目标。但二者的结合并不是无条件的，在多元主体参与灾害治理的过程中，要避免"搭便车"等损害灾害治理效果的行为，政府要提高自身能力，通过国家权力在现代社会中孕育和构造合法、合理、合情的公共空间，使不同主体可以依据一定的行为规则共同实现灾害治理目标。

（1）整合政府内部各种资源，形成专业性灾害救援队伍

目前，很多国家都非常重视专业救援队伍的建设，德国这个仅有8000万左右人口的国家就建立了多达180万人的灾害救援队伍，其占总人口比重约2.3%（谢霄，2017）。此外，为减少救援过程中的队伍磨合困难，德国采取了标准化的队伍建设方法。日本在1995年也创建了由紧急指挥支援部队、后方支援部队、紧急部队、航空部队、救助部队、水上部队、灭火部队、特殊灾害部队8个专业化部队组成的灾害紧急消防救援队。我国经过70多年的建设，目前也已经拥有上千万的安全防灾队伍。从不同的领域看，其可分为气象、水利、地质、地震、林业、农业、海洋和民政等分属不同部门的人员队伍；从不同灾害应对的角度看，其有消防、工矿、交通、建筑、市政、信息、公共卫生等数百万专业、非专

业人员；与此同时，公安民警、中国人民解放军、中国人民武装警察部队和民兵预备役也是我国救灾减灾的主力军和突击队；甚至经济、金融、粮食和水安全领域都涉及了大批防灾从业人员。这些不同的防灾人员或队伍或许都可以作为独立的专业队伍参与防灾救灾，但都不具备综合减灾指挥协调能力（段华明，2010），而且从整体上讲，我国目前灾害救援队伍整体上仍呈现出专业化相对滞后的特点：一是作为主力军的人民军队和消防队伍是基于现役部队的管理方式运作的；二是人员流动性强的特点导致难以产生救援专业性的持续积累；三是志愿者救援队伍的专业性就更是参差不齐。形成整体性的专业救援队伍可从以下几个方面着手。

首先，在救援队伍的专业化建设中，去军事化和综合救援队伍的职业化显得尤其重要。即在对现有救援队伍进行必要的去军事化之后，把专业人员纳入职业化专业人才队伍体系中，将其作为地方政府（县级政府）的一个重要职能部门，使其专司应急救援服务。

其次，加强减灾理论研究、法制研究、政策研究、战略研究，实现灾害治理的专家智库建设，为专业一线救灾人员提供专业支持；同时强化各种专业灾害救援力量的有效整合，形成专业性队伍。

最后，注重减少救援过程中的磨合损耗。一是实行统一化的队伍配置。在地方层面，依托消防队和医疗救护机构设置求救信息办公平台，及时响应、出动救援力量；在全国层面，设立总体协调办公平台，协助地方响应队伍进行救援。二是形成具有世界通用型的标识系统，包括救援机构标识、后勤保障标识、领导与指挥标识、通信标识等，不同的救援机构和队伍可采用不同的色彩或形状来区别基本战术，不同救援队伍在实施救援时通过通用的战术标识很快就能了解灾情和救援进展，减少沟通环节的不必要损耗。三是规范化操作流程，这要求无论是救援指挥，还是具体救援实施，救援队伍都要严格遵守救援的专业规范，一方面可以在必要的时候申请专家外援，另一方面可以避免不必要的损失和混乱。

（2）加强灾害政策法规体系建设，将公共性价值纳入体系

发达国家十分重视与灾害治理相关的法律法规的建设，先后建立了比较完备的灾害治理法律法规体系，并将灾害治理纳入法治轨道，以确保灾害治理的正当性和高效性。我国现有灾害治理的相关政策法规的碎片化现象明显，只有完备的政策法规和计划安排才可以进一步加强各类政策法规的系统性，同时明确各级主

体的责任边界和治理的具体内容、方式，保障灾害治理的顺利进行。

从灾害治理的实践来看，我国要建立比较完备的灾害治理法律法规体系，应注重从以下几个方面努力。

首先，建立一个充分完善的灾害治理法规体系，实现法规之间的系统性和整合性。这一灾害治理法规体系应由灾害预防、灾害应急、灾后重建等各部分组成，应包括综合性减灾基本法、部门减灾法、减灾行政法规和规章、地方性减灾法规四个层次。

其次，要着重解决执行过程中的可操作性问题，明确各级各部门的职责，明确应急管理的步骤、过程和方式，弥补"重实体轻程序"的缺陷，并对灾害资金管理、灾害救助、多元主体治理框架、志愿者参与的组织化等做出系统的操作性规定，由此确立以国家（政府）为核心的、由中央到地方各级政府和社会团体等社会力量共同协作构成的、完整的救灾组织体系及其运作规范，使灾害治理行动务实、合理，方便操作。

再次，更重要的是加强灾害治理中的公民保护立法，凸显危机状态下政府的公共性，实现对人的权利的保护。例如，日本就将《国民保护法》和在此基础上推出的《关于国民保护的基本指针》作为各级政府保护国民的救援指南（蓝建中，2004）。美国也形成了一套统一、标准的保护公民、处理国土安全事件的方式。它们在体现其保护人的权利倾向的同时，实现了降低灾害社会脆弱性的预期，这一点值得我们借鉴。我们也需要在立法中不断将在灾害救援中物质救援的偏向逐渐转为注重人的整体权利的保护，其中，精神救助、社会关系的重建就成为灾害治理立法中极为关键的内容。

最后，重视风险评估，实现救灾资源的合理配置。并非所有地区都会发生灾害，也并非所有区域都会发生同样的灾害，因此并不是所有的地区都需要配置一样的专业队伍和救灾资源。要想结合不同地区的实际情况配置救灾资源，关键在于加强风险评估，并以此为基础进行资源配置。由于风险评估相对滞后，目前我国应急预案基本上都停留在原则性规定上，资源配置的具体化和针对性较差。科学的做法是，增加风险评估的法制化建设，增加风险评估在救灾规划资源配置上的合理性。

（3）规范引导民间机构在灾害治理中的作用

在整体性政府灾害治理中，民间机构作为专业组织参与其间是必不可少的。

就目前来讲，民间机构参与灾害治理的方式包括提供专业服务、参与决策和政策形成、监督行为、促进合作并调节冲突（于军，2014）。具体而言：①提供专业的服务。民间机构基于民间优势和公益性价值的优势，有为民众提供普遍、专业、细致服务的可能，可促进灾害治理服务供给的多样化。②参与决策和政策形成。民间机构基于基层优势，在活动中更易于发现社会的即时需求，能从民众需求的角度出发，做好信息桥的作用，在参与决策和政策制定的过程中，形成其良好的民间导向，弥补市场"失灵"，推动更为积极有效的社会政策转型。③监督行为。民间机构不仅参与政府和国际机构的决策和政策制定过程，而且还可以借助社会权利对相关的决策过程和政策的形成落实过程进行监督。④促进合作并调节冲突。在整体性政府形成过程中，政府机构一方面要面对在全球治理境况下横亘于不同国家之间的利益和观念冲突，另一方面要应对不同主体及其不同层级之间的沟通，因沟通、合作成本高且困难重重，民间机构可以借助自上而下或自下而上的联合机制，并基于长期生存发展过程中积累的对话、协商和谈判经验推动政府各种横向、纵向关系的协作。同时，民间机构能在政府与公众之间扮演好调解、游说、劝服的角色，整体性政府要加强对民间机构的准确定位，将政府和民间机构整合为一条高质高效的公共产品和服务供应链。当然，要发挥好民间机构的作用，政府还需要根据灾害治理的不同阶段及其特点发挥民间机构的作用。

一方面，在安置阶段，民间机构可以在政府主导下协助地方发展社区参与建造过渡安置房计划以及其他以工代赈计划。一是可以探索更具地方特色、更具抗风险能力的高环保、低成本的建房经验，同时鼓励社区居民一起参与造屋，在此过程中促进居民之间的人际关系、社会、文化纽带的重建。二是通过鼓励居民自觉参与自身生计的改善活动使其参与到以工代赈活动中来，在促进灾民生计改善的同时，培养当地人中的积极分子和潜力者成为本土领导者。三是在安置阶段，通过发挥一些专业志愿者的能力，在医疗卫生、心理救助、环境等特殊领域，在一些资源相对匮乏的社区开展直接或间接服务以发展地方力量。

另一方面，在重建阶段，民间机构的作用主要有如下几点。一是通过自身的专业经验积累，民间机构可以建立社区防灾以及灾害重建的示范点，探索灾害治理的经验并将其加以推广。二是基于自身的专业优势，持续地针对特殊领域和人群开展教育和引导。三是基于自身沟通桥梁的作用，协助政府建设灾害救援的志愿者平台，为我国今后大型公益活动和紧急志愿救援行动探索长效的志愿者参与平台和机制。

（4）注重世界秩序建设

在传统的国家中心主义责任机制下，政府不能合理应对全球风险危机的根本原因在于政府再造滞后于时代的要求。世界风险使得不同国家和民族的人们必须正视这样的现实：相互依存的生存方式已然成为人类最基本的共同利益，整体性政府显然迎合了确立政府风险治理的国际合作机制的要求。广义上，罗西瑙将全球治理视为"所有层面的人类活动的规则构成的各种体系，通过运用控制权来实现具有跨国影响的目标"（Rosenau，1995）。加强整体性政府的合作能力要求我们整合世界性力量，提供加强灾害治理能力的一切可能的人力、物力，使资源得到更好的利用、分配。这种全球化的参与者既可以是各民族国家的政府，也可以是正式的国际组织，还可以是各类非政府的国际机构，甚至是跨国公司等。在加强灾害治理世界秩序建设过程中，需要重点考虑两点：一是要提高整体性政府的风险治理能力；二是要基于国际间的互动协调、共同合作建立风险治理新模式，减少"有组织的不负责任"活动所形成的风险。

（5）纵向上促成中央政府与地方政府的无缝对接

目前来说，中央政府对地方政府在供给灾害治理的某些公共物品和服务方面有特定的指标要求，地方政府在灾害治理的针对性和及时性上相对欠缺，这导致了灾害治理有效性不足。

因此在整体性政府形成的过程中，一是政府组织结构的扁平化设计是非常必要的。各级政府在社会治理过程中的角色定位应以创造良好制度环境为主要内容，在机制联动运行中积极扶助各个主体发挥应有的功能，包括提供相应法律支持、政策支持、其他公共资源辅助等。稳定的政治环境和持续的政策供给是社会治理机制良性运行的前提条件。二是也要注意各级政府都拥有相应的权限，其各自的角色和功能也不尽相同。一般来说，中央政府主要提供一般性的准入标准和实施原则，不参与具体的社会治理机制的设计和运作。地方政府的主要作用是对相关社会力量及其相关服务的政策扶持和一些具体事务的执行，即中央政府要适度放权，加强以公民为中心的地方治理，实现"结果导向的治理"，要求政府向公民负责，由公民评价政府公共产品及服务的供给绩效。

（6）建设合宜的风险沟通机制

整体性政府灾害治理方案的成功实施是建立在信息准确、完备的基础上的，中央政府必须具有足够的信息才能以 75%以上的概率实现科学决策。事实上，很多突发性灾害损失和伤害之所以被放大，主要就是由于危险信号在不对称、不完整、不公开的情况下被社会、组织和个体有选择地歪曲了，因此，风险信息沟通机制的形成极为重要。风险信息沟通是将风险评估后所得资料公开、正式、正确地向利益相关公众、组织及国际社会传达、反馈并做出后续回应的行动过程。它包括三个层面：告知、赋权和关系重建。它具有三大功能：①保护功能。风险信息沟通机制能增强公众的风险感知力，使其本能地运用自我防御机制来规避风险，并使其产生安全和信任感。②教育和决策功能，即基于风险信息沟通，民众和政府可以彼此理解，提升自身素质，政府可以获取更多的与受众感知和行为相关的信息，从而促进决策的科学化。③调节冲突，减少误会。在整体性政府形成过程中，更是急需倡导不断完善的风险信息沟通机制，形成一套有效选择和信息发布的制度安排。一方面，要依托现代的信息网络技术，建立一个扁平化、弹性化的突发灾害联合体结构，让地方政府和民间机构等多方主体都能平等、高效地实现信息互动与传播。另一方面，考虑到全球风险治理的横向机制，建立国际风险沟通平台，以此积累交流预防、应对公共危机的经验，提升各成员国预防和处理风险与危机的能力。当然，更重要的是通过信息交流，实现政府灾害治理从危机修复转向危机预防，并注重真正从物的保护转向人的保护，这显然也是极为必要的。

总的来说，加强本土各主体之间的风险信息沟通机制，并注重全球性风险信息沟通平台的建设，通过公众的高度参与和讨论，反思既有灾害治理理念和策略的不足，寻求适合本土的灾害治理路径显得尤为必要。

2. 加强政府的预见力

当今社会，多主体参与灾害治理的事实使灾害治理的效果具有更大的不确定性；与此同时，当今社会具有"流动的现代性"的特点。这要求整体性政府必须要具有较强的前瞻力或预见力，才能保有"对于公共服务的召唤以及有效管理公共组织的一种深厚、持久的承诺"（乔治·弗雷德里克森，2003）。因此，卡尔·博格斯（2001）说，"后现代政治主要是重新配置注意力"，这种流动性社会下的注意力事实上表现为一种政府预见力，它不同于传统社会以效率、回应性来界定的政府注意力，表现为一种前瞻性的政府注意力。

这种前瞻性的意涵大抵相当于战略规划能力，或者加上规划者本人的"前瞻性思考倾向"（孔繁斌，2008）。其特点在于它更多的是一种事前注意力，与回应性的事后关注在性质上截然不同。面对风险的不确定性，基于多中心的灾害治理结构，前瞻性的思考显然是必需的，这种事前的流动性的注意力意味着政府能基于全局性、前瞻性的思考，将公平地提供灾害治理的公共产品和服务作为灾害治理的基本原则。更重要的是，它能在特定情境中被落实到多主体合作治理的制度框架中，因为在多主体治理结构中，要使前瞻力落到实处，政府的注意力终究是有限的，要借助更广泛的社会力量共同努力。

加强政府的预见力，一是要改变灾害治理组织系统原有的条块分割、各自为战的应对模式，建立国际联动的灾害应急反应系统；通过建立使用卫星等技术的紧急联络通信网，建立统一的信息决策系统；二是要重视将先进的研究成果及时应用于防灾领域中，加强灾害治理系统的信息获取力和灾害决策力。

二、实现社会转型，建构互助型社会

任何一种制度的落实需要身后的社会基础。实现社会转型、建构互助型社会、落实"人救人"灾害治理制度的社会支持体系，在形成新型灾害治理体系中至关重要。

社会的本质是互助的。但当前社会处于一种社会碎片化状态，不同区域、不同群体乃至城乡之间各种资源分配的不均衡、群体之间的疏离都是社会碎片化的表现，这种碎片化使社会群体之间的隔阂和冲突难以弥合，个体的社会疏离感不断增加。现代信息技术的不断发展又不断将人卷入虚拟的网络互动中，这种虚拟化使个体既疏离于现有的社会关系，又使其成为漂浮、游离的个体。它使个体的社会期待与社会责任感一起趋向衰萎，对社会的信任、依赖弱化，不少人出现不同程度的反社会情绪。当然，社会碎片化造成更为严重的结果是个体的自我疏离。它表现为以下两个方面：一是个体自我认同困难；二是个体自我调节机制破碎。人在其现实性上是一切社会关系的总和，在个体自我疏离的情形下，人成为无根的"飘蓬"，个体社会角色意识缺失，因此，其行为也容易带有片面化特点，明哲保身、道德滑坡等各种现象频频出现，社会互害行为只是其中比较典型且集中的表现而已。显然，社会碎片化在进一步强化社会风险的同时，也进一步弱化了个体风险认知的能力，社会因此难以基于共识形成对风险决策的有效意见。在这种背景下，社会风险从根本上表现为一种个体化的风险。只有通过社会转型，在社会中重构社会互助的本质特征，重建个体与社会的联结，增进社会团结，才能发展人的整体性，加强社会建设，更好地应对风险。

所谓的社会转型，即权力对权利关系的反转，社会由权力社会向权利社会转型，权力处于对权利的服从和遵奉地位上（徐显明，2000）。权力的样态决定着社会的样态，在权利社会中，权力被重塑为实现和保障权利的工具，权利是权力的目的；权利的性质也超脱于所有其他权力之上，成为判断权力的权力。权利社会具有以下几个特点：一是每个个体都有参与社会公共事务的资格；二是所有重要决定都建立在社会参与和共同决议的基础上；三是把行政或政治权力限制在必要的最小范围内；四是权力的行使目标是实现人的权利。可以这样说，权利社会是将社会公正原则作为制度的首要价值落实的结果，对加强风险的认知和防范具有重要的作用。实现社会的转型，以下几点值得关注。

（一）加强风险教育，增强人的风险意识

无论制度如何精悍，风险的治理最终取决于人的风险意识。如果说传统社会的风险主要来自外部，那么现代社会的风险则来自人自身。这种由人自身带来的风险是在"自然的终结"和社会的围困下出现的，是人的决策、认知不足导致的风险。"生于忧患，死于安乐"，风险意识不足是当前社会最大的安全隐患。要加强风险意识，提高人的风险认知能力和决策能力，必须加强风险教育，使参与灾害治理的参与者都是具有风险意识、具有主体性的公众。公众与大众的区别在于后者是分散的、没有自觉意识的群体，而前者是具有主体性的、自觉的群体。

首先，教育要真正成为内涵着公共性的崇高的实践活动。教育是使人成为人的活动，它本着"化育个体"的功能，内在地秉有了改造社会的崇高理想。它能将公共性的既有存在甚至理想、社会及文化中存在的公共性资源转化为个体的价值倾向和行动追求。有什么样的教育就有什么样的社会境况，就有什么样的人。在当前社会碎片化现象较严重的情况下，教育在工具理性的渗透下，也表现出对计算性、实证性的过分尊崇甚至崇拜，教育系统因此退化为"一个冷、硬、无色、无声的沉死世界，一个量的世界，一个服从机械规律性，可用数学计算的运动的世界"（丹皮尔，1995）。想象与诗意在这里衰退甚至丧失，人人追求自我和

人类解放的动力被耗竭，人被塑造为某种被需要的工具人，变得蒙昧和偏执。要激活人的公共性，培养人的主体性，必须以教育的启蒙目标为前提，完善教育体系建设，形成学校教育与社会公共生活实践互动的教育体系。在学校教育中真正培养有思考理性、判断力的公民。而社会公共生活实践的作用则在于经由个体自身的实践，自觉自愿地形成较强的风险意识以及与此相关的公共意识和主体意识。

其次，改变仅将风险教育当作知识技能教育的教育取向，将风险意识的培养作为风险教育的目标。这里的重点是要注意到意识这个词本身就意味着主体自觉的而非被动的行为，风险意识包括风险的认知力和反应力两个方面，它指向的是人的发展，因此，在风险教育内容、形式设置过程中，不能仅仅从是否设计了相关的风险教育课程来看，关键要看风险教育的内容和形式是否能促进个体的主体性和公共性发展。要注意风险教育的主体和形式的多样化。一方面，国家专门机构、学校和社会团体都可以成为风险教育的主体。除了学校、社会团体，欧洲各国就都设立了国家紧急救援训练中心，著名的有荷兰国际紧急救援技术中心，其承担城市紧急事务处理和救援培训任务，有专门的高等学府和研究中心，其负责培养高层次救援管理人才和专业人才（段华明，2010）。另一方面，理论教育要与实操教育结合。要有针对性地开展各种演练和培训，实现培训内容的实操化，让个体学会在危机状态下如何自救、互救以及如何配合公救；同时借此培养全民的风险意识，营造风险文化氛围，这也至为关键。这要求我们在风险教育中要尽量依据现实条件进行现实场景培训，培训方式往往可以通过室内课堂的桌面演练和室外灾难现场的救援模拟来实现，即从练中学、以练代学。在开展风险实践活动的同时，要注意加强心理知识的普及，提高公众的情感心态的调适能力与承受力，加强公民安全风险防范意识和提高其自我保护的能力，并减少社会恐慌。风险教育的对象除了普通的公民外，也可以是国家机构。例如，德国就经常针对政府救灾能力提升进行战略演习，在战术-操作层面，培训内容分为救援技术操作和领导指挥培训；在行政-组织层面，德国的培训针对的是成建制的指挥部，培训方式以实操性的演练式培训为主，总体表现为参与式、组织型、过程化、角色化、虚拟化等特点（国家行政学院应急管理培训中心，2012）。基于行动（actiion）—反思（reflectiion）—发展（development）的 ARD 演练原理，德国设计了行政指挥部的三级演练课程：桌面演练、指挥部演练和联合指挥部演练。除此以外，为了应对巨灾，提高跨州的沟通合作能力，自 2004 年开始，德国还开展了跨州演练，重点是检验应急指挥部的危险排除措施，联邦与联邦州、各机构之间的协作力，告知公众的预警能力，公民保护的能力等，以此不断发现问题，通过平时的演练尽量减少灾害应对时的实际损失（张磊，2013）。

最后，重视社会建设和社会教育。一是加强社会建设，实现社会公平，提高公民的福祉指数，不断降低高度完善的政治社会理想与尚不完善的现实之间的落差，提高社会凝聚力，强化个体的社会公共意识；二是加强灾害记忆的研究和教育，借助相关书籍的编著，甚至创办专门的宣传刊物、建立灾害遗址、设立灾害纪念日、加强防灾法的宣传教育等重要载体，强化个体的风险意识，将之与公民的个人发展和国家存亡联系在一起。

（二）加强社会组织的发展

社会组织是风险治理的重要主体。它介于政府与市场之间，是分散的、有责任感的个体参与到风险治理中的一种理想的方式。它遵循社会逻辑，依靠自愿联合体和共同利益与普适性的道德规范来调节冲突和规制风险，它注重自我保护，以应对国家和市场对私人领域的侵蚀。它通过倡导社会自愿合作与互助的价值理念，把传统上属于政府的一些责任和职能承接过来，作为政府的缓冲地带，能有效地为各参与主体服务，弥补政府职能的缺失，充当公共权力与私人领域连接的缓冲带，减少松散的个体对公共权力不切实际的依赖，同时也能把私人领域中形成的共识通过言论、行动转达给代表公共权力的政府，提升政府的灾害治理水平。政府、市场与社会组织这三大主体相互合作、协调，互为补充，如此才能形成实现公共利益最大化的治理方案。

这要求我们加强社会组织建设，促进社会公益精神的发展。社会组织的兴起根源于社会分工的发展以及现代社会中市场在公共领域中的"失灵"。它通过互助的组织原则表现自己独特而鲜明的特征，主要包括相互影响、相互依赖、忠诚和利他主义等观念，且能在非营利目标的驱动下，始终秉持公益性目标、主动奉献个人的时间、经历来承担社会责任，促进社会进步，推动人类发展的全球性社会事业。在理想状态下，社会组织是基于彼此互助的参与者利益参与社会服务的（康保锐，2009）。社会组织在参与社会建设事业中有独特的优势，既是实现新型治理的关键，也是实现社会转型的关键。它具有政府和企业所不具有的优势。社会组织作为社会权利的代表机制之一，要发展社会组织，实现权利对权力的发展，关键是发展社会组织的自主力。

首先，借助社会企业的发展，运用商业手段经营指向社会目标的社会组织（戴维·伯恩斯坦，2006）。社会企业是介于公私部门之间，运用市场和商业原则发展社会组织经营力的实体和法则。在西方社会以及我国港台地区，它被证明对社会组织的经营能力的发展大有助益。结合我国实际情况，社会组织要加强自身服务效能，提高自身经营能力，强化企业家精神和社会企业家精神的培养是关键。基于此，社会组织可以在一定程度上实现资金来源多样性并具有一定自主性，并在不以利润和某种特殊利益企图的推动下实现其公益性目标。

其次，促进政府在社会福利发展中的主导作用，使政府承担起社会投资的主体角色。这一点非常重要，政府的这种积极的社会投资角色意味着政府（国家）要采取积极的税收激励政策和社会立法、政策法规激励慈善、募捐行为，调动和激励企业家践行社会责任，并为社会组织的社会服务供给提供更为宽松的政策环境。

最后，加强社会组织在社会治理中的作用。社会组织具有组织性、非政府性、非营利性、自治性和志愿性五个特征（莱斯特·萨拉姆，赫尔穆特·安海尔，2000）。它在参与灾害治理服务时，通常有三种方式：自主治理、协助治理和合作治理。自主治理是指社会组织在不依赖外部力量的情况下，为解决组织共同面对的问题，获得共同利益而进行的一种自我治理，它具有相对独立性；协助治理是指社会组织在社会服务中基于政府倡导而进行相关服务的辅助和协作治理；合作治理则认为现代社会中公共政策的制定和执行越来越依赖于国家与社会领域内多元主体之间的双向互动（莱斯特·萨拉姆，2002）。要促进权利社会的发展，实现权利对权力的反转，促进社会组织与政府的合作治理是关键。其中，基于志愿者精神，在全社会形成平等友爱、团结互助、共同进步、公平正义的社会氛围，加强社会组织的社会动员力；加强社会组织的合法性，使其能基于自身的自主能力发挥自身独特优势，提供某些比政府更低成本、更高效率的公共物品和服务是重要内容。

（三）建立社区灾害救援引导和响应系统

在单位制日渐退出人们的视野后，社区在人们的生活中扮演着日益重要的角色，尤其是 2003 年 SARS（severe acute respiratory syndrome，重症急性呼吸综合征）事件后，社区更是成为危机干预的基础性单位。目前，发达国家都以社会和社区为基础，把普通公民和社会组织动员起来，构建更为成熟、完备的社区组织和民众危机响应机制，而且这种社区危机响应机制已经成为美国灾害治理的一大特色（段华明，2010）。1985 年，美国洛杉矶消防局在当年的墨西哥大地震之后基于当时救援的困境，提出社区救灾反应团队这一概念并付诸实施，并于 1993 年开始，相关训练计划在美国全境推广，"9·11"事件以后，美国民众对社区救灾反应团队更是愈发关注，这一反应机制也日趋完善，并在灾害治理中起到了重要作用。在我国，建立社区灾害救援引导和响应体系，实现社区的基础防灾救灾作用，需要重点关注以下几点。

第一，建立社区灾害救援价值引导系统。价值意义的社区才是社区本质，它意味着社区能从他治走向自治，逐步释放社区建设的空间，让社区内部居民自发性、主动性地参与到社区的治理体系中来，让社区引导居民从危机的威胁中保护自己、家庭和财产（Conway，2005；转引自余潇枫，2007）。其中的重点内容有两点：一是通过社区日常建设进行公共意识教育，引导居民通过自治的体验逐步培养其社区内部的公共责任意识、公共秩序意识，形成一个彼此共存共荣的物质分享体系和价值共享体系，由此建立一个既彼此熟识与相互交往、关注共同利益、有共同兴趣爱好，又彼此接纳、忍让与包容的社区价值共同体。在此基础上发展社区的社会融合作用，强化社区作为共同体对人的亲密关系的建构，增强居民的凝聚力和归属感，减少边缘人和边缘群体的存在，加强居民应对灾害的社会资本建设。二是加强社区防灾教育，通过社区学校、社区日常防灾演习，强化居民的风险意识和风险应对能力，强化居民在灾害应对过程中的危机意识和合作意识，提升灾害应对的精神资本。

第二，依托社区建立社区防灾响应系统。即依靠社区居民的力量，从居民身边的事情入手，制定既合理又易于实现的社区防灾规划，实质性地提高社区的防灾能力。具体来说，一是建立社区自救队，使社区居民可以依靠自己的力量自发组织民众，使其协助专业救援人员根据社区的整体布局配置救灾资源，为其所在社区灾民提供及时有效的救援，保护生命和财产免受损失；二是依托社区卫生中心建立医疗预备队，一方面可在平时进行风险预防的卫生知识普及，另一方面可在社区居民面对灾害袭击时提供非常重要的帮助，包括医疗救助、诊断、教育免疫服务或者散发药品等；三是培养社区风险观察者，对社区可能存在的安全隐患进行排查，并能在灾害到来之前及时根据社区防灾资源迅速转移社区灾民；四是加强社区动员力，通过评比表彰制度和定期活动吸收居民或者社区企业等加入志愿者队伍。

（四）发展媒介的专业性和公共性

多主体灾害治理实现公共性的基础是公共领域的形成。公共领域公共性的发展固然要求个体主体性的发展，但媒介专业性和公共性的发展也是极为重要的。因为如果媒介失去了专业性和公共性，就很难对公共领域的公共权力进行监督和约束，从而导致公共权力对舆论多元化的钳制，灾害治理决策和风险教育、宣传就很容易偏离方向。在某种意义上，公共领域的核心即大众媒介。要发展媒介的专业性和公共性，重点是媒介的专业性发展。因为媒介的专业性发展本身内在地包含着媒介的公共性发展意蕴。

首先，媒介的专业性发展体现在理念和原则上。这种专业性原则包括服务公众利益、传播社会事实的专业理念和原则。这种专业性的理念和原则要求并体现着媒介公共性的发展意蕴，即要想实现媒介专业性的发展，内在地要求在社会发展中，生活政治的发展代替解放政治；实现传媒的独立性，尤其是通过传媒的市场化改革，促进传媒的经济独立；同时，要注重将公共性理念转化为行为准则，即要鼓励和激励传播者发挥自身主动性成为媒介公共性的自觉实践者。

其次，媒介的专业性发展体现在媒介结构的多元化建构上。专业性的媒介结构显然不应该是单一主体的传播，它应当包括官方媒体、商业性传媒和社会传媒三个有机组成部分。官方媒体是国家社会管理的工具，其传播的灵活性受到一定程度的限制，但其信息的权威性和可信度较高；商业性传媒受市场逻辑控制，灵活性很强，但容易基于商业利益偏离公共性目标；社会传媒通常是非政府或非营利的传媒机构，它更多地依托社会逻辑向社会公众提供信息传播，或者其本身就是公众自身使用的信息平台，具有较好的公共性，但它也容易因为资金不足和社会发展空间的限制在传播过程中受到行政逻辑和商业逻辑的控制。只有在媒介结构建设中注重这三种不同性质媒体的共同参与机制建设，传媒才能真正最大限度地为公众提供话语表达空间，供社会成员和社会群体就公共利益事务及其他共同关系的问题进行平等对话与交流（肖生福，2013）。如此，公众参与公共事务的公共领域才能促成参与人群的广泛性和差异性，才能真正就公共事务的相关问题进行自动、自觉的协商和博弈，最终形成公共利益诉求，促成某些具体社会政策的调整与创新，真正实现媒介的公共性。

最后，媒介公共性发展的核心在于新闻工作者专业性的发展，由此才能促成媒介传播、监督过程中的公共性发展。这一点实际上是公众主体性在传媒领域的实践及实现。一是要提高新闻工作者对媒体公共性角色的认识，使其真正成为具有公共性意识的新闻媒介的把关人，真正客观、及时、准确、全面地向公众传递事实，并不受利益集团左右，真正在报道中代表公共利益，促进公众表达的公开与公正。二是要注意提升媒介从业人员的专业素养的提升。灾害报道本身是一个比较复杂的话题，对媒介从业人员来讲，相关的专业知识的强化是一方面，更重要的是媒介从业人员要注意培养自身的问题意识和公共意识，加强自身将现实生活中的公共事件、公共话题转化为不同的公共议题，并促成公众广泛讨论与参与、凝聚共识的能力。当然，在报道、组织公众参与讨论、商谈的过程中秉持客观公正原则，则是媒介从业人员保持专业性应必备的职业素养。

第七章

结　语

澳大利亚学者罗伯特·E. 古丁（2008）曾经说过，"我们的社会责任比我们想象的更广大"。灾害治理与社会安全供给的质量及水平真正体现了一个社会的文明程度。今天，在我们开创人类美好生活新序章的新时代，如何基于对生命价值的尊重，真正基于本土文化秩序，建构本土灾害治理体系，形成灾害治理的本土方案，本身也是新时代社会建设满足人民群众安全感、提升其获得感和幸福感的题中之意。

在今天这个时代谈安全具有极大的不确定性，但人类正是在不确定性中孜孜不倦地追寻确定性，在不安全中寻求安全感才走到了今天。灾害甚或灾害治理是一个古老的、历史悠久的甚至是老生常谈的话题，与时俱进的风险意识的提升显得尤为重要。

此外，基于人的"无知"，各种孜孜不倦的努力又往往南辕北辙，灾害治理不仅未能达成预期目标，反而不断偏离其内在性目标，日益突出的灾害社会脆弱性问题暴露了灾害治理本身的社会脆弱性，将我们在风险文化上的滞后和在治理制度公共性上的不足呈现了出来。降低灾害治理的社会脆弱性，提升灾害治理水平，必须实现灾害治理理念和实践转型。在此过程中，加强反思性风险文化建设，并在此基础上实现政府再造和社会重建，即基于反思性风险文化实现整体性政府和互助型社会建构是关键。二者互为前提和基础，不分伯仲。一方面，要真正形成新型风险文化，并将之制度化，整体性政府的建构显然更为重要；另一方面，离开公众风险意识的觉醒，社会整体的监督、批判反思力也将难以为继。离开公众监督的整体性政府，其公共性的持续性也将极为乏力。

换句话说，在风险来源及结果的不确定性日益增加的新时代，"安全"的抵达更需要个体的风险意识自觉和社会的风险共治。在这个非传统安全时代，人如何走出自身的困境，如何再现人、自然与社会的内在价值与关联，使人类历史悠久文明中流淌出的"人救人"的、优秀的灾害治理传统思想在新的时代适逢老树新枝的春天，是每个人都需要为之努力付出的恒久事业。

过往所有，皆为序章。我们所经历和祈盼的，无论对今天还是未来都会产生难以想象的影响。面对前所未有的形势，站在新时代的入口，人类命运共同体的建设是每个人实现美好生活的必经之路和共同事业。在这条路上，反思与前行，没有一样可以或缺。而如何真正深入本土灾害治理文化和地方实践中去，真正躬身前行，是当前探索灾害治理本土方案的要义。

参 考 文 献

A. 麦金太尔. 1995. 德性之后. 龚群，戴扬毅等译. 北京：中国社会科学出版社.

B. 盖伊·彼得斯. 2001. 政府未来的治理模式. 吴爱明，夏宏图译. 北京：中国人民大学出版社.

C. 恩伯，M. 恩伯. 1988. 文化的变异——现代文化人类学通论. 杜杉杉译. 沈阳：辽宁人民出版社.

F. J. 古德诺. 1987. 政治与行政. 王元译. 北京：华夏出版社.

H. 乔治·弗雷德里克森. 2013. 公共行政的精神. 张成福，刘霞，张璋等译. 北京：中国人民大学出版社.

J. S. 密尔. 1982. 代议制政府. 汪瑄译. 北京：商务印书馆.

R. A. W. 罗茨，杨雪冬. 2005. 新治理：没有政府的管理. 经济管理文摘，（14）：41-46.

R. J. 斯蒂尔曼. 1988. 公共行政学. 李方，潘世强等译. 北京：中国社会科学出版社.

W. C. 丹皮尔. 1995. 科学史及其与哲学和宗教的关系（上册）. 李珩译. 北京：商务印书馆.

阿尔伯特·爱因斯坦. 1979. 爱因斯坦文集（第三卷）. 许良英，赵中立，张宣三编译. 北京：商务印书馆.

阿西夫·道拉，迪帕尔·巴鲁阿. 2007. 穷人的诚信. 朱民等译. 北京：中信出版社.

艾伦·肯迪. 2011. 福利视角：思潮、意识形态及政策争论. 周薇等译. 上海：上海人民出版社.

艾伦·劳顿. 2008. 公共服务伦理管理. 冯周卓，汤林弟译. 北京：清华大学出版社.

艾玛纽埃尔·勒维纳斯. 1997. 上帝·死亡和时间. 余中先译. 北京：生活·读书·新知三联书店.

爱德华·W. 萨义德. 2009. 东方学. 王宇根译. 北京：生活·读书·新知三联书店.

安东尼·吉登斯，克里斯多弗·皮尔森. 2001. 现代性——吉登斯访谈录. 尹宏毅译. 北京：新华出版社.

安东尼·吉登斯. 1998. 现代性与自我认同. 赵旭东，方文译. 北京：生活·读书·新知三联书店.

安东尼·吉登斯. 2000. 现代性的后果. 田禾译. 南京：译林出版社.

安东尼·吉登斯. 2001. 亲密关系的变革——现代社会中的性、爱和爱欲. 陈永国，汪民安等译. 北京：社会科学文献出版社.

安东尼·吉登斯. 2001. 失控的世界. 周红云译. 南昌：江西人民出版社.

巴瑞·卡林. 2013-01-16. 展望 2013：全球治理与国际发展. 中国社会科学报，第 B2 版.

白贵一. 2011. 当代中国国家与社会关系的嬗变. 贵州社会科学，（7）：12-16.

柏拉图. 1986. 理想国. 郭斌和，张竹明译. 北京：商务印书馆.

北京大学哲学系外国哲学史教研室. 1979. 十八世纪法国哲学. 北京：商务印书馆.

毕素华. 2006. 论基督教的慈善观. 南京社会科学, （12）: 55-59.

边沁. 1997. 政府片论. 沈叔平等译. 北京: 商务印书馆.

卜风贤. 1996. 灾害分类体系研究. 灾害学, 11 (1): 6-10.

蔡文之. 2007. 网络: 21世纪的权力与挑战. 上海: 上海人民出版社.

曹鹏飞. 2006. 公共性理论研究. 北京: 党建读物出版社.

查尔斯·蒂利. 2006. 集体暴力的政治. 谢岳译. 上海: 上海人民出版社.

查尔斯·沃尔夫. 1994. 市场或政府权衡两种不完善的选择/兰德公司的一项研究. 谢旭译. 北京: 中国发展出版社.

陈昌盛, 蔡跃洲. 2007. 中国政府公共服务: 体制变迁与地区综合评估. 北京: 中国社会科学出版社.

陈家刚. 2004. 协商民主. 上海: 上海三联书店.

陈金贵. 1997. 公民参与研究. 台湾行政学报, （24）: 95-128.

陈乐民, 周弘. 1999. 欧洲文明扩张史. 上海: 东方出版中心.

陈学明. 1996. 哈贝马斯的"晚期资本主义"论述评. 重庆: 重庆出版社.

陈振明. 1992. 法兰克福学派与科学技术哲学. 北京: 中国人民大学出版社.

成伯清. 2007. 从乌托邦到好社会: 西方现代社会建设理念的演变. 江苏社会科学, （6）: 73-78.

程立显. 1999. 论社会公正、平等与效率. 北京大学学报 (哲学社会科学版), （3）: 57-63.

慈玉鹏. 2011. 格兰诺维特论"弱连带". 管理学家 (实践版), （6）: 63-71.

崔佳明. 2017-07-16. 江苏常熟一民房发生火灾已经造成22人丧生. http://politics. caijing. com.cn/20170716/4300286. shtml.

大卫·丹尼. 2009. 风险与社会. 马缨, 王嵩, 陆群峰译. 北京: 北京出版社.

戴天兴. 2002. 城市环境生态学. 北京: 中国建材工业出版社.

戴维·埃尔伍德. 1989. 贫困救助. 曹阳译. 北京: 中国劳动社会保障出版社.

戴维·奥斯本, 特德·盖布勒. 2006. 改革政府. 周敦仁等译. 上海: 上海译文出版社.

戴维·伯恩斯坦. 2006. 如何改变世界: 社会企业家与新思想的威力. 吴士宏译. 北京: 新星出版社.

戴维·赫尔德. 1998. 民主的模式. 燕继荣等译. 北京: 中央编译出版社.

丹尼斯·史密斯. 2000. 历史社会学的兴起. 周辉荣, 井建斌等译. 上海: 上海人民出版社.

邓国胜等. 2009. 响应汶川——中国救灾机制分析. 北京: 北京大学出版社.

丁生忠. 2015. "国家与社会"理论范式的应用、限度与修正. 青海师范大学学报 (哲学社会科学版), 37 (6): 68-72.

段华明. 2010. 城市灾害社会学. 北京: 人民出版社.

方克立. 1998. 现代新入学与中国现代化. 天津: 天津大学出版社.

菲利普·塞尔兹尼克. 2009. 社群主义的说服力. 马洪, 李清伟译. 上海: 上海人民出版社.

费孝通. 1998. 乡土中国生育制度. 北京: 北京大学出版社.

冯钢. 2010. 转型社会及其治理问题. 北京: 社会科学文献出版社.

弗兰茨-克萨韦尔·考夫曼. 2004. 社会福利国家面临的挑战. 王学东译. 北京: 商务印书馆.

弗里茨·瓦尔纳. 1996. 建构实在论: 一种非正统的科学哲学. 吴向红译. 南昌: 江西高校出

版社.

高芙蓉. 2014. 突发公共事件应急管理. 北京：经济科学出版社.

格里·斯托克. 1999. 作为理论的治理：五个论点. 华夏风译. 国际社会科学杂志（中文版），（1）：19-30.

耿洁. 2011. 大学生网络失范行为及其治理研究. 北京邮电大学硕士学位论文.

郭道晖. 2009. 社会权力与公民社会. 南京：译林出版社.

郭芙蕊，王丛霞. 2009. 对自然界人工化价值的哲学审视. 兰州学刊，（9）：24-26.

郭剑平. 2013. 非政府组织参与社会救助的理论与实证分析. 济南：山东人民出版社.

郭跃. 2010. 自然灾害的社会易损性及其影响因素研究. 灾害学，（1）：84-88.

国家行政学院应急管理培训中心，德国国际合作机构. 演练式培训教学手册（第六版）. 中德灾害风险管理合作项目内部资料，2012，（3）：17-20.

国务院新闻办公室. 2009-05-11. 中国的减灾行动. http://www.gov.cn/zwgk/2009-05/11/content_1310227.htm.

哈贝马斯. 1999. 公共领域的结构转型. 曹卫东等译. 上海：学林出版社.

哈特·内格里. 2015. 大同世界. 王行坤译. 北京：中国人民大学出版社.

海尔格·诺沃特尼，彼得·斯科特，迈克尔·吉本斯. 2011. 反思科学：不确定性时代的知识与公众. 冷民等译. 上海：上海交通大学出版社.

韩俊魁. 2011. 境外在华 NGO：与开放的中国同行. 北京：社会科学文献出版社.

汉娜·阿伦特. 1999. 人的条件. 竺乾威等译. 上海：上海人民出版社.

何雪松. 2002. 社会学视野下的中国社会. 上海：华东理工大学出版社.

何颖. 2005. 政府公共性与和谐社会的构建. 社会科学战线，（4）：237-242.

贺晴. 2011. 论技术理性的困境与重建. 西安邮电学院学报，（4）：134-136.

侯保龙. 2013. 公民参与公共危机治理研究. 合肥：合肥工业大学出版社.

侯玲. 2015. 网络社会视阈下社会服务的发展悖论. 兰州学刊，（10）：177-184.

侯玲. 2016a. 弱势群体精神生活公共性失范与重构. 北京：科学出版社.

侯玲. 2016（b）-09-14. 风险责任研究提升灾害治理水平. 中国社会科学报，第 6 版.

胡塞尔. 2001. 欧洲科学的危机与超越论的现象学. 王炳文译. 北京：商务印书馆.

黄承伟，李海金. 2012. 汶川地震：灾后贫困村恢复重建案例研究概论. 武汉：华中科技大学出版社.

黄夏年. 2006. 印光集. 北京：中国社会科学出版社.

黄宗智. 2014. 超越左右：从实践中探寻中国农村发展出路. 北京：法律出版社.

慧远. 1992. 三报论. 弘明集（卷1）. 四部丛刊本. 北京：商务印书馆.

霍布豪斯. 1996. 自由主义. 朱曾汶译. 北京：商务印书馆.

霍布斯. 1986. 利维坦. 黎思复，黎廷弼译. 北京：商务印书馆.

贾西津. 2005. 第三次改革——中国非营利部门战略研究. 北京：清华大学出版社.

贾英健. 2009. 公共性视域——马克思哲学的当代阐释. 北京：人民出版社.

姜彤，许明柱. 1996. 自然灾害研究的新趋势——社会易损性分析. 灾害学，（2）：5-9.

蒋勇军，况明生，李林立等. 2003. 基于地理信息系统的重庆市自然灾害综合区划及评价. 西南师范大学学报（自然科学版），28（4）：627-632.

卡尔·博格斯. 2001. 政治的终结. 陈家刚译. 北京：社会科学文献出版社.

康保锐. 2009. 市场与国家之间的发展政策：公民社会组织的可能性与界限. 隋学礼译. 北京：中国人民大学出版社.

康德. 2005. 历史理性批判文集. 何兆武译. 北京：商务印书馆.

康有为. 1956. 大同书. 北京：古籍出版社.

康有为. 1998. 大同书：传统外衣下的近世理想国. 李似珍评注. 郑州：中州古籍出版社.

柯佳敏. 2013. 精神救助·社工介入·系统构建：专业社工介入社会性突发事件精神救助系统构建研究. 北京：中国社会科学出版社.

孔繁斌. 2008. 公共性的再生产——多中心治理的合作机制建构. 南京：江苏人民出版社.

莱斯特·M. 萨拉蒙. 2002. 全球公民社会——非营利部门视界. 贾西津，魏玉等译. 北京：社会科学文献出版社.

莱斯特·萨拉蒙，赫尔穆特·安海尔. 2000. 公民社会部门//何增科. 公民社会与第三部门. 北京：社会科学文献出版社.

蓝建中. 2018-10-11. 日本政府欲借助反恐怖之名进行公民"有事训练". http://japan.people.com.cn/2004/9/11/2004911102240. htm.

劳伦斯·巴顿. 2002. 组织危机管理. 符彩霞译. 北京：清华大学出版社.

乐章. 2008. 社会救助学. 北京：北京大学出版社.

李宏伟，屈锡华，严敏. 2009. 社会再适应、参与式重建与反脆弱性发展——汶川地震灾后重建启示录. 社会科学研究，（3）：1-7.

李闽. 2002. 地质灾害人口安全易损性区划研究. 中国地质矿产经济，（8）：24-27.

李明伍. 1997. 公共性的一般类型及其若干传统模型. 社会学研究，（4）：110-118.

李娜. 2003-08-20. 纽约停电带给大都市的警示. http://www.people.com.cn/GB/guandian/1033/2026456. html.

李萍. 2004. 论公共精神的培养. 北京行政学院学报，（2）：83-86.

李强，胡宝荣. 2013. 当代中国网络思想动态及其反思. 毛泽东邓小平理论研究，（1）：43-49.

李瑞昌. 2005. 社会变迁中的风险话语：发展的视角. 人文杂志，（5）：153-157.

理查德·塔纳斯. 2007. 西方思想史——对形成西方世界观的各种观念的理解. 吴象婴，晏可佳，张广勇译. 上海：上海社会科学院出版社.

梁茂春. 2012. 灾害社会学. 广州：暨南大学出版社.

林存光. 2006. 儒家式政治文明及其现代转向. 北京：中国政法大学出版社.

林聚任. 2008. 论社会关系重建在社会重建中的意义与途径. 吉林大学社会科学学报，（5）：115-118.

林闽钢. 2012. 现代西方社会福利思想——流派与名家. 北京：中国劳动社会保障出版社.

刘兰芳，何曙光. 2006. 洪水灾害易损性模糊综合评价——以湖南省衡阳市为例. 衡阳师范学院学报，27（3）：123-128.

刘同舫. 2011. 马克思人类解放理论的演进逻辑. 北京：人民出版社.

刘熙瑞. 2000. 理念·职能·方式——我国地方行政机构改革面临的三个转变. 人民论坛，（7）：9-11.

刘玉能，高力克等. 2012. 民间组织与治理：案例研究. 北京：社会科学文献出版社.

卢梭. 2005. 社会契约论. 何兆武译. 北京：商务印书馆.

鲁迪·朱利安尼. 2005. 领导：纽约市长朱利安尼自述. 韩文正译. 南京：译林出版社.

罗伯特·E. 古丁. 2008. 保护弱势：社会责任的再分析. 李茂森译. 北京：中国人民大学出版社.

罗伯特·贝拉. 1999. 宗教多元化与宗教真理//刘小枫. 基督教文化评论. 贵阳：贵州人民出版社.

罗伯特·罗茨. 1996. 新治理：没有政府的管理. 政治研究，（154）：273-279.

罗伯特·罗茨. 2000. 新的治理//俞可平. 治理与善治. 北京：社会科学文献出版社.

罗伯特·威廉·福格尔. 2003. 第四次大觉醒及平等主义的未来. 王中华，刘红译. 北京：首都经济贸易大学出版社.

罗伯特·希斯. 2004. 危机管理. 王成，宋炳辉，金瑛译. 北京：中信出版社.

罗国亮. 2012. 灾害应对与中国政府治理方式变革研究. 北京：中国社会科学出版社.

洛克. 1982. 政府论（上篇）. 瞿菊农，叶启芳译. 北京：商务印书馆.

洛克. 1996. 政府论（下篇）. 叶启芳，瞿菊农译. 北京：商务印书馆.

马尔库塞. 2006. 单向度的人. 刘继译. 上海：译文出版社.

马克思. 1958. 资本论（第一卷）. 郭大力，王亚南译. 北京：人民出版社.

马克斯·韦伯. 1987. 新教伦理与资本主义精神. 于晓，陈维纲等译. 北京：生活·读书·新知三联书店.

马克斯·韦伯. 1997. 经济与社会（上卷）. 林荣远译. 北京：商务印书馆.

迈克尔·博兰尼. 2002. 自由的逻辑. 冯银江，李雪茹译. 吉林：吉林人民出版社.

迈克尔·麦金尼斯. 2000. 多中心体制与地方公共经济. 毛寿龙，李梅译. 上海：上海三联书店.

毛德华等. 2011. 灾害学. 北京：科学出版社.

孟祥仲. 2009. 平等与效率思想发展研究——经济思想史视角. 济南：山东人民出版社.

孟昭华，彭佳荣. 1989. 中国灾荒词典. 哈尔滨：黑龙江科技出版社.

米尔顿·弗里德曼. 1991. 弗里德曼文萃. 高榕等译. 北京：北京经济学院出版社.

米切尔·黑尧. 2004. 现代国家的政策过程. 赵成根译. 北京：中国青年出版社.

米歇尔·沃德罗普. 1997. 复杂：诞生于秩序与混沌边缘的科学. 陈玲译. 北京：生活·读书·新知三联书店.

民政部. 2016-03-24. 2016 年版国家自然灾害救助应急预案解读. http://www. mca. gov. cn/article/zwgk/jd/201603/20160300881743. shtml? authkey=mlurh3.

民政部. 2017-07-25. 今年以来自然灾害已致 402 人遇难 129 人失踪. http://society. people. com. cn/n1/2017/0725/c1008-29427250. html.

欧文·E. 休斯. 2007. 公共管理导论. 张成福，王学栋等译. 北京：中国人民大学出版社.

潘斌. 2011. 社会风险论. 北京：中国社会科学出版社.

庞金友. 2006. 现代西方国家与社会关系理论. 北京：中国政法大学出版社.

庞金友. 2014. 变化社会中的政治观念. 北京：社会科学文献出版社.

彭华民. 2009. 西方社会福利理论前沿. 北京：中国社会出版社.

朴炳铉. 2012. 社会福利与文化——用文化解析社会福利的发展. 高春兰，金炳彻译. 北京：商务印书馆.

朴炳铉，高春兰. 2007. 儒家文化与东亚社会福利模式. 长白学刊，（2）：141-143.

齐格蒙特·鲍曼. 2002. 个体化社会. 范祥涛译. 上海：上海三联出版社.

乔东平，陈丽. 2011. 重建期震区居民心理状况与心理援助——基于四川县委和汶川县的实地调查. 华中师范大学学报（人文社会科学版），（1）：154-160.

乔尔·S. 米格代尔. 2013. 社会中的国家：国家与社会如何相互改变与相互构成. 李杨，郭一聪译. 南京：江苏人民出版社.

乔尔·科特金. 2006. 全球城市史. 王旭等译. 北京：社会科学文献出版社.

乔治·弗雷德里克森. 2003. 公共行政的精神. 张成福，刘霞，张璋等译. 北京：中国人民大学出版社.

全球治理委员会. 1995. 我们的全球伙伴关系. 牛津：牛津大学出版社.

让·鲍德里亚. 2001. 消费社会. 刘成富，全志钢译. 南京：南京大学出版社.

让-彼埃尔·戈丹，陈思. 1999. 现代的治理，昨天和今天：借重法国政府政策得以明确的几点认识. 国际社会科学杂志（中文版），（1）：49-58.

让-诺埃尔·卡普费雷. 2008. 谣言——世界最古老的传媒. 郑若麟译. 上海：上海人民出版社.

若弘. 2010. 中国 NGO：非政府组织在中国. 北京：人民出版社.

单文慧. 1998. 城市发展的内涵与内驱力. 城市发展研究，（2）：19-21.

尚塔尔·墨菲. 2001. 政治的回归. 王恒，臧佩洪译. 南京：江苏人民出版社.

尚晓援. 2007. 中国社会保护体制改革研究. 北京：中国劳动社会保障出版社.

时正新，廖鸿. 2002. 中国社会救助体系研究. 北京：中国社会科学出版社.

斯科特·拉什. 2002. 风险社会与风险文化. 王武龙编译. 马克思主义与现实，（4）：52-63.

孙立平. 2005. 现代化与社会转型. 北京：北京大学出版社.

孙然. 2009. 我国非营利组织参与灾害救助研究——以四川地震救灾为例. 北京：中国人民大学硕士学位论文.

孙志丽. 2009. 灾后社会关系重建与老年人的社会资本——以都江堰市 Q 安置社区为例. 社会工作，（20）：19-21.

孙中山. 1981. 孙中山全集（第一卷）. 北京：中华书局.

孙中山. 1986. 孙中山全集（第九卷）. 北京：中华书局.

谭莉莉. 2002. 公共精神：塑造公共行政的基本理念. 理论与改革，（5）：90-92.

唐斌. 2010. 流失与重构：政府对公众心理安全感的满足——基于公共安全事件的思考. 江淮论坛，（3）：153-156，175.

唐代兴. 2003. 公正伦理与制度道德. 北京：人民出版社.

唐桂娟，王绍玉. 2011. 城市自然灾害应急能力综合评价研究. 上海：上海财经大学出版社.

唐凯麟. 2004. 集体主义和社会公正论纲. 道德与文明，（4）：4-6.

唐士其. 1998. 国家与社会的关系——社会主义国家的理论与实践比较研究. 北京：北京大学出版社.

唐亚林，李瑞昌，朱春等. 2015. 社会多元、社会矛盾与公共治理. 上海：上海人民出版社.

陶鹏. 2013. 基于脆弱性视角的灾害管理整合研究. 北京：社会科学文献出版社.

田毅鹏等. 2017. 中国社会福利思想史. 北京：中国人民大学出版社.

佟新. 2008. 恢复和重建未成年人社会支持网络. 北京观察，（7）：31-32.

童小溪，战洋. 2008. 脆弱性、有备程度和组织失效：灾害的社会科学研究. 国外理论动态，
　　（12）：59-61.

童星，张海波. 2010. 灾害与公共管理. 南京：南京大学出版社.

童星. 2011. 关于国家防灾减灾战略的一种构想. 甘肃社会科学，（6）：5-9.

托克维尔. 1995. 论美国的民主（上卷）. 董果良译. 北京：商务印书馆.

汪晖，陈燕谷. 2005. 文化与公共性. 北京：生活·读书·新知三联书店.

汪向阳，胡春阳. 2000. 治理：当代公共管理理论的新热点. 复旦学报（社会科学版），（4）：
　　136-140.

王春福. 2009. 政策网络的开放与公共利益的实现. 中共中央党校学报，（1）：99-103.

王春福. 2012. 自利性和公共性——浙商公共行为与政府公共政策. 北京：中国发展出版社.

王凤，黄志阳. 2005. 主成份分析法对陕西投资环境的评价. 生产力研究，（3）：132-133.

王君玲. 2013. 网络社会的民间表达——样态、思潮及动因. 广州：暨南大学出版社.

王俊秀. 2008. 面对风险：公众安全感研究. 社会，（4）：206-221.

王思斌. 2005-04-12. 中国正在走向社会政策时代. http://www.china.com.cn/chinese/OP-c/836305.
　　htm.

王思斌. 2006. 体制转变中社会工作的职业化进程. 北京科技大学学报（社会科学版），（1）：1-
　　5，12.

王同新. 2014. 马克思恩格斯政府公共性思想与公共服务型政府构建. 北京：中央编译出版社.

王新生. 2003. 市民社会论. 南宁：广西人民出版社.

王续刚，吕乃基. 2009. 论人工自然之于和谐社会的构建. 南京社会科学，（12）：36-41.

王雅丽. 2015. 公共精神基本特征解析. 河北大学学报（哲学社会科学版），（6）：133-139.

王哲. 2001. 西方政治法律学说史. 北京：北京大学出版社.

王卓等. 2014. 灾后扶贫与社区治理. 北京：社会科学文献出版社.

威尔·吉姆利卡，威尼·诺曼. 2004. 公民的回归：公民理论近作综述//许纪霖. 共和、社群与
　　公民. 南京：江苏人民出版社.

威廉·奥格本. 1989. 社会变迁：关于文化和先天的本质. 王晓毅，陈育国译. 杭州：浙江人民
　　出版社.

文森特·奥斯特罗姆. 1999. 美国公共行政的思想危机. 毛寿龙译. 上海：上海三联书店.

文森特·奥斯特罗姆. 2003. 美国联邦主义. 王建勋译. 上海：上海三联书店.

沃特·阿赫特贝格. 2003. 民主、正义与风险社会：生态民主政治形态与意义. 周战超译. 马克
　　思主义与现实，（3）：46-52.

乌尔里希·贝克. 2001. 自由与资本主义. 路国林译. 杭州：浙江人民出版社.

乌尔里希·贝克. 2004a. 风险社会. 何博闻译. 南京：译林出版社.

乌尔里希·贝克. 2004b. 世界风险社会. 吴英姿，孙淑敏译. 南京：南京大学出版社.

乌尔里希·贝克，伊丽莎白·贝克-格恩斯海姆. 2011. 个体化. 李荣山，范譞，张惠强译. 北
　　京：北京大学出版社.

乌尔里希·贝克，约翰内斯·威尔姆斯. 2001. 自由与资本主义. 路国林译. 杭州：浙江人民出
　　版社.

乌尔里希·贝克，安东尼·吉登斯，斯科特·拉什. 2014. 自反性现代化：现在社会秩序中的

政治、传统与美学. 赵文书译. 北京：商务印书馆.

夏建中. 2010. 治理理论的特点与社区治理研究. 黑龙江社会科学，（2）：125-130.

夏伟生. 1984. 人类生态学初探. 兰州：甘肃人民出版社.

夏玉珍，刘小峰. 2011. 社会互构论视野中的国家与社会关系取向及反思. 广西社会科学，（11）：104-108.

夏征农，陈至立. 2009. 辞海（第六版）. 上海：上海辞书出版社.

肖群忠. 2005. "小康"、"大同"与"政通人和"——传统社会的政治理想对当代和谐社会建设的启示. 齐鲁学刊，（6）：13-18.

肖生福. 2013. 公共性视角下的大众传媒与公共政策研究. 北京：中国社会科学出版社.

肖艳辉. 2015. 社会救助国家责任模式比较研究. 北京：中国检察出版社.

谢立中. 1998. 西方社会学名著提要. 南昌：江西人民出版社.

谢霄. 2017-08-21. 应急救援队伍建设——德国模式. https://www.sohu.com/a/166231644_825958.

谢志平. 2011. 关系、限度、制度：转型中国的政府与慈善组织. 北京：北京师范大学出版社.

熊小青. 2009. 技术理性僭越的生存论代价——一种环境哲学视野中关于技术风险的言说. 昆明理工大学学报（社会科学版），（6）：12-16.

徐贲. 2009. 通往尊严的公共生活：全球正义和公民认同. 北京：新星出版社.

徐麟. 2005. 中国慈善事业发展研究. 北京：中国社会出版社.

徐显明. 2000. "转型时期国家与社会关系的多维透视"笔谈——社会转型后的法律体系重构. 文史哲，（5）：5-7.

徐争游等. 1994. 中央政府的职能和组织结构（上册）. 北京：华夏出版社.

许厚德. 1995. 联合国国际减轻自然灾害十年秘书处关于纪念1995年国际减轻自然灾害日活动的安排和建议 1995年国际减轻自然灾害日主题：妇女和儿童——预防的关键. 中国减灾，（2）：6-8.

许慎. 1981. 说文解字注. 段玉裁注. 上海：上海古籍出版社.

薛冰. 2006. 历史与逻辑：公共性视域中的公共管理. 北京：中国社会科学出版社.

薛克勋. 2005. 中国大中城市政府紧急事件响应机制研究. 北京：中国社会科学出版社.

薛澜，张强，钟开斌. 2005. 危机管理：转型期中国面临的挑战. 北京：清华大学出版社.

薛晓源，刘国良. 2005. 全球风险世界：现在与未来——德国著名社会学家、风险社会理论创始人乌尔里希·贝克教授访谈录. 马克思主义与现实，（1）：44-55.

薛晓源，周战超. 2005. 全球化与风险社会. 北京：社会科学文献出版社.

雅斯贝尔斯. 1988. 悲剧的超越. 亦春译. 北京：中国工人出版社.

亚当·斯密. 2005. 国富论. 唐日松等译. 北京：华夏出版社.

亚里士多德. 1983. 政治学. 吴寿彭译. 北京：商务印书馆.

亚里士多德. 2016. 亚里士多德全集（第二卷）. 苗力田主编. 北京：中国人民大学出版社.

闫钟. 2009. 社会转型期的城市公共安全分析. 山西大学学报（哲学社会科学版），（5）：20-23.

杨冠琼，蔡芸. 2011. 公共治理创新研究. 北京：经济管理出版社.

杨仁忠. 2013. 公共领域理论与和谐社会构建. 北京：社会科学文献出版社.

杨涛. 2014. 公共事务治理机制研究. 南京：南京大学出版社.

依迪丝·汉密尔顿. 2003. 希腊精神：西方文明的源泉. 葛海滨译. 沈阳：辽宁出版社.

尤尔根·哈贝马斯. 2000. 合法化危机. 刘北成，曹卫东译. 上海：上海人民出版社.

尤尔根·哈贝马斯. 2002. 后民族结构. 曹卫东译. 上海：上海人民出版社.

尤努斯. 2006. 穷人的银行家. 吴士宏译. 北京：生活·读书·新知三联书店.

尤努斯. 2008. 新的企业模式：创造没有贫穷的世界. 鲍小佳译. 北京：中信出版社.

于军. 2014. 全球治理. 北京：国家行政学院出版社.

余潇枫. 2007. 非传统安全与公共危机治理. 杭州：浙江大学出版社.

余潇枫，张东和. 2002. 社区主义：公共伦理建设的新走向. 上海交通大学学报（哲学社会科学版），（1）：31-35.

俞可平. 2000. 治理与善治. 北京：社会科学文献出版社.

俞可平. 2003. 全球化：全球治理. 北京：社会科学文献出版社.

俞祖华. 2005-03-01. 中国古代的和谐思想. 光明日报（理论版）.

袁永博，于雪峰. 2003. 自然灾害危害度模糊模式识别. 地震工程与工程振动，23（6）：194-197.

袁祖社. 2006. "公共性"信念的养成："和谐社会"的实践哲学基础及其人文价值追求. 陕西师范大学学报（哲学社会科学版），（3）：77-83.

约翰·罗尔斯. 1988. 正义论. 何怀宏，何包钢，廖申白译. 北京：中国社会科学出版社.

约翰·罗尔斯. 2000. 政治自由主义. 万俊人译. 南京：译林出版社.

詹姆斯·N. 罗西瑙. 2001. 没有政府的治理：世界政治中的秩序与变革. 张胜军，刘小林等译. 南昌：江西人民出版社.

詹姆斯·施密特. 2005. 启蒙运动与现代性——18世纪与20世纪对话. 徐向东，卢华萍译. 上海：上海人民出版社.

张成福. 2000. 责任政府论. 中国人民大学学报，（2）：75-82.

张凤阳等. 2014. 政治哲学关键词. 南京：江苏人民出版社.

张康之. 2000. 行政改革中的制度安排. 宁夏社会科学，（3）：23-32.

张康之. 2006. 走向合作治理的历史进程. 湖南社会科学，（4）：31-36.

张乐. 2012. 风险的社会动力机制——基于中国经验的实证研究. 北京：社会科学文献出版社.

张磊. 2013. 德国应急管理体系研究. 北京：国家行政学院出版社.

张奇林等. 2014. 中国慈善事业发展研究. 北京：人民出版社.

张维平. 2006. 建立和完善突发公共事件社会心理干预机制. 中国公共安全（学术版），（12）：7-17.

张秀兰. 2010. 社会抗逆力：风险管理理论的新思考. 中国应急管理，（3）：36-42.

张玉林. 2010. 累积性灾难的社会应对——以海河流域为中心. 江苏行政学院学报，（2）：56-62.

章士嵘. 2002. 西方思想史. 上海：东方出版中心.

赵成根. 2006. 国外大城市危机管理模式研究. 北京：北京大学出版社.

赵曼，薛新东. 2012. 农村救灾机制研究. 北京：中国劳动社会保障出版社.

赵永茂，谢庆奎，张四明，等. 2011. 公共行政、灾害防救与危机管理. 北京：社会科学文献出版社.

珍妮·X. 卡斯帕森，罗杰·E. 卡斯帕森. 2010. 风险的社会视野（下）. 李楠，何欢译. 北京：中国劳动社会保障出版社.

郑功成. 2014. 传承与借鉴：中国社会保障史研究. 中国人民大学学报，（1）：1-12.

郑杭生，杨敏. 2010. 社会互构论：世界眼光下的中国特色社会学理论的新探索——当代中国"个人与社会关系研究". 北京：中国人民大学出版社.

郑杭生. 1999. 社会学概论新修. 北京：中国人民大学出版社.

郑谦. 2012. 公共物品"多中心"供给研究——基于公共性价值实现的分析视角. 北京：北京大学出版社.

郑晓燕. 2012. 中国公共服务供给主体多元发展研究. 上海：上海人民出版社.

智圆. 2006. 闲居篇之四十二章序//周秋光，曾桂林. 中国慈善简史. 北京：人民出版社.

中共中央马克思恩格斯列宁斯大林著作编译局. 1995. 马克思恩格斯选集（第四卷）. 北京：人民出版社.

中国基督教三自爱国运动委员会，中国基督教协会. 1998. 圣经. 南京：爱德印刷有限公司.

中国基督教协会. 1994. 新约全书. 上海：中国基督教协会印发.

中国社会科学院语言研究所词典编辑室. 2019. 现代汉语词典（第7版）. 北京：商务印书馆.

钟启泉. 2002. "批判性思维"及其教学. 全球教育展望，（1）：34-38.

周丽昀. 2005. 科学实在论和社会建构论共同的形而上学根基. 山东科技大学学报（社会科学版），（4）：6-10.

周利敏. 2012. 社会脆弱性：灾害社会学研究的新范式. 南京师范大学学报（社会科学版），（4）：20-28.

周利敏. 2015. 永续社区减灾：国际减灾最新趋向及实践反思. 西南民族大学学报（人文社会科学版），（5）：1-7.

朱国云. 2007. 多中心治理与多元供给：对新农村建设中公共物品供给的思考. 北京：中国劳动社会保障出版社.

朱力，谭贤楚. 2010. 中国救灾的社会动员机制//童星，张海波. 灾害与公共管理. 第四届两岸三地人文社科论坛论文集. 南京：南京大学出版社.

朱武雄. 2010. 转型社会的公共安全治理——从公民社会的维度分析. 东北大学学报（社会科学版），（5）：415-419.

朱亚鹏. 2013. 公共政策过程研究：理论与实践. 北京：中央编译出版社.

庄友刚. 2008. 跨越风险社会——风险社会的历史唯物主义研究. 北京：人民出版社.

邹谠. 1994. 二十世纪中国政治：从宏观历史与微观行动的角度. 香港：牛津大学出版社香港有限公司.

邹海贵. 2012. 社会救助制度的伦理考量. 北京：人民出版社.

Adger. W. N., Kelly. P. M. 1999. Social vulnerability to climate change and the architecture of entitlements. Mitigation and Adaptation Strategies for Global Change，4：253-266.

Adger. W. N., Brooks. N., Bentham. G., et al. 2004. New indicators of vulnerability and adaptative capacity. Tyndall Centre Technical Report，（7）：13-27.

Alexander. D. C. 1993. Natural Disasters. London：UCL Press.

Allport. G. W., Postman. L. 1947. An analysis of rumor. The Public Opinion Quarterly，10（4）：501-517.

Aoki. M. 2001. Toward a Comparative Institutional Analysis. Cambridge：The MIT Press.

Apel. K. O. 1987. The problem of a macroethic of responsibility to the future in the crisis of technological civilization: An attempt to come to terms with Hans Jonas' principle of responsibility. Man and World, 20: 3-40.

Apel. K. O. 1988. Diskurs und Verantwortung: Das Problem des Übergangs zur postkonventionellen Moral. Frankfurt: Surkamp.

Apel. K. O. 1990. The problem of a umversalistic macroethics of co-responsibility//Griffioen. S. What Right Does Ethics Have. Amsterdam: VU University Press.

Apel. K. O. 1991. Aplanetary macroethics for mankind: The need, the apparent difficulty, and the eventual possibility//Deutsch. E. Culture and Modernity: East-west Philosophical Perspectives. Honolulu: University of Hawaii Press.

Arnstein. S. R. 1969. A new ladder of citizen participation. Journal of American Institute of Planners, 35 (4): 216-224.

Bankoff. G., Frerks. G., Hilhorst. D. 2004. Mapping Vulnerability: Disasters, Development and People. London: Earthscan.

Barber. B. 2003. Strong Democracy: Participatory Politics for a New Age. Berkeley: University of California Press.

Bates. F. L., Peacock. W. G. 1993. Living Conditions, Disasers and Development. Athens: University of Georgia Press.

Bates. F. L., Plenda. C. 1994. An ecological approach to disasers//Dynes. R. R., Tierney. K. J. Disasers, Collective Behavior, and Social Organization. Newark: University of Delaware.

Beck. 1992. Risk Society: Towards A New Modernity. London: Sage.

Beck. 1995. Ecological Enlightenment: Essay on the Politics of the Risk Society. Atlantic Highlands: Humanities Press.

Beck. 1998. Politics of risk society//Franklin. J. The Politics of Risk Society. Cambridge: Polity Press.

Beck. 1999. World Risk Society. Cambridge: Polity Press.

Beck. U. 2000. Risk society revisited: Theory, politics and research, programes//Adam. B., Beck. U., van Loon. J. The Risk Society and Beyond. Critical Issues for Social Theory. London: Sage.

Blaikie. P., Cannon. T., Davis. I., Wisner. B. 1994. At Risk: Natural Hazards, People's Vulnerability and Disasters. London: Routledge.

Blaikie. P., Cannon. T., Davis. I., et al. 2004. At Risk: Natural Hazards, People's Vulnerability and Disasters. New York: Routledge.

Boin. B. 2005. From crisis to disaster: Towards an integrative perspective//Perry. R. W., Quarantelli. E. L. What is a Disaster: New Answers to Old Questions. Philadelphia: Xlibris.

Bolin. B. 2007. Race, class, ethnicityand disaster vulnerability//Rodríguez. H., Quarantelli. E., Dynes. R. Handbook of Disaster Research. New York: Springer.

Bovaird. T., Loeffler. E. 2003. Evaluating the quality of public governance: Indicators, models and methodologies. International Review of Administrative Sciences, 69 (3): 313-328.

Bozeman. B. 1993. Public Management: The State of the Art. San Francisco: Jossey-Bass Publishers.

Burton. I., Kates. R. W., White. G. E. 1978. The Environment as Hazard. New York: Oxford

University Press.

Buttel. F. 1976. Social science and the environment: Competing theories. Social Science Quarterly, 57（2）: 307-323.

Chambers. R. 1989. Editorial introduction: Vulnerability, coping and policy. IDS Bulletin, 20（2）: 1-7.

Chambers. R., Conway. G. 1992. Sustainable rural livelihoods: Practical concepts for the 21st century. IDS Discussion Paper, 296.

Chen. C. H., Tan. H., Liao. L. R., et al. 2007. Long-term psychological outcome of 1999 Taiwan earthquake survivors: A survey of a high-risk sample with property damage. Comprehensive Psychiatry, 48（3）: 269-275.

Clark. G. E., Moser. S. C., Ratick. S. J., et al. 1998. Assessing the vulnerability of coastal communities to extreme storms: The case of revere, MA., USA. Mitigation and Adaptation Strategies for Global Change, 3: 59-82.

Clark. W. C., Jaeger. J., Corell. R., Kasperson. R. 2000. Assessing vulnerability to global environmental risks. Belfer Center for Science and International Affairs（BCSIA）Discussion Paper 2000-12, Cambridge.

Cohen. J. 1985. Strategy or identity: New theoretical paradigms and contemporary social movements. Social Research, 52（4）: 663-716.

Cohen. J. L., Arato. A. 1992. Civil Society and Political Theory. Cambridge: The MIT Press.

Cohen. M. J. 2005. Sustainable consumption in national context: An introduction to the special issue. Sustainability: Science, Practice & Policy, 1（1）: 22-28.

Cole. S. 1995. Making Science: Between Nature and Society. Cambridge: Harvard University Press.

Connor. D. M. 1988. A new ladder of citizen participation. National Civic Review, 77（3）: 249 - 257.

Conway. D. G. 2005. The Home Security Handbook. Oxford: Howtobooks.

Cutter. S. L. 1996. Vulnerability to environmental hazards. Progress in Human Geography, 20（4）: 529-539.

Cutter. S. L. 2005. Are we asking the right question? //Perry. R. W., Quarantelli. E. L. What is a Disaster: New Answers to Old Questions. Philadelphia: Xlibris.

Cutter. S. L., Boruff. B. J., Shirley. W. L. 2003. Social vulnerability to environmental hazards. Social Science Quarterly, 84（2）: 242-261.

Cutter. S. L., Emrich. C. T., Mitchell. J. T., et al. 2006. The long road home: Race, class, and recovery from hurricane katrinal. Environment: Science and Policy for Sustainable Development, 48（2）: 8-20.

Dahl. R. 1963. A Preface to Economic Democracy. Chicago: University of Chiago Press.

Dean. M. 1999.Governmentality: Power and Ride in Modern Society. London: Sage.

Dilulio. J. J. 1994. Deregulating the Public Service: Can Government Be Improved. Washington: The Brookings Institution.

Douglas. M. 1992. Risk and Blame: Essays in Cultural Theory. London and New York: Routledge.

Douglas. M. 1996. Risk and Blame. London and New York: Routledge.

Douglas. M. 1997. The depolicisation of risk//Jokes. Implict Meanings: Selected Essays in Anthropology. London and New York: Routledge.

Douglas. M., Wildavsky. A. 1982. Risk and Culture: An Essay on the Selection of Technical and Environmental Dangers. Berkeley: Unversity of California Press.

Dow. K., Downing. T. E. 1995. Vulnerability research: Where things stand. Human Dimensions Quarterly, 1: 3-5.

Emergency Management Australia (EMA). 2000. Australian Emergency Management Arrangement. Canberra: Commonweath of Australia.

Field. C. B., Barros. V., Stocker, T. F., et al. 2012. Managing the Risks of Extreme Events and Disasters to Advance Climate Change Adaptation: A Special Report of the Intergovernmental Panel on Climate Change. Cambridge and New York: Cambridge University Press.

Finer. H. 1941. Administrative responsibility in democratic government. Public Administration Review, 1 (4): 335-350.

Fischer. F., Forester. J. 1993. The Argumentative Turn in Policy Analysis and Planning. Durham: Duke University Press.

Fox. C. J. 1990. Implementation research: Why and how to transcend positivist methodologies// Palumbo. D., Calista. D. Implementation and the Policy Process: Opening Up the Black Box. New York: Greenwood Press.

Fritz. C. E. 1961. Disaster//Merton. R. K., Nisbet. R. A. Contemporary Social Problems. New York: Harcourt.

Gabor. T., Griffith. T. K. 1980. The assessment of community vulnerability to acute hazardous materials incidents. Journal of Hazardous Materials, 3 (4): 323-333.

Goode. L. 2005. Jürgen Habermas: Democracy and the Public Sphere. Ann Arbor: Pluto Press.

Granovetter. M. 1973. The strength of weak ties. American Journal of Sociology, 78 (6): 1360-1380.

Gray. P., Oliver. K. 2001. The Memory of Catastrophe. Manchester: Manchester University Press.

Gregersen. N. H. 2003. Risk and religion: Toward a theology of risk taking. Zygon, (2): 355-376.

Ham. C., Hill. M. 1984. The Policy Process in the Modern Capitalist State. Brighton: Wheatsheaf Books.

Haque. C. E., Etkin. D. 2007. People and community as constituent parts of hazards: The significance of societal dimensions in hazards analysis. Natural Hazards, 41 (2): 271-282.

Hermann. R. K., Fischerkeler. M. P. 1995. Beyond the enemy image and spiral model: Cognitive-strategic research after the Cold War. International Organization, 49 (3): 415-450.

Hewitt. K. 1983. Interpretation of Calamity from the Viewpoint of Human Ecology. Boston: Allen and Uniwin.

Hewitt. K. 1997. Regions of Risk. Singapore: Longman Singapore Publisher.

Hewitt. K., Burton. I. 1971. The Hazardousness of A Place: A Regional Ecology of Damaging Events. Toronto: University of Toronto Press.

Hood. C. 1983. Beyond the Public Bureaucracy State: Public Administration in the 1990s. London:

London School of Economic and Political Science.

Horlick-Jones. T., Amendola. A., Casale. R. 1995. Natural Risk and Civil Protection. London: E & FN Spon.

International Risk Governance Council. 2005. Risk Governance: Towards an Integrative Approach. Available via International Risk Governance Council, 1-157. https://doi.org/10.1111/j.1539-6924.2010.01467. x.2018-9-19.

IPCC. 2001. Climate Change 2001: Impacts, Adaptation and Vulnerability of Climate Change, Working Group Report. London: Cambridge University Press.

IRGC. 2007. An Introduction to the IRGC Risk Governance Framework. Available via International Risk Governance Council: 1-24. https://doi.org/10.1111/ j.1539-6924.2010.01467. x.2018-9-19.

Jardine. C. G., Hrudey. S. E. 1997. Mixed messages in risk communication. Risk Analysis, (4): 489-498.

Jeffery. S. 1982. The creation of vulnerability to natural disaster: Case studies from the Dominican Republic. Disaster, (1): 38-43.

Jonas. H. 1973. Technology and responsibility: Reflections on the new tasks of ethics. Social Research, 40 (1): 31-54.

Jonas. H. 1976. Responsibility today: The ethics of an endangered future. Social Research, 43 (1): 77-97.

Jonas. H. 1979. Das Prinzip Verantwortung. Frankfur: Insel Verlag.

Jonas. H. 1982. Technology as a subject for ethics. Social Research, 49: 891-898.

Kasperson. J. X., Kasperson. R. E., Turner. B. L., et al. 2005. Vulnerability to global environmental change//Kasperson. J. X., Kasperson. R. E. Social Contours of Risk. London: Earthscan.

Kates. R. W. 1985. The interaction of climate and society//Kates R. W., Ausubel. J. H., Berberian. M. Climate Impact Assessment: Studies of the Interaction of Climate and Society, Scope27. New York: Wiley.

Kaufmann. D., Kraay. A., Mastruzzi. M. 2005. Governance Matters IV: Governance Indicators for 1996-2004. World Bank Working Paper: 3630.

Kaufmann. D., Kraay. A., Mastruzzi. M. 2006. Governance Matters V: Aggregate and Individual Governance Indicators for 1996-2005. Washington: World Bank.

Kaufmann. D., Kraay. A., Zoido-Lobaton. P. 1999. Governance Matters (August 1999). World Bank Policy Research Working Paper No. 2196.

Kenis. P., Provan. K. G. 2006.The control of public networks. International Public Management Journal, 9 (3): 227-247.

Kirby. A. 1990. Nothing to Fear: Risks and Hazards in American Society. Tucson: University of Arizona Press.

Kooiman. J. 1993. Governance and Governability: Using Complexity, Dynamics and Diversity. London: Sage Publications.

Kreps. G. A. 1995. Disaster as systemic event and social catalyst: A clarication of subject matter. International Journal of Mass Emergencies and Disasters, 13 (3): 255-284.

Kurtz. M. J., Schrank. A. 2007. Growth and governance: Models, measures, and mechanisms. The Journal of Politics, 69 (2): 538-554.

Lenk. H. 2007. A propos de nsque et de responsibility//Kermisch. C., Hottois. G. Techniques et philosophies des nsques. Pans' Vnn.

Lester. J. P., et al. 1987. Public policy implementation: Evolution of the field and agenda for future research. Policy Studies Review, 7 (1): 200-216.

Liverman. D. 1990. Vulnerability to global environmental change//Kasperson. R. E., Dow. K., Golding. D., et al. Understanding Global Environmental Change: The Contributions of Risk Analysis and Management. Worcester: Clark University, The Earth Transformed Program: 27-44.

Luhmann. N. 1993. Risk: A Sociology Theory. New York: Walter de Gruyter.

Luhmann. N. 1995. Social Systemn. Redwood City: Stanford University Press.

Lupton. D. 1999. Risk. London and New York: Routledge.

Maskrey. A. 1989. Disaster Mitigation: A Community Based Approach. Oxford: Oxfam.

McQucid. R. 2000. The theory of partnership//Osbome. S. Public-Private Partnership Theory and Practice in International Perspective. London: Routledge.

Melucci. A. 1985. The symbolic challenge of contemporary movements. Social Research, 52: 789-816.

Melucci. A. 1996. Challenging Codes: Collective Action in the Information Age. New York: Cambridge University Press.

Merriam-Webster. 2000. Merriam Webster's Elementary Dictionary. Massachusetts: Merriam-Webster Incorporated.

Mileti. D. S. 1999. Disasters by Design: A Reassessment of Natural Hazards in the United States. Washington: Joseph Henry Press.

Morris. W. 1992. The American Heritage Dictionary of the English language. Boston: Houghton Mifflin Company.

Morrow. B. H. 1999. Identifying and mapping community vulnerability. Disaster, 23 (1): 1-18.

Neal. D. M., Phillips. B. D. 1995. Effective emergency management: Reconsidering the bureaucratic approach. Disasters, 19 (4): 327-337.

Nelson. D., Adger. W., Brown. K. 2007. Adaptation to environmental change: Contributions of a resilience framework. Annual Review of Environment and Resources, 32: 395-419.

Nigg. J. M. 1987. Communication and individual response to warnings//Dynes. R. R., DeMarchi. B., Pelanda. C. Sociology of Disasters: Contribution of Sociology to Disaster Research. Milano: Franco Angeli.

O'Keefe. P., Westgate. K., Wisner, B. 1976. Taking the naturalness out of natural disasters. Nature, 260 (5552): 566-567.

Pearce. L. 2003. Disaster management and community planning, and public participation: How to achieve sustainable hazard mitigation. Natural Hazards, 28 (2-3): 211-228.

Pelling. M. 2003. The Vulnerability of Cities: Natural Disasters and Social Resilience. London: Earthscan Publications.

Perrow. C. 2007. The Next Catastrophe. Princeton: Princeton University Press.

Plochmann. R. 1981. Forestry in the federal republic of Germany. Journal of Forestry, 79 (7): 451-454.

Pollitt. C. 2003. Joined-up government: A survey. Political Studies Review, 1 (1): 34-49.

Posner. R. A. 2004. Catastrophe: Risk and Response. New York: Oxford University Press.

Quarantelli. E. L. 1997. Ten criteria for evaluating the management of community disasters. Disasters, 21 (1): 39-56.

Rolston. H. 1986. Philosophy Gone Wild: Essays in Environmental Ethics. Buffalo: Prometheus Books.

Rosenau. J. N. 1995. Governance in the twenty-first century. Global Governance, 1 (1): 13-43.

Rosenthal. U., Pijnenburg. B. 1991. Crisis Management and Decision Making: Simulation Oriented Scenarios. Boston: Kluwer Academic Publishers.

Rosenthal. U., Charles. M. T., Hart. P. T. 1989. Coping with Crises: The Management of Disasters, Riots and Terrorism. Springfield: Charles C Thomas Publisher.

Sarewitz. D., Pielke. R., Keykhah. M. 2003. Vulnerability and risk: Some thoughts from a political and policy perspective. Risk Analysis, 23 (4): 805-810.

Schnaiberg. A. 1980. The Evironment: From Surplus to Scarcity. New York: Oxford University Press.

Sinclair. T. A. P. 2006. Previewing policy sciences: Multiple lenses and segmented visions. Politics & Policy, 34 (3): 481-504.

Smith. D., Elliott. D. 2006. Key Readings in Crisis Management: Systems and Structures for Prevention and Recovery. London: Routledge.

Stallings. R. 1994. Collective behavior theory and the study of mass hysteria//Dynes. R., Tierney. K. Disasters, Collective Behavior, and Social Organization. Newark Delaware: University of Delaware Press.

Stallings. R. A., Quarantelliel. E. L. 1985. Emergent citizen groups and emergency management. Public Administration Review, 45: 93-100.

Stone. D. 2001. Policy Paradox: The Art of Political Decision Making. New York: W.W. Norton & Company.

Strydom. P. 1999. The challenge of responsibility for sociology. Current Sociology, 47 (3): 65-82.

Strydom. P. 2000. Discourse and Knowledge. Liverpool: Liverpool University Press.

Strydom. P. 2002. Risk, Environment and Society: Ongoing Debates, Current Issues and Future Prospects. Buckinghan: Open University Press.

Susman. P., O' Keefe. P., Wisner. B. 1983. Global disaster, a radical interpretation//Hewitt. K. Interpretations of Calamity. Boston: Allen and Unwin.

Tiemey. K. J. 2007. From the margins to the mainstream? Disaster research at the crossroads. Annual Review of Sociology, 33 (1): 503-525.

Tierney. K. J. 1999. Toward a critical sociology of risk. Sociological Forum, (2): 215-242.

Timmerman, P. 1981. Vulnerability, Resilience and the Collapse of Society: A Review of Models and Possible Climatic Applications. Toronto: Institute for Environmental Studies, University of Toronto.

Tobin. G. A. 1999. Sustainability and community resilience: The holy grail of hazards planning? Environmental Hazards, 1（1）: 13-25.

Turner. B. I., Kasperson. R.E., Matson. P. A., et al., 2003. A framework for vulnerability analysis in sustainability science. Proceeding of the National Academy Sciences of the United States of America, 100（14）: 8074-8079.

UNDHA. 1992. Internationally Agreed Glossary of Basic Terms Related Disaster Management. United Nations Department of Humanitarian Affairs, Geneva.

UNDP. 2008. Governance Indicators: A Users' Guide. New York: UNDP.

UNISDR. 2009. Global Assesment Report on Disaster Risk Reduction. Available via United Nations International Strategy for Disaster Reduction Secretaria（UNISDR）.

United Nations Disaster Relief Organization（UNDRO）. 1980. Natural Disasters and Vulnerability Analysis: Report of Expert Group Meeting（9-12 July 1979）. Geneva: Office of the United Nations Disaster Relief Co-ordinator.

Vail. J. 1999. Insecure times: Conceptualing insecurity and security//Vail. J., Wheelock. J., Hill. M. Insecurity Times: Living with Insecurity in Contemporary Society. New York: Routledge.

Van Deth. J., Maraffi. M., Newton. K., et al. 1999. Social Capital and European Democracy. New York: Routledge.

Varley. A. 1994. The exceptional and the everyday: Vulnerability analysis in the international decade for natural disaster reduction//Varley. A. Disasters, Development and Environment, Chichester: John Wiley & Sons.

Vaughan. E. 1995. The significance of socioeconomic and ethnic diversity for the risk communication process. Risk Analysis, 15（2）: 169-180.

Warner. K. 2007. Perspectives on social vulnerability. UNU Institute for Environment and Human Security: 6.

Waugh. W. L. 1996. Disaster management for the new millennium//Sylves. R. T., Waugh. W. L. Disaster Management in the U. S. and Canada: The Politics, Policymaking, Administration and Analysis of Emergency Management. Spring Field: Charles C Thomas Publisher.

White. G. F., Kates. R. W., Burton. I. 2001. Knowing better and losing even more: The use of knowledge in hazards management. Environment Hazards, 3: 81-92.

Wisner. B., Blaikie. P. M., Cannon. T., et al. 2004. At Risk: Natural Hazards, People's Vulnerability and Disasters（2nd ed）. London: Routledge.

Xue. L., Zhong. K. 2010. Turning danger to opportunities: Reconstructing China's national system for emergency management after 2003//Kunreuther. H., Useem. M. Learning from Catastropes. New Jersey: Pearson Education.

Yanow. D. 1996. How Does A Policy Mean? Interpreting Policy and Organizational Actions. Washington: Georgetown University Press.